高职高专教育"十二五"规划特色教材
国家骨干高职院校建设项目成果

植物组织培养技术

梁明勤　陈世昌　主编

中国农业大学出版社
·北京·

内 容 简 介

  本教材是河南农业职业学院国家骨干高职院校建设项目成果系列教材之一。本教材按照以能力为本位，以职业实践为主线，以具体植物的生产为载体，以完整的工作过程为行动体系的总体设计要求，以培养植物组织培养应用技能和相关职业岗位能力为基本目标，紧紧围绕工作任务完成的需要来选择和组织课程内容。全书共分 9 个学习情景，主要内容有植物组织培养的认知、植物组织培养的基本操作技术、植物组培快繁技术、植物脱毒技术、马铃薯脱毒与快繁技术、兰花组培快繁技术、植物组织培养和植物育种、植物细胞培养与次生代谢产物生产、植物组培苗工厂化生产与经营，系统地介绍了植物组织培养的基础知识和基本操作技能。在教学情境完成过程，以工厂化生产流程为主线，突出实践技能的培训。

  本书内容丰富，图文并茂，理论与实践紧密结合，有较强的针对性和实操性，每一个情境内容都分为 11 个阶段完成，以解答问题形式熟悉实践操作的相关技能，通过校内实训室和生产企业的实践操作解决生产过程存在的问题，从而达到学习和生产有机结合的目的。因此，本教材可以作为高职生物技术、园艺、园林、农学类专业的教材，也可以作为相关企业的培训教材和技术人员的参考用书。

图书在版编目(CIP)数据

植物组织培养技术/梁明勤，陈世昌主编. —北京：中国农业大学出版社，2013.5(2018.1 重印)

ISBN 978-7-5655-0735-9

Ⅰ.①植… Ⅱ.①梁…②陈… Ⅲ.①植物组织-组织培养-高等职业教育-教材 Ⅳ.①Q943.1

中国版本图书馆 CIP 数据核字(2013)第 134173 号

书　　名	植物组织培养技术		
作　　者	梁明勤　陈世昌　主编		
策划编辑	姚慧敏　伍　斌	责任编辑	洪重光
封面设计	郑　川	责任校对	王晓凤　陈　莹
出版发行	中国农业大学出版社		
社　　址	北京市海淀区圆明园西路 2 号	邮政编码	100193
电　　话	发行部 010-62818525,8625	读者服务部	010-62732336
	编辑部 010-62732617,2618	出　版　部	010-62733440
网　　址	http://www.cau.edu.cn/caup	E-mail	cbsszs @ cau.edu.cn
经　　销	新华书店		
印　　刷	北京时代华都印刷有限公司		
版　　次	2013 年 7 月第 1 版　　2018 年 1 月第 3 次印刷		
规　　格	787×1 092　16 开本　18 印张　446 千字		
定　　价	31.00 元		

图书如有质量问题本社发行部负责调换

河南农业职业学院教材编审委员会

主　　任　　姬广闻（河南农业职业学院）

副主任　　刘　源（河南农业职业学院）
　　　　　　余　斌（河南省农业厅科教处）
　　　　　　连万生（河南富景生态旅游开发有限公司）

委　　员　　王华杰（河南农业职业学院）
　　　　　　王应君（河南农业职业学院）
　　　　　　程亚樵（河南农业职业学院）
　　　　　　朱金凤（河南农业职业学院）
　　　　　　朱维军（河南农业职业学院）
　　　　　　张　巍（河南农业职业学院）
　　　　　　汪　泉（河南农业职业学院）
　　　　　　朱成庆（河南农业职业学院）
　　　　　　魏重宪（河南农业职业学院）
　　　　　　梁素芳（河南农业职业学院）
　　　　　　万　隆（双汇实业集团有限责任公司）
　　　　　　徐泽君（花花牛集团）

编审人员

主　编　梁明勤（河南农业职业学院）
　　　　　陈世昌（河南农业职业学院）

参　编　李庆伟（河南农业职业学院）
　　　　　申顺先（河南农业职业学院）
　　　　　樊亚敏（河南农业职业学院）
　　　　　贾云超（河南农业职业学院）
　　　　　杨录军（郑州市玄弘生物科技有限责任公司）
　　　　　侯会龙（神卉农业生物科技有限公司）

主　审　程亚樵（河南农业职业学院）

前　言

　　植物组织培养是现今植物生物技术中应用最广泛的技术,其作为基本的研究手段,已渗透到生物学科的各个领域,广泛应用于农业、林业、工业和医药业,在植物脱毒快繁、植物育种、种质资源保存和药用植物工厂化生产等方面发挥了巨大的作用,产生了客观的经济效益和社会效益,在当代生物技术中非常有生命力。

　　按照工学结合人才培养模式,强调学生学习的开放性、实践性和职业性,以就业为导向,注重学生职业能力的培养。因此,在本教材编写过程,既考虑到了学校的教学资源,也利用了企业的资源,将以课堂传授间接知识为主的学校教育与直接获取实际经验能力为主的生产现场教育有机结合。同时,采用学习情境来描述学习任务,让学生成为学习的主体,强调"学中做"、"做中教"、"做中学"。将工作过程划分为明确任务、咨询、信息搜集、计划、决策、材料工具、实施、作业、检查、评价和教学反馈11个阶段,使学生明确工作任务和目标,并获取与完成工作任务有直接联系的信息,设想出工作的内容、程序、阶段划分和所需条件,根据给定的设备和组织条件写出计划,通过小组形式集体做出决定,按照计划开展工作,及时观察并记录可能出现的问题,并通过工作过程的检查和作业等进行全面评价。

　　教学应在教、学、做一体化的实训室及生产企业内完成。本书的主要特色有:

　　1. 突出综合职业能力。按照以能力为本位,以职业实践为主线,以具体植物的生产为载体,以完整的工作过程为行动体系的总体设计要求,以培养植物组织培养应用技能和相关职业岗位能力为基本目标,紧紧围绕工作任务完成的需要来选择和组织课程内容,突出工作任务与知识的紧密性。

　　2. 产学合一。教材中的学习情境由教师与企业管理人员共同开发,使学生进入真实的生产情境中,锻炼学生的自主学习和实际操作能力,提高学生的技能水平。

　　3. 本教材用表格展示知识技能要点,提高教材可读性和可操作性。

　　本教材由梁明勤、陈世昌主编,李庆伟、申顺先、樊亚敏和贾云超参与编写,其中学习情境1、学习情境2由陈世昌编写,学习情境3由申顺先编写,学习情境4由李庆伟编写,学习情境5、学习情境6由梁明勤编写,学习情境7由贾云超编写,学情境8由李庆伟、贾云超共同编写,学习情境9由樊亚敏编写。全书由梁明勤统稿,程亚樵主审。郑州市玄弘生物科技有限责任公司的杨录军和神卉农业生物科技有限公司的侯慧龙也参与了本书的编写工作,提出了许多宝贵意见,在此表示衷心的感谢。

　　由于编者水平有限,编写时间仓促,书中难免有错误和不当之处,真诚希望广大读者批评指正。

编　者

2012 年 9 月

目　　录

学习情境 1　植物组织培养的认知

植物组织培养是植物生物技术的重要组成部分和基本研究手段之一,已渗透到生物学科的各个领域,广泛应用于农业、林业、工业和医药业,在植物脱毒快繁、植物育种、种质资源保存和药用植物工厂化生产等方面发挥巨大的作用,产生了客观的经济效益和社会效益,在当代生物技术中非常有生命力。

任 务 单

学习领域	植物组织培养技术
学习情境1	植物组织培养的认知
任务布置	
学习目标	1.理解植物组织培养的基本概念。 2.理解无菌的概念。 3.理解植物细胞全能性理论及其实现过程。 4.理解脱分化、再分化的含义。 5.熟悉植物组织培养的应用。 6.理解植物组织培养和无性繁殖的区别。 7.理解组培工厂化育苗在蔬菜、花卉产业的应用价值。 8.知道植物组织培养实验室的组成。 9.能够设计一般植物组织培养实验室和工厂化生产的组培实验室。 10.知道植物组织培养所需要的仪器设备,熟悉相关仪器设备的使用和维护。 11.了解植物生长所需的营养成分。 12.知道培养基配方的含义,能够设计培养基的配方。 13.知道培养基的作用。 14.培养学生吃苦耐劳、团结合作、开拓创新、务实严谨、诚实守信的职业素质。
任务描述	设计一个一般的植物组织培养实验室,并配备相应的仪器设备,能进行基本的无菌操作。具体任务要求如下: 1.观察学校植物组织培养实验室,了解实验室的组成、作用以及相互之间的关系。 2.根据观察和了解,设计一个小型植物组织培养生产实验室,画出设计图纸。 3.根据各实验室的功能作用,合理配备植物组织培养各实验室所需要的实验仪器设备。 4.熟悉各种仪器设备的作用,会简单地维护。 5.熟悉各实验室的作用及对实验室的要求。

参考资料	1. 曹孜义,刘国民.实用植物组织培养技术教程.兰州:甘肃科学技术出版社,2002. 2. 陈世昌.植物组织培养.北京:高等教育出版社,2011. 3. 顾卫兵,陈世昌.农业微生物.北京:中国农业出版社,2012. 4. 曹春英.植物组织培养.北京:中国农业出版社,2007. 5. 王清连.植物组织培养.北京:中国农业出版社,2003. 6. 李永文,刘新波.植物组织培养技术.北京:北京大学出版社,2007. 7. 王家福.花卉组织培养与快繁技术.北京:中国林业出版社,2006. 8. 刘振祥,廖旭辉.植物组织培养技术.北京:化学工业出版社,2007. 9. 刘庆昌,吴国良.植物细胞组织培养.北京:中国农业大学出版社,2003. 10. 吴殿星.植物组织培养.上海:上海交通大学出版社,2010. 11. 程家胜.植物组织培养与工厂化育苗技术.北京:金盾出版社,2003. 12. 王蒂.植物组织培养.北京:中国农业出版社,2004. 13. 王振龙.植物组织培养.北京:中国农业大学出版社,2007. 14. 沈海龙.植物组织培养.北京:中国林业出版社,2010. 15. 彭星元.植物组织培养技术.北京:高等教育出版社,2010. 16. 王金刚.园林植物组织培养技术.北京:中国农业科技出版社,2010. 17. 王水琦.植物组织培养.北京:中国轻工业出版社,2010. 18. http://www.7576.cn/. 19. http://www.zupei.com/. 20. http://blog.sina.com.cn/s/blog_505c5b570100c9ep.html. 21. http://www.hcc520.com/productID/tarticle_detail-575465.html.
对学生的 要求	1. 理解概念:植物组织培养、无菌、外植体、细胞全能性、脱分化、再分化、愈伤组织。 2. 学会合理地设计植物组织培养的实验室。 3. 熟悉实验室常见的仪器设备的使用及维护。 4. 必须严格按照实验室的要求进行操作。 5. 严格按照安全操作规程进行操作。 6. 实验实习过程要爱护实验室的仪器设备。 7. 严格遵守纪律,不迟到,不早退,不旷课。 8. 本情境工作任务完成后,需要提交学习体会报告。

资 讯 单

学习领域	植物组织培养技术
学习情境 1	植物组织培养的认知
咨询方式	在图书馆、专业杂志、互联网及信息单上查询;咨询任课教师
咨询问题	1. 什么是植物组织培养? 2. 什么是无菌?什么是微生物? 3. 植物组织培养是如何分类的? 4. 植物组织培养有何特点? 5. 什么是细胞全能性?什么是外植体?什么是脱分化和再分化?什么是愈伤组织? 6. 植物组织培养经历了哪几个阶段? 7. 细胞全能性是如何实现的? 8. 植物组织培养有哪些应用? 9. 植物组织培养实验室有哪几个部分组成?为什么缓冲室必须和接种室连在一起?各部分有何特点? 10. 如何设计实验室?(包括一般的实验室和工厂化生产的实验室) 11. 一般植物组织培养实验室和工厂化生产实验室有何区别? 12. 植物组织培养需要哪些基本的仪器设备? 13. 植物组织培养包括哪些过程? 14. 德国植物生理学家 Haberlandt 于 1902 年提出了什么样的理论对植物组织培养的发展起了先导作用? 15. 哪三位科学家被誉为植物组织培养科学的奠基人? 16. 世界上最早进行工厂化植物组织培养育苗的产业是什么?是哪一年开始的? 17. 天平分为哪几类? 18. 超净工作台的工作原理是什么? 19. 酒精着火后如何进行紧急处理? 20. 谈谈你对植物组织培养发展前景的看法。

| 资讯引导 | 1. 问题 1 可以在曹孜义的《实用植物组织培养技术教程》第 1 章中查询。
2. 问题 2 可以在顾卫兵的《农业微生物》单元一和单元三中查询。
3. 问题 3～6 可以在陈世昌的《植物组织培养》单元一中查询。
4. 问题 7～8 可以在曹春英的《植物组织培养》第 1 章中查询。
5. 问题 9～12 可以在李永文的《植物组织培养技术》第 1 章中查询。
6. 问题 13～15 可以在廖振祥的《植物组织培养技术》绪论中查询。
7. 问题 16 可以在王清连的《植物组织培养》概述中查询。
8. 问题 17 可以在陈世昌的《植物组织培养》单元一中查询。
9. 问题 18 可以在 http：// www. hcc520. com/productID/tarticle_detail-575465. html 中查询。
10. 问题 19～20 可以在 http：//www. zupei. com 查询。 |

信 息 单

学习领域	植物组织培养技术
学习情境 1	植物组织培养的认知

信 息 内 容

一、基础知识

(一)植物组织培养的基本概念

植物组织培养是指在无菌和人工控制环境条件(温度、光照、湿度、气体)下,利用适当的培养基,对植物体的胚胎、器官、组织、细胞或原生质体等进行培养,使其生长、分化并再生为完整植株的过程,简称为组培。

所谓无菌是指物体或特定环境中不含活的微生物(包括营养细胞、芽孢、孢子)。这是植物组织培养的基本要求。培养基是指满足植物材料生长或产生次生代谢产物的营养基质,是植物组织培养的物质基础。

(二)植物组织培养的理论基础

植物组织培养的理论依据是细胞的全能性,即植物体的每一个细胞都携带有一套完整的基因组,并具有发育成为完整植株的潜在能力。只要条件(环境条件、营养条件)合适,每一个完整的植物细胞都能够发育成完整的植株(图 1-1)。

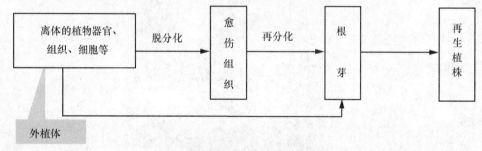

图 1-1　植物细胞全能性实现途径

外植体:用于植物组织培养的各种材料,包括胚胎、器官、组织、细胞或原生质体等。

脱分化:分化成熟的植物组织或器官恢复到分生状态,细胞开始分裂形成无分化的细胞团的过程。

愈伤组织:是一团无定形、高度液泡化、具有分生能力而无特定功能的薄壁组织。

再分化:在一定的条件下,脱分化形成的愈伤组织转变成为具有一定结构、执行一定生理功能的细胞团和组织,并进一步形成完整植株的过程。

(三)植物组织培养的类型

1. 根据接种的外植体不同分类

(1)胚胎培养　指把原胚或成熟胚、胚乳、胚珠或子房分离出来,在人工合成的培养基上培养,使其成为正常的植株。

(2)器官培养　指分离茎尖、茎段、根尖、根、叶片、叶原基、子叶、花瓣、花药或花粉、果实等作为外植体,在人工合成的培养基上培养,使其发育成完整的植株。

(3)组织培养　指分离植物体的各部分组织,如分生组织、形成层组织或其他组织来进行培养,或采用从植物器官培养产生的愈伤组织来培养,通过分化诱导再生最后形成植株。这是狭义的组织培养。

(4)细胞培养　包括单细胞、多细胞或悬浮细胞和细胞的遗传转化体等的培养。

(5)原生质体培养　包括原生质体、原生质融合体和原生质体的遗传转化体等的培养。

2. 根据培养的过程分类

(1)初代培养(第一代培养)　指将从植物体上分离下来外植体作第一次培养。目的是建立无菌培养物。

(2)继代培养　将培养一段时间后的培养物转移到新鲜培养基中继续培养的过程。目的一方面是防止材料老化或培养基营养不足造成材料难以生长,以及代谢物过多积累而产生毒害作用的影响;另一方面是使培养物能够大量繁殖,因此也称为增殖培养。

(3)生根培养　将快繁的无根组培苗转接到生根培养基上,诱导其生根的方法。其目的是使组培苗生根,形成完整的植株,为移栽做准备。

3. 根据培养基态相不同分类

(1)固体培养　指在培养基中加凝固剂(多为琼脂)的组织培养。培养基为固态。

(2)半固体培养　指在培养液中加入少量的凝固剂(0.2%～0.5%的琼脂)的组织培养。

(3)液体培养　指在培养基中不加凝固剂的组织培养。培养基为液态。

(四)植物组织培养的特点

植物组织培养是在不受外界环境条件(包括营养条件)干扰的情况下,使植物在室内生长繁殖。因此具有如下特点:

(1)材料遗传性状一致。

(2)繁殖速度快。

(3)材料可周年培养。

(4)有利于工厂化生产和自动化控制。

(五)植物组织培养的发展

植物组织培养技术的研究可以追溯到 20 世纪初,从最初的摸索到现在的大规模应用,经历了 100 多年的发展历史,大致可分为 3 个阶段:萌芽阶段、奠基阶段、快速发展和应用阶段。

1. 萌芽阶段(20 世纪初到 30 年代初)

根据 Schleiden 和 Schwann 的细胞学说,1902 年德国植物生理学家 Haberlandt 提出了细胞全能性理论,认为在适当的条件下,离体的植物细胞具有不断分裂和繁殖,并发育成完整植株的潜在能力。并且,Haberlandt 在 Knop 培养液中离体培养野芝麻、凤眼兰的栅栏组织和虎眼万年青属植物的表皮细胞来证明自己的观点。由于选择的实验材料高度分化和培养基过于简单,他只观察到细胞的增长,并没有观察到细胞分裂。但这一理论对植物组织培养的发展起了先导作用,激励后人继续探索和追求。

取得的成就：

1904 年 Hanning 在无机盐和蔗糖溶液中对萝卜和辣根菜的胚进行培养，结果发现离体胚可以充分发育成熟，并提前萌发形成小苗。

1922 年，Haberlandt 的学生 Kotte 和美国的 Robins 在含有无机盐、葡萄糖、多种氨基酸和琼脂的培养基上，培养豌豆、玉米和棉花的茎尖和根尖，形成了缺绿的叶和根。

1925 年 Laibach 培养亚麻种间杂交幼胚获得成功。

1933 年我国的李继侗和沈同用加有银杏胚乳提取液的培养基成功培养了银杏胚。

2. 奠基阶段(20 世纪 30 年代中期到 50 年代末)

取得的成就：

1934 年，美国植物生理学家 White 利用无机盐、蔗糖和酵母提取液组成的培养基进行番茄根离体培养，建立了第一个活跃生长的无性繁殖系，使根的离体培养实验获得了真正的成功，并在以后 28 年间反复转移到新鲜培养基中继代培养了 1 600 代。

1937 年 White 又以小麦根尖为材料，研究了光照、温度、培养基组成等各种培养条件对生长的影响，发现了 B 族维生素对离体根生长的作用，并用吡哆醇、硫胺素、烟酸 3 种 B 族维生素取代酵母提取液，建立了第一个由已知化合物组成的综合培养基，该培养基后来被定名为 White 培养基。

与此同时，法国的 Gautherer 在 1939 年连续培养胡萝卜根形成层获得首次成功。White 于 1943 年出版了《植物组织培养手册》专著，使植物组织培养开始成为一门新兴的学科。White、Gautherer 和 Nobecourt 3 位科学家被誉为植物组织培养学科的奠基人。

1948 年美国学者 Skoog 和我国学者崔澂研究发现腺嘌呤或腺苷可以解除培养基中生长素(IAA)对芽形成的抑制作用，能诱导形成芽。1952 年 Morel 和 Martin 通过茎尖分生组织的离体培养，首次获得脱毒植株。1953—1954 年 Muir 利用振荡培养和机械方法获得了万寿菊和烟草的单细胞，并实施了看护培养，使单细胞培养获得初步成功。1957 年，Skoog 和 Miller 提出植物生长调节剂控制器官形成的理论。1958 年英国学者 Steward 等以胡萝卜为材料，通过体细胞胚胎发生途径培养获得完整的植株，首次得到了人工体细胞胚，证实了 Haberlandt 的细胞全能性理论。

3. 快速发展和应用阶段(20 世纪 60 年代至今)

当影响植物细胞分裂和器官形成的机制被揭示后，植物组织培养也就进入了快速发展阶段，经过科研人员深入的研究，对大量物种进行诱导，获得了植物再生植株，并形成了一套成熟的理论体系和技术方法，开始大规模应用。

取得的成就：

1960 年 Cocking 用真菌纤维素酶分离番茄原生质体获得成功，开创了植物原生质体培养和体细胞杂交的工作。

1960 年 Morel 利用茎尖培养兰花，该方法繁殖系数极高，并能脱去植物病毒，其后开创了兰花快速繁殖工作，并形成了"兰花产业"。

1962 年 Murashibe 和 Skoog 发表了 MS 培养基的成分。

1964 年印度 Guha 等在曼陀罗上由花粉诱导得到单倍体植株。

1967 年 Bourgin 等通过花药培养获得了烟草的单倍体植物。

1970 年 Power 等首次成功实现原生质体融合。

1971 年 Takebe 等首次由烟草原生质体获得了再生植株。

1972 年 Carlson 等通过原生质体融合首次获得了烟草种间体细胞杂种。

1974 年 Kao 等建立了原生质体的高钙高 pH 的 PEG 融合法,把植物体细胞杂交技术推向新阶段。

1983 年 Zambryski 等采用农杆菌介导法转化烟草原生质体获得成功。

此后,人们用此法在水稻、玉米、小麦、大麦、番茄等主要农作物上取得了突破进展。目前,植物组织培养技术被广泛用于植物基因转化、培育新品种方面,并且已成功培育了一批抗病、抗虫、抗除草剂、抗逆境的转基因植物。

(六)植物组织培养的应用

(1)无性系快速繁殖。

(2)花药培养和花粉单倍体育种(图 1-2)。

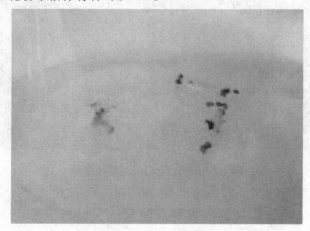

图 1-2　花药、花丝培养

(3)培育无病毒苗以解决病毒危害问题。

(4)种质的保存和基因库的建立。

(5)制造人工种子(图 1-3)。

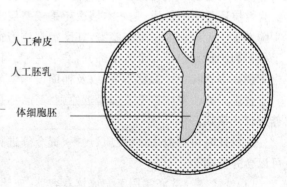

人工种皮

人工胚乳

体细胞胚

图 1-3　人工种子

(6)突变体的筛选培育。

(7)获取植物细胞培养产生次生代谢的产物。

植物细胞培养始于 20 世纪初,是生产有用细胞代谢产物的有效方式,并且表现出了工业化潜力。细胞悬浮培养(图 1-4)是获得次生代谢产物的有效途径,目前已经研究过的植物有 400 多种,能够生产超过 600 多种成分,相当一部分具有药用价值,也有不少成功实现工业化生产的实例,如日本实现紫草细胞培养生产紫草宁、人参细胞培养生产人参皂苷以及黄连细胞培养生产小檗碱(黄连素)等。

图 1-4　细胞(愈伤组织)悬浮培养

二、植物组织培养实验室的设计与设备

(一)实验室的设计

理想的植物组织培养实验室应该建在清洁、无污染、水电方便的地方。工厂化生产组培苗的组培实验室最好建在交通方便的地方,有利于产品的运送。

设计植物组织培养实验室应考虑两个方面:一是用于科学研究还是工厂化生产种苗,即实验性质还是生产性质,是基本层次还是较高层次的;二是实验室的规模,这取决于经费和实验性质。无论是哪一类实验室,其设置都应遵循科学、高效、经济和实用的原则。一般用于科研的实验室包括 3 个基本部分:准备室、无菌操作室、培养室,而工厂化生产的实验室还应有洗涤室、药品室、观察室等,以及辅助设施炼苗室、温室等。

各房间的位置应遵循流程最近原则:药品称量→培养基制作→培养基灭菌→接种→培养→驯化移栽。

在设计时可根据用途、性质、规模、资金等进行合理的设计(图 1-5、图 1-6),有的实验室可以合并使用。

(1)洗涤室　洗涤室用于完成培养容器、玻璃器皿等的清洗、干燥和贮存,初代培养材料的处理、清洗等。要求房间宽敞,通风好,地面防滑,有水槽。

走　廊			
培养室	缓冲间	药品室	综合实验室（洗涤、培养基配制、灭菌）
	接种室		

图 1-5　一般植物组织培养实验室的设计图

培养室	培养室	培养室	门厅
走　廊			
准备室	缓冲室	观察室	
洗涤室　配制室、灭菌室	接种室		

图 1-6　工厂化生产植物组织培养实验室的设计图

（2）药品室　药品室主要是存放用于植物组织培养的化学药品，以及药品的称量。药品室要求通风、干燥、避光。

（3）培养基制备室　用于培养基母液的配制和培养基的制备。

（4）灭菌室　用于培养基、培养容器、玻璃器皿、接种工具等的高压灭菌。配备高压蒸汽灭菌锅、烘箱等。

根据规模、用途可将洗涤室、药品室、培养基配制室、灭菌室合并为综合实验室（图1-7）。

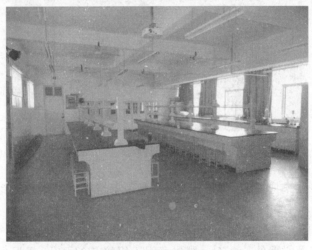

图 1-7　综合实验室

（5）缓冲室　为防止带菌空气直接进入接种室，进入无菌操作室前要在缓冲室（缓冲间）里换上经过灭菌的工作服。缓冲室内安装灭菌用的紫外灯，控制无菌室及培养室的配电板等。

（6）无菌操作室　也称接种室，是进行植物材料的分离接种及培养物转移的一个重要操作室。接种室要求干爽安静，清洁明亮，设置推拉门。在适当位置吊装1~2盏紫外线灭菌灯（图1-8）。

（7）培养室　培养室是将接种的材料进行培养生长的场所。要求干净，墙壁平整，地面平坦。配备培养架，满足光照、温度、湿度等的设备，以及摇床、培养箱、人工气候箱等（图1-9）。

紫外灯

缓冲间

无菌操作室

图 1-8　无菌操作室

图 1-9　培养室

(8)观察室　观察室应清洁、明亮、干燥,主要用于培养材料生长发育情况的观察分析,脱毒苗的鉴定等。

(9)驯化室　驯化室要求清洁无菌,配有空调机、加湿器、恒温恒湿控制仪、喷雾器、光照调节装置、通风口以及必要的杀菌剂。驯化室用于组培苗的驯化,根据生产规模,可以单独存在,也可以在日光温室中进行(图 1-10)。

(10)温室　应配有空调机、通风口、加湿器、恒温恒湿控制装置、喷雾装置、光照调节装置以及必要的杀菌杀虫装置及相应药剂,用于组培苗的移栽管理。

(二)仪器设备和器皿、用具

1. 仪器设备

(1)配制培养基的仪器设备　配制培养基的仪器设备主要有分析天平、托盘天平、不锈钢锅(或电磁炉)、恒温磁力搅拌器以及酸度计等(图 1-11)。

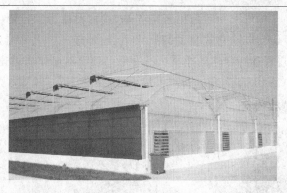

图 1-10　日光温室

图 1-11　配制培养基的仪器设备

A. 分析天平　B. 托盘天平　C. 不锈钢锅　D. 电磁炉　E. 酸度计　F. 万用电炉　G. 恒温磁力搅拌器

（2）灭菌设备　高压蒸汽灭菌器是用于培养基、接种器械、器皿器具以及工作服等灭菌的设备。包括手提式高压灭菌器、立式自动高压灭菌器、卧式高压灭菌器（图 1-12A～C）。实验过程或生产过程根据规模选择合适的类型。洗净后的玻璃器皿如需迅速干燥，可放在烘箱（图1-12D）中烘干，温度 80～100℃ 为宜。若需干热灭菌，温度升至 160℃，持续 2～3 h 即可。

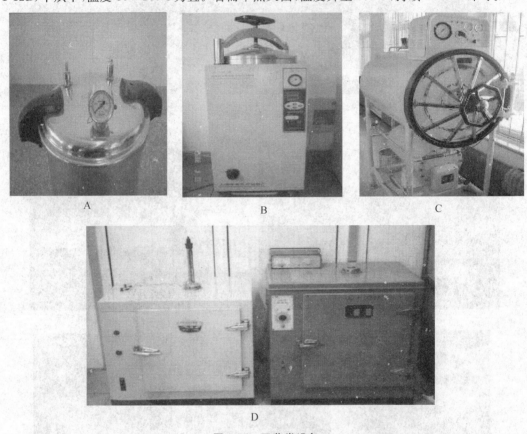

图 1-12　灭菌类设备

A. 手提式高压灭菌器　B. 立式自动高压灭菌器　C. 卧室自动高压灭菌器　D. 烘箱

（3）接种设备　超净工作台是植物组织培养最基本的无菌操作设备，为将外植体或培养材料转移到培养基上提供一个相对无菌的环境。根据气流的方向可分为水平送风超净工作台和垂直送风超净工作台（图 1-13）。

超净工作台由控制器、初滤器、鼓风机、超过滤器、挡板、紫外灯及工作台面等部分构成。其工作原理是鼓风机抽风，使空气通过初滤器除去部分尘埃和微生物后，被送入超过滤器，除去所有的尘埃和微生物（细菌和真菌），以固定不变的速率从工作台面上流出，形成无菌风幕，提供无菌的操作环境。为提高超净工作台的使用效率和延长使用寿命应保持环境的清洁、干燥，以免尘埃堵塞滤膜。初滤膜可每年清洗一次，超过滤器和紫外灯根据标定的年限定期更换。

（4）培养设备　进行固体培养和组培苗大量繁殖时，需要将培养瓶放置在培养架上培养（图 1-14）。培养架高 1.8～2.3 m，由多层组成，层高 30～35 cm，层间用玻璃板、金属丝网或木板隔开,每层安装2根或4根节能日光灯(每根40 W)提供光照,培养架顶部多采用反光膜或反光镜,以增强光照。

A

B

图 1-13　超净工作台
A. 水平送风超净工作台　B. 垂直送风超净工作台

　　光照培养箱和人工气候箱可以自动控制温度、光照、湿度,主要用于组培苗的初代培养和移栽(图 1-15)。

图 1-14　培养架

图 1-15　培养箱

　　(5)其他仪器设备　空调可以调节培养室的温度(图 1-16);大规模生产时,可配备手推车转移培养瓶、培养基等,以节省劳动力(图 1-17);高温消毒器用于接种器械的灭菌(图 1-18),因其使用方便、操作简单、对环境无污染、无明火、不怕风、使用安全而被广泛应用;显微镜常用于细胞的显微观察和培养中杂菌的鉴定,一些显微镜有摄影或摄像系统,可记录材料生长情况(图 1-19);摇床用于细胞悬浮培养和液体培养。培养材料时将容器固定在盘架上,旋转震动,从而改善培养材料的通气状况(图 1-20)。

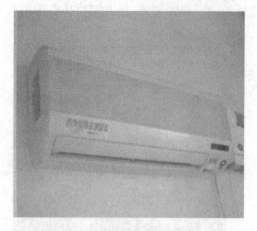

图 1-16　空调

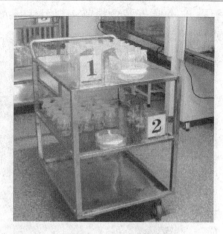

图 1-17　手推车

图 1-18　高温消毒器

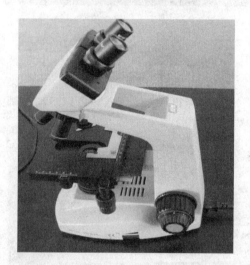

图 1-19　显微镜

图 1-20　摇床

2. 各类器皿

(1)培养容器　培养容器是用于培养植物材料的器皿。要求透光度高、相对密闭、耐高温高压，能方便放入培养基和培养材料。常用的培养容器包括三角瓶、试管、培养皿及各种类型的培养瓶(图1-21)。

图 1-21　培养容器(PC瓶、三角瓶)

(2)分装器　分装器用于培养基的分装。制作少量培养基可用有下出口的容器分装。在下口管上套一段软胶管，加一弹簧止水夹，可控制培养基流量(图1-22)。更大规模或要求更高效率时，可考虑采用液体自动定量灌注设备。

图 1-22　分装器

(3)离心管　离心管用于离心收集原生质体，一般用5 mL、10 mL规格。

(4)刻度移液管　常用的刻度移液管有0.1 mL、0.2 mL、0.5 mL、2 mL、5 mL、10 mL。用于配制培养基时吸取不同种类的母液。应多准备几支，分开使用。通常配备移液管架和洗耳球(图1-23)。

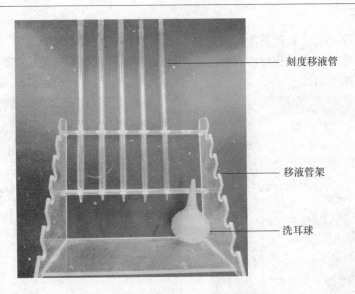

刻度移液管

移液管架

洗耳球

图 1-23　刻度移液管、移液管架、洗耳球

（5）细菌过滤器　培养基中有些植物
激素，如 IAA、GA$_3$ 等不耐高温的物质，
在使用时需要经过过滤除菌后再添加到
灭菌的培养基中。细菌过滤器是利用微
孔滤膜滤去微生物（细菌和真菌）以达到
无菌的目的，滤膜的孔径有 0.45 μm 和
0.22 μm（图 1-24）。

（6）实验器皿　在组织培养中配制培
养基，贮藏母液，材料的消毒等需要各种
化学实验用的玻璃器皿，包括烧杯
（100 mL，250 mL，500 mL，1 000 mL）、量

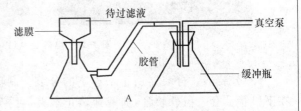

待过滤液

滤膜

真空泵

胶管

缓冲瓶

A

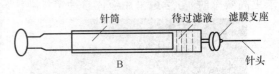

针筒

待过滤液

滤膜支座

针头

B

图 1-24　细菌过滤器
A. 减压过滤灭菌装置　B. 液体过滤器组件

筒（10 mL，50 mL，100 mL，1 000 mL）、试剂瓶（100 mL，250 mL，1 000 mL）、容量瓶（100
mL，250 mL，500 mL，1 000 mL）等（图1-25）。

图 1-25　器皿类容器

3. 器械用具

在植物组织培养过程中还会用到各类器械用具,包括镊子、剪刀、解剖刀、解剖针、工具架、钻孔器、酒精灯等(图 1-26)。

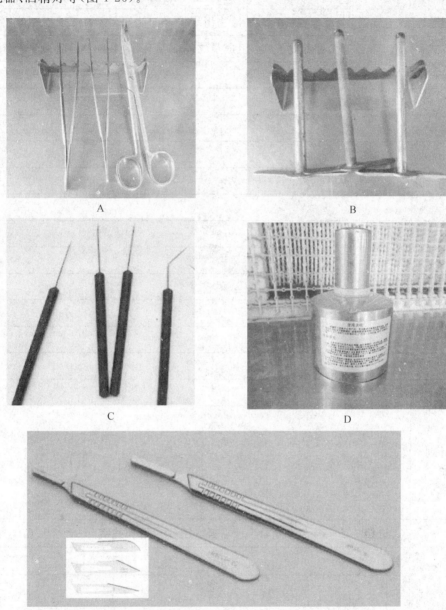

图 1-26 器械用具类

A. 镊子、剪刀　B. 工具架　C. 解剖针　D. 酒精灯　E. 解剖刀

计　划　单

学习领域	植物组织培养技术	
学习情境 1	植物组织培养的认知	
计划方式	小组讨论,小组成员之间团结合作,共同制订计划	
序号	实施步骤	使用资源
制订计划说明		

	班级		第　组	组长签字	
	教师签字			日期	
计划评价	评语:				

决 策 单

学习领域	植物组织培养技术
学习情境 1	植物组织培养的认知

<table>
<tr><td colspan="9" align="center">方案讨论</td></tr>
<tr><td rowspan="7">方案对比</td><td>组号</td><td>任务耗时</td><td>任务耗材</td><td>实现功能</td><td>实施难度</td><td>安全可靠性</td><td>环保性</td><td>综合评价</td></tr>
<tr><td>1</td><td></td><td></td><td></td><td></td><td></td><td></td><td></td></tr>
<tr><td>2</td><td></td><td></td><td></td><td></td><td></td><td></td><td></td></tr>
<tr><td>3</td><td></td><td></td><td></td><td></td><td></td><td></td><td></td></tr>
<tr><td>4</td><td></td><td></td><td></td><td></td><td></td><td></td><td></td></tr>
<tr><td>5</td><td></td><td></td><td></td><td></td><td></td><td></td><td></td></tr>
<tr><td>6</td><td></td><td></td><td></td><td></td><td></td><td></td><td></td></tr>
<tr><td>方案评价</td><td colspan="8">评语：</td></tr>
</table>

班级		组长签字		教师签字		月 日

材料工具清单

学习领域	植物组织培养技术					
学习情境 1	植物组织培养的认知					
项目	序号	名称	作用	数量	型号	使用前	使用后
	1	高压灭菌锅	认识	5台			
	2	酸度计	认识	2台			
	3	电炉	认识	4个			
	4	电磁炉	认识	8个			
	5	干燥箱	认识	1台			
	6	超净工作台	认识	12台			
	7	空调	认识	3台			
	8	加湿器	认识	2个			
	9	恒温水浴锅	认识	2台			
	10	振荡器	认识	2台			
	11	天平	认识	4台			
	12	托盘天平	认识	4架			
	13	解剖镜	认识	4台			
	14	搅拌器	认识	3台			
	15	高温消毒器	认识	8台			
所用仪器	16	培养箱	认识	2台			
	17	人工气候箱	认识	1台			
	18	手推车	认识	6辆			

所用材料	1	叶片初代培养组培苗	概念理解	30 瓶		
	2	芽初代培养组培苗	概念理解	30 瓶		
	3	花瓣初代培养组培苗	概念理解	30 瓶		
	4	香椿愈伤组培苗	概念理解	30 瓶		
	5	马铃薯继代组培苗	概念理解	30 瓶		
	6	丛芽组培苗	概念理解	16 瓶		
	7	菊花组培苗	概念理解	16 瓶		
	8	褐变组培苗	了解	16 瓶		
	9	玻璃化组培苗	了解	16 瓶		
	10	白化苗组培苗	了解	10 瓶		
	11	各类污染组培苗	了解	16 瓶		
所用工具	1	解剖剪	认识	24 把		
	2	枪形镊子	认识	24 把		
	3	解剖针	认识	24 根		
	4	酒精灯	认识	24 盏		
	5	细菌过滤器	认识	6 个		
	6	刻度吸管	认识	30 根		
	7	分装器	认识	12 个		
	8	各类量具	认识	8 套		
	9	试剂瓶	认识	20 个		

班级		第 组	组长签字		教师签字	

实 施 单

学习领域	植物组织培养技术	
学习情境 1	植物组织培养的认知	
实施方式	小组合作;动手实践	
序号	实施步骤	使用资源

实施说明:

班级		第　组	组长签字	
教师签字			日期	

作 业 单

学习领域	植物组织培养技术
学习情境1	植物组织培养的认知
作业方式	资料查询、现场操作
1	植物组织培养实验室包括哪些部分？
作业解答：	
2	实验室设计有何要求？
作业解答：	
3	进行组织培养快繁需要哪些仪器设备？
作业解答：	
4	如何理解组培快繁？
作业解答：	
5	通过参观实验室,计算 1 万瓶组培苗需要多大面积的培养间？
作业解答：	

作业评价	班级		第 组			
	学号		姓名			
	教师签字		教师评分		日期	
	评语：					

检 查 单

学习领域	植物组织培养技术			
学习情境 1	植物组织培养的认知			
序号	检查项目	检查标准	学生自检	教师检查
1	咨询问题	回答认真准确		
2	组培材料的观察	观察细致、准确		
3	仪器设备	准确认出仪器,说出作用		
4	各种工具	知道作用		
5	实验室组成	准确说出名称		
6	各实验室所用仪器设备	列出清单		
7	认出组培苗的类型	准确快速		
8	器皿	准确说出名称和作用		
9	小组协作	相互协作、积极参与		
10	药品安全	有毒药品、一般药品的安全使用		
11	无菌意识的培养	进出接种室、培养室能做到预防和减少污染		
12	安全意识	对紫外灯、酒精灯的使用有安全意识		

	班级		第 组	组长签字	
	教师签字			日期	
检查评价	评语:				

评 价 单

学习领域		植物组织培养技术			
学习情境 1		植物组织培养的认知			
评价类别	项目	子项目	个人评价	组内互评	教师评价
专业能力 (60%)	资讯 (10%)	搜集信息(5%)			
		引导问题回答(5%)			
	计划 (10%)	计划可执行度(3%)			
		实验室设计(4%)			
		合理程度(3%)			
	实施 (20%)	准确说出实验室名称(10%)			
		各实验室作用(8%)			
		所用时间(2%)			
	过程 (10%)	仪器工具认识(5%)			
		作用(5%)			
	结果 (10%)	设计组培实验室(10%)			
社会能力 (20%)	团结协作 (10%)	小组成员合作良好(5%)			
		对小组的贡献(5%)			
	敬业精神 (10%)	学习纪律性(5%)			
		爱岗敬业、吃苦耐劳精神(5%)			
方法能力 (20%)	计划能力 (10%)	考虑全面、细致有序(10%)			
	决策能力 (10%)	决策果断、选择合理(10%)			

	班级		姓名		学号		总评	
	教师签字		第 组	组长签字			日期	
评价评语	评语:							

教学反馈单

学习领域	植物组织培养技术			
学习情境1	植物组织培养的认知			
序号	调查内容	是	否	理由陈述
1	你是否明确本学习情境的目标？			
2	你是否完成了本学习情境的学习任务？			
3	你是否达到了本学习情境对学生的要求？			
4	需咨询的问题，你都能回答吗？			
5	你知道植物组织培养的作用吗？			
6	你是否能够设计小型工厂化生产的组织培养实验室？			
7	你是否喜欢这种上课方式？			
8	通过几天来的工作和学习，你对自己的表现是否满意？			
9	你对本小组成员之间的合作是否满意？			
10	你认为本学习情境对你将来的学习和工作有帮助吗？			
11	你认为本学习情境还应学习哪些方面的内容？（请在下面回答）			
12	本学习情境学习后，你还有哪些问题不明白？哪些问题需要解决？（请在下面回答）			

你的意见对改进教学非常重要，请写出你的建议和意见：

调查信息	被调查人签字		调查时间	

学习情境 2　植物组织培养的基本操作技术

　　植物组织培养是现今植物生物技术中应用最广泛的技术。植物遗传工程和分子生物学所取得的进展都是应用植物组织培养各种技术的结果。因此,掌握植物组织培养的基本操作技能,是完成各项工作的前提条件。

　　植物组织培养的基本操作技术包括母液制备、培养基的制备及灭菌技术、各种消毒技术、无菌操作技术等。这些基本操作技术是工厂化生产脱毒苗、快速大量繁殖经济苗的基本技能。掌握这些基本操作技术,对一些基础研究如植物育种技术、细胞全能性研究、次生代谢产物的生产等起着非常重要的帮助作用。

任 务 单

学习领域	植物组织培养技术
学习情境2	植物组织培养的基本操作技术
任务布置	
学习目标	1. 理解概念:培养基、营养物质、母液、生长调节物质、无菌、灭菌、消毒、外植体、无菌水、无菌纸。 2. 能够正确地选择合适的植物生长调节物质。 3. 能够准确地配制基本培养基的各种母液和激素母液。 4. 认识培养基配方。 5. 能够快速准确地配制培养基并灭菌。 6. 能够正确地选择合适的外植体。 7. 能够对外植体进行合理的处理。 8. 会选择合适的消毒灭菌方法。 9. 能够选择合适的方法对无菌操作室和培养室进行消毒处理。 10. 能够设计外植体消毒最佳方案的筛选试验。 11. 能严格地按照无菌操作程序进行无菌操作(无菌操作流程)。 12. 能够规范快捷地进行无菌操作(接种)。 13. 理解并区分灭菌和消毒。 14. 掌握对无菌操作室、培养室进行正确消毒的方法。 15. 培养学生吃苦耐劳、团结合作、开拓创新、务实严谨、诚实守信的职业素质。
任务描述	通过芽体的初代培养,设计出一种植物组培快繁的技术路线。具体任务要求如下: 1. 根据植物生长所需要的营养物质,选择一种基本培养基,配制各种母液,包括激素母液。 2. 根据外植体选择的原则,选择一种植物作为培养对象,选择合适的外植体类型。 3. 查资料并汇总,确定主效因子,采用随机法设计该种植物初代培养基配方。 4. 设计外植体消毒程序。 5. 根据接种环境、培养环境对无菌程度的要求,设计接种室、培养室的消毒方案。
参考资料	1. 卞勇,杜广平.植物与植物生理.北京:中国农业大学出版社,2011. 2: 曹春英.植物组织培养.北京:中国农业出版社,2006. 3. 熊丽,吴丽芳.观赏花卉的组织培养与大规模生产.北京:化学工业出版社,2003. 4. 沈建忠,范超峰.植物与植物生理.北京:中国农业大学出版社,2011.

参考资料	5. 刘庆昌,吴国良. 植物细胞组织培养. 北京:中国农业大学出版社,2003. 6. 吴殿星,胡繁荣. 植物组织培养. 上海:上海交通大学出版社,2004. 7. 曹孜义,刘国民. 实用植物组织培养技术教程. 兰州:甘肃科学技术出版社,2001. 8. 王水琦. 植物组织培养. 北京:中国轻工业出版社,2010. 9. 程家胜. 植物组织培养与工厂化育苗技术. 北京:金盾出版社,2003. 10. 王清连. 植物组织培养. 北京:中国农业出版社,2003. 11. 王蒂. 植物组织培养. 北京:中国农业出版社,2004. 12. 王振龙. 植物组织培养. 北京:中国农业大学出版社,2007. 13. 沈海龙. 植物组织培养. 北京:中国林业出版社,2010. 14. 彭星元. 植物组织培养技术. 北京:高等教育出版社,2010. 15. 陈世昌. 植物组织培养. 重庆:重庆大学出版社,2010. 16. 王金刚. 园林植物组织培养技术. 北京:中国农业科技出版社,2010. 17. 吴殿星. 植物组织培养. 上海:上海交通大学出版社,2010. 18. 顾卫兵,陈世昌. 农业微生物. 北京:中国农业出版社,2012. 19. http://www.zupei.com/. 20. http://www.7576.cn/content.asp? fl=3&id=164(植物组培网). 21. http://blog.sina.com.cn/s/blog_505c5b570100c9ep.html. 22. 李永文,刘新波. 植物组织培养技术. 北京:北京大学出版社,2007.
对学生的 要求	1. 熟悉植物生长所需的各种营养成分。 2. 掌握植物生长调节物质对植物生长的作用。 3. 熟练掌握基本培养基母液的配制方法。 4. 熟练掌握激素母液的配制方法。 5. 熟悉各种类型基本培养基的特点。 6. 熟练掌握固体培养基的配制方法。 7. 熟练掌握液体培养基的配制方法。 8. 熟练掌握高压蒸汽灭菌技术。 9. 理解消毒和灭菌的概念。 10. 会选择合适的外植体类型。 11. 熟练掌握外植体的消毒方法。 12. 对不同的材料会选择不同的消毒剂和消毒时间。 13. 选择合适的方法对接种室和培养室进行消毒处理。 14. 严格按照安全操作规程进行操作。 15. 学会正确使用操作台进行无菌接种。 16. 熟悉培养材料对环境条件的要求。 17. 实验实习过程要爱护实验室的仪器设备。 18. 严格遵守纪律,不迟到,不早退,不旷课。 19. 本情境工作任务完成后,需要提交学习体会报告。

资 讯 单

学习领域	植物组织培养技术
学习情境2	植物组织培养的基本操作技术
咨询方式	在图书馆、专业杂志、互联网及信息单上查询;咨询任课教师
咨询问题	1. 大田植物生长需要什么样的营养物质? 2. 根据植物组织培养概念,结合植物学知识,比较大田植物生长的环境条件和植物组织培养生长的环境条件的区别。 3. 什么是培养基? 4. 植物组织培养条件下植物对营养物质有什么要求? 5. 培养基中糖的作用是什么? 6. 什么是植物生长调节物质? 7. 什么是顶端优势?什么物质制造了顶端优势? 8. 生长调节物质的种类有哪些?各发挥什么作用? 9. 什么是凝固剂?有什么特点? 10. 活性炭有什么特性? 11. 什么是母液?为什么要配制母液?母液是如何进行分类的? 12. 什么是培养基?如何配制培养基? 13. 生长调节物质能溶于水吗?如何配制? 14. 什么是外植体?在外植体的选择上有什么要求? 15. 什么是消毒?什么是灭菌?二者有何区别?培养基为什么要灭菌? 16. 高压蒸汽灭菌的原理是什么? 17. 火焰灭菌和干热灭菌适应什么样的对象? 18. 紫外线灭菌的原理是什么?适应什么样的对象? 19. 过滤除菌在什么样的情况下使用? 20. 什么是消毒剂?常见的消毒剂有哪些?怎样使用? 21. 对外植体的消毒有什么要求?怎样进行? 22. 接种室、培养室如何选择消毒方法? 23. 什么是接种?什么是无菌操作? 24. 什么是培养?材料生长受到哪些环境条件的影响?

	1. 问题 1 可以在卞勇的《植物与植物生理》第 6 章、第 7 章、第 10 章中查询。
	2. 问题 2 可以在卞勇的《植物与植物生理》第 11～13 章、曹春英的《植物组织培养》第二章中查询。
	3. 问题 3～6 可以在陈世昌的《植物组织培养》单元三中查询。
	4. 问题 7 可以在沈建忠的《植物与植物生理》第 8 章中查询。
	5. 问题 8～14 可以在李永文的《植物组织培养技术》第 2 章中查询。
	6. 问题 15～19 可以在陈世昌的《植物组织培养》单元三中查询。
资讯引导	7. 问题 20～21 可以在陈世昌的《植物组织培养》单元三、顾卫兵的《农业微生物》单元三中查询。
	8. 问题 22 可以在 http：// www. 7576. cn/content. asp? fl＝3＆id＝164 中查询。
	9. 问题 23～24 可以在陈世昌的《植物组织培养》单元三中查询。

信 息 单

学习领域	植物组织培养技术
学习情境 2	植物组织培养的基本操作技术

信 息 内 容

一、培养基及制备

(一)培养基成分

定义:培养基是人工配制的、满足植物材料生长繁殖或积累代谢产物的营养基质(图 2-1)。培养基是植物组织培养的物质基础,决定成败的关键因素之一。由于植物的多样性和生长环境的复杂性与多变性,在离体条件下生长,不同种类的植物对营养物质的要求不同,因此,培养基的设计是植物组织培养的重要内容。

A

B

图 2-1 培养基

A. 固体 B. 液体

培养基的成分包括水、无机盐、有机物、植物生长调节物质、培养体的支持材料等。

1. 水

水是植物原生质体的组成成分,也是一切代谢过程的介质和溶媒。它是生命活动过程中非常重要的物质。配制培养基母液时要用蒸馏水,以保持母液及培养基成分的精确性,防止贮藏过程发霉变质。但在工厂化育苗过程中,为了降低成本,可以用开水或自来水代替蒸馏水。

2. 无机盐

大量元素指浓度大于 0.5 mmol/L 的元素,有 N、P、K、Ca、Mg、S 等,其作用如下。

(1)氮 是蛋白质、酶、叶绿素、维生素、核酸、磷脂、生物碱等的组成成分,是生命不可缺少的物质。在制备培养基时以硝态氮和铵态氮两种形式供应。

(2)磷 是磷脂的主要成分。而磷脂又是原生质、细胞核的重要组成部分。

(3)钾　是植物营养 N、P、K 之一。K 对碳水化合物合成、转移以及氮素代谢等有密切关系。K 增加时,蛋白质合成增加,维管束、纤维组织发达,对胚的分化有促进作用。但浓度不易过大,一般为 1～3 mg/L 为好。制备培养基时,常以 KCl、KNO_3 等盐类提供。

(4)Mg、S 和 Ca　Mg 是叶绿素的组成成分,又是激酶的活化剂;S 是含 S 蛋白质的组成成分。它们常以 $MgSO_4 \cdot 7H_2O$ 提供,用量为 1～3 mg/L 较为适宜。Ca 是构成细胞壁的一种成分,Ca 对细胞分裂、保护质膜不受破坏有显著作用,常由 $CaCl_2 \cdot 2H_2O$ 提供。

微量元素指浓渡小于 0.5 mmol/L 的元素,如 Fe、B、Mn、Cu、Mo、Co 等。

Fe 是一些氧化酶、细胞色素氧化酶、过氧化氢酶等的组成成分。同时,它又是叶绿素形成的必要条件。培养基中的 Fe 对胚的形成、芽的分化和幼苗转绿有促进作用。$Fe_2(SO_4)_3$ 和 $FeCl_3$ 在 pH 5.2 以上,易形成 $Fe(OH)_3$ 的不溶性沉淀,用 $FeSO_4 \cdot 7H_2O$ 和 Na_2-EDTA 结合成螯合物使用。

总之,植物必需营养元素可组成各种化合物,参与机体的建造,成为结构物质。不同的无机营养物质对植物的生长影响稍有不同,一般大量元素由于用量较大,在培养基中的浓度要求不是很严格,只有在浓度很低或缺失时才会表现出缺乏症,如缺氮,会表现出一种花色素苷的颜色,不能形成导管;缺硫,表现出非常明显的退绿。微量元素在培养基中浓度过高时会出现培养物的蛋白质变性、酶系失活、代谢障碍等毒害现象,当供应不足时培养物会表现出一定的缺素症或出现白斑,如缺铁,细胞停止分裂;缺锌时叶子发黄,或出现白斑;缺锰时叶片上出现缺绿斑点或条纹;缺钴时叶片失绿而卷曲,整个叶片向下弯曲凋枯。

3. 有机物

培养基中若只含有大量元素与微量元素,常称为基本培养基。为了不同的培养目的往往要加入一些有机物以利于快速生长。常加入的有机成分主要有以下几类:

(1)糖　作用是提供碳源,维持培养基的渗透压。最常用的碳源是蔗糖,葡萄糖和果糖也是较好的碳源,可支持许多组织很好地生长。蔗糖使用质量分数一般在 2％～5％,常用 3％,但在胚培养时采用 4％～15％的高质量分数,因蔗糖对胚状体的发育起重要作用。在大规模生产中,为了降低成本,可用食用的绵白糖或白砂糖代替。

(2)维生素　维生素类化合物在植物细胞里主要是以各种辅酶的形式参与多项代谢活动,对生长、分化等有很好的促进作用。通常需加入一种至数种维生素,以便获得最良好的生长。主要有维生素 B_1(盐酸硫胺素)、维生素 B_6(盐酸吡哆醇)、维生素 PP(烟酸)、维生素 C(抗坏血酸),有时还使用生物素(维生素 H)、叶酸、维生素 B_2 等。一般用量为 0.1～1.0 mg/L。维生素 C 有抗氧化作用,可防止组织褐变,一般用量为 1～100 mg/L。

(3)氨基酸　氨基酸是蛋白质的组成成分,是很好的有机氮源,可直接被细胞吸收利用。培养基中最常用的氨基酸是甘氨酸,另外还有谷氨酸、精氨酸、半胱氨酸以及多种氨基酸的混合物。有时采用水解乳蛋白(LH)或水解酪蛋白(CH),不仅能为培养物提供有机氮源,也对外植体的生长及不定芽、不定胚的分化起促进作用,一般用量在 10～1 000 mg/L。

(4)肌醇　又叫环己六醇,在糖类的相互转化中起重要作用,能促进愈伤组织的生长以及胚状体和芽的形成,对细胞和组织的分化也有促进作用。肌醇通常可由磷酸葡萄糖转化而成,还可进一步生成果胶物质。使用质量浓度一般为 100 mg/L。

(5)天然有机物质　其成分比较复杂,大多含氨基酸、激素、酶等一些复杂化合物。它对细胞和组织的增殖与分化有明显的促进作用,但对器官的分化作用不明显。天然有机物质的成分大多不清楚,而且这些物质常受品种、产地和成熟度等因素的影响,营养物质的成分和浓度不同,还会受到存放时间的影响,其实验的重复性很差,所以一般应尽量避免使用。对一些难以培养的材料,可以在试验中适当添加。有一些天然有机物会受到高温灭菌的影响而变化,可以采用过滤除菌的方法处理。常用的天然有机物有:

——椰乳　它是使用最多、效果最大的一种天然复合物。一般使用浓度在10%～20%,与其果实成熟度及产地关系也很大。它在愈伤组织和细胞培养中有促进作用。

——香蕉　用量为150～200 mL/L。用黄熟的小香蕉,加入培养基后变为紫色。对pH的缓冲作用大。主要在兰花的组织培养中应用,对发育有促进作用。

——马铃薯煮汁　去掉皮和芽眼后,加水煮30 min,再经过过滤,取其滤液使用。用量为150～200 g/L。对pH缓冲作用也大,能促进植株健壮生长。

——其他　还有酵母提取液(YE)(0.01%～0.05%),主要成分为氨基酸和维生素类;麦芽提取液(0.01%～0.05%)、苹果和番茄的果汁、黄瓜的果实、未熟玉米的胚乳等。遇热较稳定,大多在培养困难时使用,有时有效。

4. 植物生长调节物质

植物生长调节物质包括植物激素和植物生长调节剂两大类。前者是植物自身产生的内源生长调节物质,后者是人工合成是外源调节物质。植物生长调节物质是培养基中不可缺少的关键物质,其用量极少,但它们对外植体愈伤组织的诱导和器官的分化起着重要和明显的调节作用(图2-2),它主要包括五大类:即生长素、细胞分裂素、赤霉素、脱落酸和乙烯。在组织培养中最为常用的是生长素和细胞分裂素,其次是赤霉素和乙烯。脱落酸有抑制细胞生长、促进脱落和衰老、促进休眠和提高抗逆性等作用,在组织培养中很少使用,可以用作种质资源超低温冷冻保存的抗寒剂。

(1)生长素类

作用:诱导愈伤组织的形成、根的分化,促进细胞伸长,防止器官脱落,影响顶端优势等。在组织培养中生长素被用于诱导愈伤组织的形成、胚状体的产生以及试管苗的生根,更重要的是配合一定比例的细胞分裂素诱导腋芽和不定芽的产生。

种类:吲哚乙酸(IAA)是天然存在的生长素,活力低,副作用小,不耐高温,高压蒸汽灭菌易遭破坏,也易被细胞中的IAA分解酶降解。吲哚丁酸(IBA)促进生根的能力较强。萘乙酸(NAA)是人工合成的生长素,耐高温高压,不易被分解破坏,应用广泛。2,4-二氯苯氧乙酸(2,4-D)在促进愈伤组织的形成上活力最高,但对芽的形成有强烈的抑制作用,影响器官的发育,且使用量的范围很窄,过量使用有毒害作用,一般用在愈伤组织诱导上。

用量:生长素类物质用量一般在0.1～5.0 mg/L。

活性强弱:2,4-D＞NAA＞IBA＞IAA。

(2)细胞分裂素类

作用:诱导芽的分化促进侧芽萌发生长,细胞分裂素与生长素相互作用;抑制顶端优势;当组织内细胞分裂素/生长素的比值高时,诱导愈伤组织或器官分化出不定芽(图2-2),比值低时抑制根的分化;促进细胞分裂与扩大。

图 2-2 植物生长调节剂对器官或愈伤组织的影响

(引自 Plants,Genesis,and Agriculture/Marten J. Chrispeels and David E Sadava,1994)

种类:6-苄基氨基嘌呤(6-BA)、激动素(KT)、玉米素(ZT)、噻重氮苯基脲(TDZ)、2-异 戊烯酰嘌呤(2-iP)等。ZT、TDZ 作用好但非常昂贵,常用的是 6-BA。

用量:0.05~10.0 mg/L。

活性强弱:TDZ>ZT>2-iP>6-BA>KT。

因植物的种类、部位、时期、内源激素等的不同而异,在选择种类和浓度时应参考相关资料进行设计实验。

(3)赤霉素(GA)

作用:主要用于刺激在培养中形成的不定胚发育成小植株,促进幼苗茎的伸长生长。赤霉素和生长素协同作用,对形成层的分化有影响,当生长素/赤霉素比值高时有利于木质部分化,比值低时有利于韧皮部分化。此外,赤霉素还用于打破休眠,促进种子、块茎、鳞茎等提前萌发。一般在器官形成后,添加赤霉素可促进器官或胚状体的生长。赤霉素在高压蒸汽灭菌时 70% 会被破坏,可以经过滤除菌后再添加到灭菌的培养基中。

5. 凝固剂

作用:固体支持剂。

种类:琼脂、玻璃纤维、滤纸桥、海绵等。最常用的是琼脂。

琼脂特性:琼脂易溶于 95℃的热水中呈凝胶状,温度降至 40℃以下时凝固成固体。不合适的 pH、超高的温度(高压蒸汽灭菌温度超过 130℃)、长时间灭菌等都会破坏琼脂结构而不凝固。

用量:5~10 g/L。

6. 抗生素物质

作用：防止外植体内生菌造成污染，减少培养材料损失。

种类：青霉素、链霉素、庆大霉素、四环素、氯霉素、土霉素、卡那霉素等。

用量：5～20 mg/L。

注意：抗生素对培养材料的生长也有抑制作用，因此在使用前先做试验，确定最佳浓度后再大量使用。

7. 抗氧化物

作用：防止植物组织培养中褐变的发生。植物组织在切割时会溢泌一些酚类物质，接触空气中的氧气后，自动氧化或由多酚氧化酶催化成醌类物质，出现可见的茶色、褐色甚至黑色，这就是酚污染。这些物质渗出细胞外就造成自身中毒，使培养的材料生长停顿，失去分化能力，最终变褐死亡。

种类：半胱氨酸、聚乙烯吡咯烷酮(PVP)、抗坏血酸(维生素 C)、二硫苏糖醇、谷胱甘肽、二乙基二硫氨基甲酸酯等。

用量：可用 50～200 mg/L 的浓度洗涤刚切割的外植体伤口表面，或过滤除菌后加入培养基中。

8. 活性炭

作用：吸附培养基中的有害物质，对褐变有一定的预防作用。

用量：一般为 0.1%～0.2%，不能超过 0.2%。

注意：活性炭为木炭粉碎经加工形成的粉末结构，有很强的吸附作用，它的颗粒大小决定着吸附能力，粒度越小吸附能力越大。其吸附性没有选择性，培养基的添加物也会被吸附，因此会造成实际浓度低于设计浓度。

9. 硝酸银($AgNO_3$)

作用：抑制培养材料因产生乙烯而造成培养物的衰老和落叶。

用量：1～10 mg/L。

(二)培养基的类型及特点

1. 培养基类型

培养基有许多种类，根据不同的植物和培养部位及不同的培养目的需要选用不同的培养基。根据培养基的营养水平分基本培养基和完全培养基。基本培养基是指只含有大量元素、微量元素、有机营养物的培养基。完全培养基是在基本培养基的基础上添加植物生长调节物质和其他有机附加物等。

常用的基本培养基配方见表 2-1。

表 2-1　植物组织培养常见的基本培养基配方　　　　　　　　　　　　　mg/L

培养基成分	MS	White	B_5	MT	Nitsch	N_6
KCl		65				
$MgSO_4 \cdot 7H_2O$	370	720	250	370	185	185
$NaH_2PO_4 \cdot H_2O$		16.5	150			
$CaCl_2 \cdot 2H_2O$	440		150	440		166

续表 2-1

培养基成分	MS	White	B₅	MT	Nitsch	N₆
KNO_3	1 900	80	2 500	1 900	950	2 830
$CaCl_2$					166	
Na_2SO_4		200				
$(NH_4)_2SO_4$			· 134			463
NH_4NO_3	1 650			1 650	720	
KH_2PO_4	170			170	68	400
$Ca(NO_3)_2 \cdot 4H_2O$		300				
$FeSO_4 \cdot 7H_2O$	27.8		27.8	27.8	27.8	27.8
Na_2 - EDTA	37.3		37.3	37.3	37.3	37.3
$MnSO_4 \cdot 4H_2O$	22.3	4.5	10	22.3	25	4.4
KI	0.83	0.75	0.75	0.83		0.8
$CoCl_2 \cdot 6H_2O$	0.025		0.025	0.025		
$ZnSO_4 \cdot 7H_2O$	8.6	3	2	8.6	10	1.5
$CuSO_4 \cdot 5H_2O$	0.025	0.001	0.025	0.025	0.025	
H_3BO_3	6.2	1.5	3	6.2	10	1.6
$Na_2MoO_4 \cdot 2H_2O$	0.25	0.002 5	0.25		0.25	
$Fe_2(SO_4)_3$		2.5				
肌醇	100	100	100	100	100	
烟酸	0.5	1.5	1	0.5	5	0.5
盐酸硫胺素	0.1	0.1	10		0.5	1
盐酸吡哆醇	0.5	0.1	1	0.5	0.5	0.5
甘氨酸	2	3		2	2	2

2. 培养基特点

不同的培养基其特点各不相同,在组培生产和实验过程中应根据植物种类、培养部位、培养目的的不同,选用合适的基本培养基(表 2-2)。

表 2-2 植物组织培养中常用培养基的特点及适用范围

培养基名称	设计时间	设计人	特点	适用范围
MS	1962 年	Murashige 和 Skoog	无机盐和离子浓度较高,尤其铵盐和硝酸盐浓度较高	适合多种植物的各类组织培养
White	1934 年	White	无机盐数量较低,提高了 $MgSO_4$ 浓度	适于生根培养

续表 2-2

培养基	设计时间	设计人	特点	适用范围
B_5	1968 年	Gamborg	铵盐含量低,硝酸盐和盐酸硫胺素含量较高	一般植物组织培养
N_6	1974 年	朱至清	成分较简单,KNO_3 和 $(NH_4)_2SO_4$ 含量高	应用于小麦、水稻及其他植物的花药培养和其他组织培养
SH	1972 年	Schenk 和 Hidebrandt	铵盐含量低,硝酸盐和盐酸硫胺素含量较高,将 $(NH_4)_2SO_4$ 改为 $NH_4H_2PO_4$	一般植物组织培养
Miller	1963 年	Miller	无机营养元素比 MS 用量减少 $1/3\sim1/2$,微量元素种类也减少,无肌醇	用于花药培养

(三)培养基的制作

1. 培养基母液的配制与保存

在配制培养基时,为了提高工作效率和精确度,通常先配制一系列母液,即贮备液(图 2-3)。母液是培养基各种物质的浓缩液。母液方便低温保藏,且配制一次可多次使用。

母液分基本培养基母液和激素母液两类。一般将基本培养基母液配成大量元素母液、微量元素母液、铁盐母液、有机物母液 4 种。

现以 MS 基本培养基为例讲述配制各种母液操作流程。

(1)确定配方(MS)。

(2)计算填表(表 2-3)。计算公式:

$$称量的量 = 培养基规定用量 \times 扩大倍数 \times 配制体积$$

注意事项:单位统一。

(3)称量药品(图 2-4)。

(4)依次溶解称量的药品(图 2-5)。

图 2-3 各种母液

图 2-4 药品称量

表 2-3 配制 MS 培养基母液记录

母液名称	化合物	用量/ (mg/L)	扩大倍数	配制体积/ mL	称量的量/ mg
大量元素	$NH_4 \cdot NO_3$	1 650			
	KNO_3	1 900			
	$CaCl_2 \cdot 2H_2O$	440			
	$MgSO_4 \cdot 7H_2O$	370			
	KH_2PO_4	170			
铁盐	$FeSO_4 \cdot 7H_2O$	27.8			
	$Na_2\text{-}EDTA$	37.3			
微量元素	$MnSO_4 \cdot 4H_2O$	22.3			
	$ZnSO_4 \cdot 7H_2O$	8.6			
	$CoCl_2 \cdot 6H_2O$	0.025			
	$CuSO_4 \cdot 5H_2O$	0.025			
	$Na_2Mo_4 \cdot 2H_2O$	0.25			
	KI	0.83			
	H_3BO_3	6.2			
有机物	烟酸(维生素 PP)	0.5			
	盐酸吡哆醇(维生素 B_6)	0.5			
	盐酸硫胺素(维生素 B_1)	0.1			
	肌醇	100			
	甘氨酸	2			

图 2-5 搅拌溶解

图 2-6 定容

(5)将溶液转入容量瓶,全部药品溶解完成后,用少量蒸馏水冲洗烧杯3～4次,洗液转入容量瓶。

(6)定容(图 2-6)。

（7）摇匀。

（8）贴标签（母液名称、浓度、配制时间、配制人等）。

（9）保存（4℃）。

注意事项：①将需要药品按顺序依次放好；②称量时按顺序依次称量；③每称量一种药品要做好记号，或单独放置；④称量药品时要迅速，防止药品受潮；⑤按顺序依次溶解，当一种药品溶解完后再加入下一种药品；⑥对难溶解药品可单独加热溶解；⑦配制铁盐时，先用少量蒸馏水加热溶解 Na_2-EDTA，在缓慢加入 $FeSO_4$ 溶解；⑧在配制大量元素母液时，$CaCl_2$ 最后加入溶解，或单独配制钙盐，否则易产生沉淀；⑨计算时注意单位统一；⑩配制好的母液应澄清透明（图 2-7）。

图 2-7　母液

2. 生长调节物质母液的配制

每种生长调节剂必须单独配成母液，一般配成 1 mg/mL，根据需要取用。因为生长调节物质用量较少，一次可配 50 mL 或 100 mL。操作流程如下：

（1）计算：

$$称量的量＝配制浓度×配制体积$$

（2）称量。

（3）溶解，激素类物质一般不溶于水，需先用少量溶剂溶解后，再加入蒸馏水。NAA、IBA、GA_3 的溶剂是95％的乙醇溶液，2,4-D 的溶剂是 1 mol/L 的 NaOH，6-BA、KT 的溶剂是 1 mol/L 的 HCl。

（4）定容。

（5）摇匀。

（6）贴标签（名称、浓度、配制时间）。

（7）保存（4℃）。

3. 培养基的制作

——培养基制作的操作流程

（1）确定配方，如 MS＋6-BA 0.3 mg/L＋IBA 0.05 mg/L＋糖 3％＋琼脂 0.7％；

(2)计算用量填表(表2-4):

$$基本培养基母液用量 = \frac{1}{培养基母液浓度} \times 培养基配制量$$

$$生长调节物质母液用量 = \frac{培养基配方浓度}{生长调节物质母液浓度} \times 培养基配制量$$

$$称量的量 = 百分数 \times 培养基体积(毫升)$$

表2-4　固体培养基配制

母液	母液浓度	配制体积/mL	母液吸取量/mL	称取量/g
大量元素				—
铁盐				—
微量元素				—
有机物				—
生长调节剂1	mg/L			
生长调节剂2	mg/L			
蔗糖	—		—	
琼脂	—		—	

(3)称量、量取;

(4)加热溶解琼脂(图2-8),如果是液体培养基直接进行第(5)步;

(5)定容;

图2-8　加热融化琼脂

(6)用 1 mol/L NaOH 或 1 mol/L HCl 调整 pH 到指定值(图 2-9);

(7)分装(图 2-10);

(8)封口;

(9)贴标签。

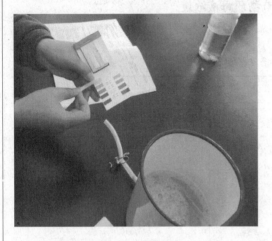

图 2-9　测定 pH　　　　　　　　　　　图 2-10　分装

注意事项:①计算式单位要统一;②琼脂要完全融化;③培养基要趁热分装,分装厚度大约 1 cm;④分装时培养基不要沾到瓶口及外壁;⑤制作好的培养基要及时灭菌。

——培养基灭菌流程

(1)检查(图 2-11);

图 2-11　检查高压锅

(2)加水(图 2-12);

(3)装培养基(图 2-13);

(4)密封锅盖;

(5)加热排气(图 2-14);

(6)保压计时;

图 2-12　加水(高于电热丝 2 cm)

图 2-13　装锅

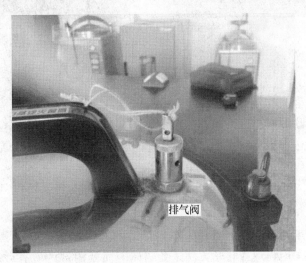

图 2-14　排气

(7)降压;

(8)出锅无菌操作间;

(9)保养高压锅。

注意事项:①外锅加水高度必须没过电热丝 2 cm;②排气管完好,且必须插入内锅底部;③放气必须彻底;④灭菌时压力不要超过 0.16 MPa(130℃),一般控制在 0.11～0.14 MPa;⑤灭菌时间不宜过长;⑥如果手动降压应缓慢打开放气阀;⑦灭菌结束后,如果不再用高压锅应将锅内水放出。

二、外植体的选择与消毒灭菌

(一)外植体的选择

概念:外植体——从植物体切去的用于植物组织培养的材料(图 2-15)。

外植体选择原则:

A   B

图 2-15　外植体

A. 枝叶　B. 花

(1)选择经济价值高的优良品种。

(2)选择生长健壮无病虫害的植株。

(3)选取最易表达细胞全能性的部位(生理年龄幼小部位),或者根据培养目的选择。

(4)大多数植物应在生长开始的季节采样。

(5)选取适宜的大小。

(二)外植体的消毒灭菌

定义:消毒——用物理化学的方法杀死物体表面及内部的微生物营养细胞(不包括芽孢)的方法。灭菌——用物理或化学方法杀死物体表面及内部的所有微生物(包括芽孢)的方法。二者的区别在于前者杀菌不彻底,后者把所有微生物全部杀死。在具体操作上要加以区分。

1. 灭菌的要求

灭菌既要把材料上的病菌消灭,同时又不损伤或轻微损伤材料而不影响其生长。

2. 常用的消毒剂

消毒剂既要有良好的消毒作用,又要易被无菌水冲洗掉或能自行分解,而且不会损伤材料,不影响材料生长(表 2-5)。

问题:如何快速用 95％乙醇配制 70％(或 75％)的酒精?

3. 外植体表面灭菌流程(材料月季)

(1)外植体取材,春季或秋季晴天中午取当年新生嫩枝。

(2)外植体整理,去掉叶片,剪成 2～3 cm 含 1～2 个腋芽的茎段。

(3)流水冲洗,先用洗洁精浸洗 5 min,再流水冲洗 4 h。

(4)(转入无菌环境)70％酒精消毒 40 s。

(5)0.1％氯化汞浸泡 7 min。

表 2-5　常用化学消毒剂

消毒剂名称	浓度/%	消毒时间/min	去除难易	消毒效果	适应对象
乙醇	70～75	0.2～2	易	好	外植体、皮肤、接种工具
氯化汞	0.1～0.2	2～10	较难	最好	外植体
次氯酸钠	2	5～30	易	很好	外植体
过氧化氢	10～12	5～15	最易	好	外植体
漂白粉	饱和溶液	5～30	易	很好	外植体、环境
新洁尔灭	0.5	30	易	很好	外植体、空气
硝酸银	1	5～30	较难	好	外植体

(6)无菌水冲洗 6 次;

(7)无菌吸水纸吸干材料表面水分备用。

概念:无菌水——经高压蒸汽灭菌的水。无菌吸水纸——一般的吸水纸经高压灭菌。

(三)外植体的接种

1. 定义

外植体的接种——把经过表面灭菌后的植物材料切碎或分离出器官、组织、细胞,转放到无菌培养基上的全部操作过程。整个过程需在无菌操作室完成(图 2-16)。

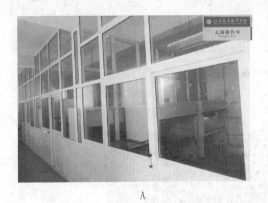

图 2-16　无菌操作室

A. 外面观　B. 内部

2. 外植体接种操作流程

(1)准备物品:将培养基、接种工具、支架、酒精灯、70%酒精、0.1%升汞等放在超净工作台上(图 2-17)。

(2)打开超净工作台紫外灯和风机 30 min(图 2-18)。

(3)洗手。

(4)带上外植体,在缓冲间换上工作服,戴上口罩、帽子。

(5)进入无菌操作间,关闭紫外灯,打开照明灯。

图 2-17 物品摆放

图 2-18 打开超净工作台上的紫外灯

（6）用70％酒精棉球擦拭双手和材料瓶外壁及瓶口内壁。

（7）外植体表面灭菌（见外植体表面灭菌流程）（图 2-19）。

图 2-19 外植体表面灭菌

（8）用酒精棉球擦拭支架、剪刀、镊子等接种工具（图 2-20）。

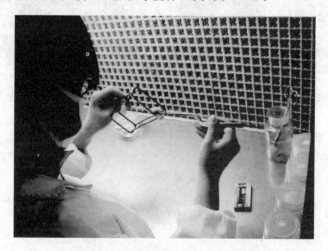

图 2-20 酒精棉球擦拭接种工具

（9）点燃酒精灯，先灼烧支架，再灼烧剪刀、镊子等，并将剪刀、镊子放在支架上冷却。

（10）用镊子取出无菌纸放在酒精灯和支架之间。

（11）用镊子取出外植体，放在无菌纸上剪切（图 2-21）。

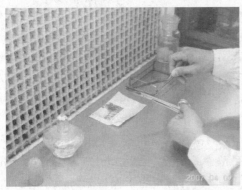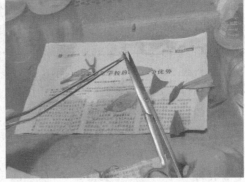

图 2-21 外植体剪切

（12）将剪切好的材料接种在培养基上，注意形态学上下端（图 2-22）。

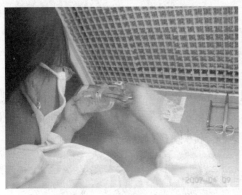

图 2-22 外植体接种

（13）封口。

（14）标记。

（15）关闭风机，清理台面。

（16）将接种的培养材料放入培养室或培养箱培养（图 2-23）。

图 2-23 培养

概念:无菌纸——经高压蒸汽灭菌的纸。

3. 注意事项

①操作人员进入无菌操作室必须关掉紫外灯;②操作人员在操作时尽量少说话,少走动;③酒精易燃,在操作过程中注意安全,不小心着火,在紧急情况下可用衣物、报纸覆盖;④每接几瓶材料需更换无菌纸,灼烧接种工具;⑤接种工具需冷却后再接触材料;⑥剪切材料、接种材料过程,手尽可能不在无菌纸上方移动;⑦打开或封口前,迅速旋转灼烧瓶口和瓶盖内侧,接种过程,瓶口始终在酒精灯无菌区;⑧操作过程中双手不要超出超净工作台边缘,头不要伸入超净工作台内。

每次无菌操作前,都应对无菌操作室进行消毒,减少污染机会,一种是化学熏蒸,一般2~3个月进行一次,用甲醛和高锰酸钾混合(甲醛:高锰酸钾=10 mL:5 g)熏蒸3 d(注意:甲醛有毒);另一种是常规消毒,可以提前1 h进行,有时候为了保持无菌操作间的洁净,每次接种结束后,也可以进行。无菌操作室常规消毒程序:

①扫帚打扫,浸泡过来苏儿溶液或石灰水的拖把拖地;②70%~75%的酒精或来苏儿溶液喷洒空气、角落、台面、地面;③启动超净工作台:清理台面→70%~75%的酒精喷洒消毒→打开电源开关→打开风机吹风→打开工作台上紫外灯照射;④打开室内紫外灯照射(工作人员离开),20~30 min后,(工作人员)关闭室内和工作台上紫外灯,保持暗光30 min左右,打开日光灯,准备接种。

培养材料的接种关键是无菌操作,要做到无菌操作就要培养无菌意识,而无菌意识是长期操作实践慢慢培养出来的,需要多观察,多记录,多分析,多总结,同学之间应相互讨论。有没有好的无菌意识,可以从培养材料的污染程度、材料的生长状况等方面判断。

三、材料的培养

(一)温度

大多数植物生长适温20~30℃,常采用23~27℃。

注意:温度低于15℃或高于35℃时对植物生长不利。

不同培养物采用培养温度也不同:桃胚在2~5℃条件处理,有利于提高胚培养成活率;用35℃处理草莓的茎尖分生组织3~5 d,可得到无病毒苗。

(二)光照

组织培养中光照也是重要的条件之一,主要表现在光强、光质以及光照时间方面。

1. 光照强度

光照强度对培养细胞的增殖和器官的分化有重要影响,一般1 000~4 000 lx,在培养架每层顶部安装2~4根日光灯(40 W/根)补充光照(图2-24)。

光照强,幼苗生长粗壮;光照弱,幼苗容易徒长。

对光的要求还要根据不同的培养目的确定。暗培养有利于愈伤组织形成和生根。一般在培养后期,增加光照,有利于壮苗移栽。

2. 光质

光质对愈伤组织诱导、培养组织的增殖以及器官的分化都有明显的影响。如百合胚珠在

图 2-24 培养架上安装日光灯补光

红光下培养 8 周后分化出愈伤组织,而在蓝光下所需时间较长。

唐菖蒲子球块在蓝光下首先出现芽,幼苗生长旺盛,而白光下幼苗纤细。

3. 光周期

一般每天需要 12~16 h 的光照。对短日照敏感品种的器官组织,在短日照下易分化,而在长日照下产生愈伤组织。

4. 光控制

使用日光灯+自然光。自然光是混合光,有利于材料木质化,还可以节约成本。

(三)湿度

包括容器内湿度和培养环境湿度。

1. 容器内

容器内的湿度 100%,水分循环系统如图 2-25 所示。

2. 容器外

一般要求培养室 70%~80% 的相对湿度。

注意:湿度太大容易滋生杂菌,太小培养基容易失水变干。

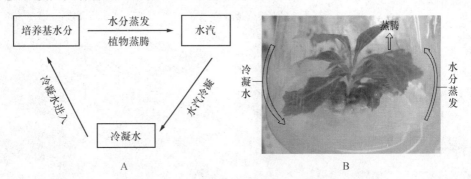

图 2-25 水分循环

A. 示意图 B. 实物

(四)渗透压

培养基的渗透压影响植物的生长,影响渗透压的物质主要是盐类、糖。

(五)pH

不同的植物对培养基最适 pH 的要求也是不同的,大多在 5～6.5。

当 pH 高于 6.5 时,培养基会变硬;低于 5 时,琼脂不能很好地凝固。高温灭菌会降低 pH 0.2～0.3,故在配制时常预先提高 pH 0.2～0.3。

(六)气体

氧气是组织培养中必需的因素。封口所用材料要透气性好,能过滤微生物。

液体培养需要用摇床或振荡器振荡培养,以保证培养材料有足够的氧气(图 2-26)。

培养室内要经常通风换气。

离体培养会产生乙烯,并且积累,影响植物生长,可在培养基中加入 1～100 mg/L Ag^+ 阻止乙烯影响。

图 2-26　振荡培养

计 划 单

学习领域	植物组织培养技术	
学习情境2	植物组织培养的基本操作技术	
计划方式	小组讨论,小组成员之间团结合作,共同制订计划	
序号	实施步骤	使用资源
制订计划 说明		

班级		第 组	组长签字	
教师签字			日期	

计划评价	评语:

决 策 单

学习领域	植物组织培养技术
学习情境2	植物组织培养的基本操作技术

		方案讨论						

	组号	任务耗时	任务耗材	实现功能	实施难度	安全可靠性	环保性	综合评价
方案对比	1							
	2							
	3							
	4							
	5							
	6							
方案评价	评语：							

班级		组长签字		教师签字		月　日	

材料工具清单

学习领域		植物组织培养技术					
学习情境2		植物组织培养的基本操作技术					
项目	序号	名称	作用	数量	型号	使用前	使用后
所用仪器	1	分析天平	称量药品	8台			
	2	托盘天平	称量药品	8架			
	3	冰箱	保存母液	1台			
	4	高压蒸汽灭菌锅	物品灭菌	5台			
	5	移液器	量取母液	12把			
	6	培养箱	培养材料	3台			
	7	手推车	转移培养基和接种的培养材料	6辆			
	8	超净工作台	无菌操作	12台			
	9	电磁炉	融化琼脂	8台			
	10	电炉	融化培养基	4台			
	11	恒温磁力搅拌器	培养基保温	3个			
	12	摇床	培养材料	2台			
所用材料	1	各种化学药品	营养物质	若干			
	2	植物生长调节物质	营养物质	若干			
	3	各种消毒剂	消毒灭菌	若干			
	4	外植体	培养对象	若干			
	5	酒精喷壶	消毒	8个			
	6	纸	作为无菌纸	若干			
	7	报纸	包无菌纸和工具	若干			
	8	封口膜	封瓶口	若干			

所用材料	9	线绳	封瓶口	若干		
	10	标签纸	标记	若干		
所用工具	1	烧杯	配制母液	若干		
	2	容量瓶	配制母液	若干		
	3	胶头滴管	配制母液	若干		
	4	玻璃棒	配制母液	若干		
	5	洗瓶	配制母液	若干		
	6	不锈钢锅	配制培养基	8个		
	7	培养瓶	配制培养基	若干		
	8	三角瓶	配制培养基	若干		
	9	刻度吸管	量取母液	若干		
	10	移液管架	放置吸管	4个		
	11	工具支架	支撑无菌工具	24个		
	12	镊子	夹取外植体	48把		
	13	解剖刀	切割外植体	24把		
	14	解剖剪刀	剪断外植体	24把		
	15	打孔器	截断外植体	12套		
	16	酒精灯	灭菌	24盏		
	17	试剂瓶	装75%酒精	12个		
班级		第　组	组长签字		教师签字	

56

实 施 单

学习领域	植物组织培养技术	
学习情境2	植物组织培养的基本操作技术	
实施方式	小组合作;动手实践	
序号	实施步骤	使用资源

实施说明:

班级		第 组	组长签字	
教师签字			日期	

作 业 单

学习领域	植物组织培养技术
学习情境2	植物组织培养的基本操作技术
作业方式	资料查询、现场操作
1	组织培养条件下植物生长所需要的营养物质有哪些？各有什么作用？
作业解答：	
2	母液分哪几类？如何配制母液？
作业解答：	
3	如何配制培养基？
作业解答：	
4	怎样选取外植体？外植体表面灭菌程序是什么？
作业解答：	
5	怎样进行无菌操作？如何培养无菌意识？
作业解答：	
6	材料生长需要哪些环境条件？如何满足？
作业解答：	

作业评价	班级		第　组		
	学号		姓名		
	教师签字		教师评分		日期
	评语：				

检 查 单

学习领域	植物组织培养技术			
学习情境 2	植物组织培养的基本操作技术			
序号	检查项目	检查标准	学生自检	教师检查
1	咨询问题	回答认真准确		
2	培养基成分	营养物质种类、作用		
3	培养基类型特点	常见培养基,各培养基特点		
4	母液配制	营养分类依据,母液种类,配制方法		
5	培养基制备	制备流程正确,操作无误		
6	培养基灭菌	高压蒸汽灭菌锅的原理,使用方法		
7	外植体选取	取材时间、部位、方法、大小适宜		
8	外植体处理	材料处理合理		
9	接种室消毒	各种消毒措施搭配合理,消毒彻底		
10	外植体消毒	外植体消毒流程正确,操作规范,消毒彻底,污染率低		
11	外植体接种	严格按照无菌操作规程进行,台面布局合理,操作规范,动作紧凑,污染率低		
12	培养室消毒	选择合适的消毒灭菌方法,操作合适		
13	材料培养	培养室日常工作,操作完整		

检查评价	班级		第 组	组长签字	
	教师签字			日期	
	评语:				

评 价 单

学习领域		植物组织培养技术			
学习情境 2		植物组织培养的基本操作技术			
评价类别	项目	子项目	个人评价	组内互评	教师评价
专业能力 （60%）	资讯 （10%）	搜集信息(5%)			
		引导问题回答(5%)			
	计划 （10%）	计划可执行度(3%)			
		操作程序的安排(4%)			
		培养方法的选择(3%)			
	实施 （20%）	母液配制工艺规范(5%)			
		培养基制备工艺规范(6%)			
		遵守无菌操作规程(5%)			
		存活率高(2%)			
		所用时间(2%)			
	检查 （2%）	全面性、准确性(1%)			
		发现异常现象(1%)			
	过程 （13%）	仪器设备使用规范性(3%)			
		外植体消毒规范性(5%)			
		消毒措施合理(5%)			
	结果（5%）	组培苗产品(5%)			
社会能力 （20%）	团结协作 （10%）	小组成员合作良好(5%)			
		对小组的贡献(5%)			
	敬业精神 （10%）	学习纪律性(5%)			
		爱岗敬业、吃苦耐劳精神(5%)			
方法能力 （20%）	计划能力 （10%）	考虑全面、细致有序(10%)			
	决策能力 （10%）	决策果断、选择合理(10%)			

	班级		姓名	学号	总评	
	教师签字		第 组	组长签字	日期	
评价评语	评语：					

教学反馈单

学习领域	植物组织培养技术			
学习情境2	植物组织培养的基本操作技术			
序号	调查内容	是	否	理由陈述
1	你是否明确本学习情境的目标？			
2	你是否完成了本学习情境的学习任务？			
3	你是否达到了本学习情境对学生的要求？			
4	需咨询的问题,你都能回答吗？			
5	你知道植物组培快繁的主要环节吗？它们的主要内容是什么？			
6	你是否能够合理选取外植体并对其消毒？			
7	你掌握外植体的无菌操作技术了吗？			
8	你是否会设计组培快繁的试验方案？			
9	你是否喜欢这种上课方式？			
10	通过几天来的工作和学习,你对自己的表现是否满意？			
11	你对本小组成员之间的合作是否满意？			
12	你认为本学习情境对你将来的学习和工作有帮助吗？			
13	你认为本学习情境还应学习哪些方面的内容？（请在下面回答）			
14	本学习情境学习后,你还有哪些问题不明白？哪些问题需要解决？（请在下面回答）			

你的意见对改进教学非常重要,请写出你的建议和意见：

调查信息	被调查人签字		调查时间	

学习情境 3　植物组培快繁技术

　　植物组培快繁又称为植物微繁或植物离体繁殖,是指利用植物组织培养技术对外植体进行离体培养,短期内获得大量遗传性状一致再生植株的方法。自从植物组织培养技术诞生以来,该技术已在植物快速繁殖、植物脱毒、胚胎培养、单倍体育种等许多方面得到运用,并迅速产生了各种具体的应用技术,植物组培快繁技术是其中之一。目前,植物组培快繁技术在果树、蔬菜、花卉、树木、药用植物等方面得到了广泛的应用,尤其在蝴蝶兰等名贵花卉的生产上。

　　植物组培快繁技术,作为植物组织培养技术的核心内容之一,是组培快繁工职业资格认证的依托技术。

任 务 单

学习领域	植物组织培养技术
学习情境 3	植物组培快繁技术
任务布置	
学习目标	1. 熟悉植物组培快繁的技术流程,熟悉各阶段的试验目的。 2. 熟悉植物组培快繁的各种类型。 3. 会选择合适的方法对组培苗进行继代增殖培养。 4. 会分析组培苗生根的条件,会选择合适的生根方法。 5. 熟悉组培苗生长的环境条件和大田植物生长环境条件的差异。 6. 会选择合适的炼苗移栽基质。 7. 会对移栽后的组培苗进行正确的管理。 8. 能够设计植物组培快繁各阶段所需培养基的配方筛选试验;能够设计外植体消毒最佳方案的筛选试验。 9. 能够规范快捷地进行无菌操作(接种)。 10. 能识别植物组织培养过程中常见的污染、褐变、玻璃化等现象,并且能够提出相应的解决办法。 11. 熟悉组培苗驯化移植的方法。 12. 能设计试验筛选组培苗最适驯化方案。 13. 培养学生吃苦耐劳、团结合作、开拓创新、务实严谨、诚实守信的职业素质。
任务描述	通过节培法或丛生芽增殖型进行组培快繁,设计出一种植物组培快繁的技术路线。具体任务要求如下: 1. 根据不同类型中间繁殖的快繁原理不同,设计出组培快繁技术路线。 2. 根据初代培养的选材要求,选择合适的外植体。 3. 按照外植体消毒的要求,设计出外植体消毒处理的试验方案。 4. 按照植物组培快繁技术节培法或丛生芽增殖型的主要环节,设计初代培养、芽增殖培养、生根壮苗培养阶段最适培养基与培养条件的筛选方案。 5. 按照组培苗的驯化要求,设计驯化方案。 6. 根据组培苗移植与后期管理要求,选择适宜的移植与后期管理措施。

参考资料	1. 曹春英. 植物组织培养. 北京：中国农业出版社,2006. 2. 熊丽,吴丽芳. 观赏花卉的组织培养与大规模生产. 北京；化学工业出版社,2003. 3. 刘庆昌,吴国良. 植物细胞组织培养. 北京：中国农业大学出版社,2003. 4. 吴殿星,胡繁荣. 植物组织培养. 上海：上海交通大学出版社,2004. 5. 曹孜义,刘国民. 实用植物组织培养技术教程. 兰州：甘肃科学技术出版社,2001. 6. 王水琦. 植物组织培养. 北京：中国轻工业出版社,2010. 7. 程家胜. 植物组织培养与工厂化育苗技术. 北京：金盾出版社,2003. 8. 王清连. 植物组织培养. 北京：中国农业出版社,2003. 9. 王蒂. 植物组织培养. 北京：中国农业出版社,2004. 10. 王振龙. 植物组织培养. 北京：中国农业大学出版社,2007. 11. 沈海龙. 植物组织培养. 北京：中国林业出版社,2010. 12. 彭星元. 植物组织培养技术. 北京：高等教育出版社,2010. 13. 陈世昌. 植物组织培养. 北京：高等教育出版社,2011. 14. 王金刚. 园林植物组织培养技术. 北京：中国农业科学技术出版社,2010. 15. 吴殿星. 植物组织培养. 上海：上海交通大学出版社,2010. 16. 盖均镒. 试验统计方法. 北京：中国农业出版社,2000. 17. http：//www.zupei.com/. 18. http：//www.7576.cn/. 19. http：//blog.sina.com.cn/s/blog_505c5b570100c9ep.html.
对学生的要求	1. 能够合理设计植物组培快繁试验方案。 2. 理解并掌握植物组培快繁技术的基本操作。 3. 熟悉实验室常见的仪器设备的使用及维护,严格按照实验室的要求和安全操作规程进行操作。 4. 能够发现植物组织培养过程中常见的问题,并分析原因,选择合适的方法进行解决。 5. 实验中爱护实验室的仪器设备,严格遵守纪律,不迟到,不早退,不旷课。 6. 本情境工作任务完成后,需要提交学习体会报告。

资 讯 单

学习领域	植物组织培养技术
学习情境 3	植物组培快繁技术
咨询方式	在图书馆、专业杂志、互联网及信息单上查询；咨询任课教师
咨询问题	1. 什么是植物组培快繁技术？ 2. 植物组培快繁技术的技术流程是什么？ 3. 植物组培快繁中间繁殖体分为哪些类型？ 4. 什么是初代培养？ 5. 植株再生的途径有哪些？各途径有何特点？ 6. 什么是继代培养？如何进行？ 7. 什么是壮苗生根？如何进行？ 8. 为什么组培苗要进行炼苗？ 9. 植物组织培养过程中会出现哪些问题？如何解决？ 10. 组培苗生长的环境条件和大田植物有何不同？ 11. 在植物组培快繁中如何进行试验方案设计？ 12. 植物组培快繁的各种诱导培养基设计依据是什么？如何进行？ 13. 组培苗的特点与驯化要求是什么？怎样对组培苗进行驯化？ 14. 组培苗移植的方法有哪些？分别如何进行？ 15. 组培苗移植后如何管理？
资讯引导	1. 问题 1～5 可以在曹春英的《植物组织培养》第 2 章中查询。 2. 问题 6～8 可以在曹孜义等的《实用植物组织培养技术教程》第 2～3 章中查询。 3. 问题 9～10 可以在王清莲的《植物组织培养》第 1～2 章中查询。 4. 问题 11 可以在盖均镒的《试验统计方法》第 12～13 章中查询。 5. 问题 12～15 可以在陈世昌的《植物组织培养》单元五中查询。

信 息 单

学习领域	植物组织培养技术
学习情境 3	植物组培快繁技术

信 息 内 容

一、植物组织培养快繁技术流程与方案设计

(一)植物组培快繁技术流程

植物组培快繁技术流程如图 3-1 所示。

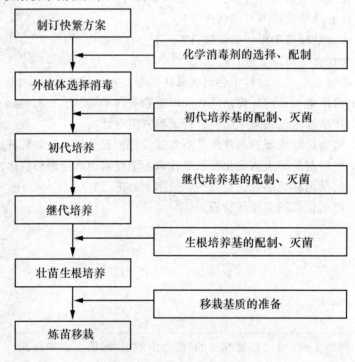

图 3-1 植物组培快繁技术流程

(二)植物组培快繁实验方案的设计

需要对某一植物进行离体培养时,首先要制订出一套行之有效的培养方案,方案的关键是要确定最佳培养基配方及最适培养条件。即使是引进他人比较成熟的技术,也需要先经过小规模的实验,培养成功后才能用于大规模的生产。

1. 常用的实验方法

(1)预备性实验   预备性实验要求比较低,不必深思熟虑和很严格,往往灵机一动就做了。预备性实验规模小,条件要求不必面面俱到。在精力允许的情况下多做一点预备性实验,它能加快前进的步伐。预备性实验耗费时间与精力较少,问题直截了当,能使下一阶段

的工作更有把握。许多正规的研究往往都要做一些预备性实验,以找准因素及因素水平。

(2)单因子实验 单因子实验中,各项条件和因素都基本确定,并维持在一定水平上,只变动一个因子,以找出这一因子对实验的影响以及影响的程度。例如,某一培养基其他成分不变,只变动 NAA 浓度,分别实验在 0、0.1 mg/L、0.5 mg/L、1.0 mg/L 四个水平下 NAA 对某一培养物生根的影响;再比如含糖量 2%、3%、4%、5%,铁盐用量 1 倍、2 倍、3 倍、4 倍等,这些都是单因子实验。单因子实验除了要研究的那一个变量外,其余各方面都应尽量相同或尽可能接近,一般是在其他因素都已确定的情况下,对某个因子进行比较精细的选择。

(3)双因子实验 实验中含有 2 个影响因子的叫双因子实验。常用于选择生长素与细胞分裂素的浓度配比。在因素水平较少的情况下,进行双因素多水平组合,筛选出一组最佳浓度组合,如研究 6-BA 与 NAA 对不定芽再生的影响,二者各取 0.5 mg/L、1.0 mg/L、1.5 mg/L 三个浓度水平进行浓度配比实验(表 3-1)。9 个浓度配比包含了所有组合,在实验结果中,以再生率最高的一组配比为最佳浓度组合。

表 3-1 双因素实验设计 mg/L

6-BA	NAA		
	0.5	1.0	1.5
0.5	①	②	③
1.0	④	⑤	⑥
1.5	⑦	⑧	⑨

当因素的水平较多时,采用双因素多水平组合的工作量太大,也可采用多次单因素筛选法。如同样研究 6-BA 与 NAA 对不定芽再生的影响,6-BA 取 1.0 mg/L、2.0 mg/L、3.0 mg/L、4.0 mg/L 等 4 个水平;NAA 取 0.1 mg/L、0.2 mg/L、0.3 mg/L、0.4 mg/L 的 4 个浓度水平。可根据预备实验及文献报道,首先固定一个因素的某个水平,如固定 6-BA 为 2.0 mg/L,研究在 6-BA 为 2.0 mg/L 时,NAA 的 4 个浓度对不定芽再生的影响,以再生率最高的 NAA 浓度为最佳;再将这个最佳的 NAA 浓度固定,研究 6-BA 的 4 个浓度对不定芽再生的影响,若最佳的实验结果正好与当初的判断(固定 6-BA 为 2.0 mg/L)相同,则以此确定为最佳实验组合;否则,再将通过实验获得的 6-BA 最佳浓度固定,再次研究 NAA 的 4 个浓度对不定芽再生的影响,确定 NAA 的最佳浓度。如此进行,直至预定结果与实验结果相符合为止。

(4)多因子实验 实验中含有两个以上因子叫做多因子实验。在研究中要求同时探讨多种因素不同水平之间对实验结果的影响,如培养基中细胞分裂素、生长素、糖和其他成分的用量,此时就要采用多因子实验设计,可收到事半功倍的效果。多因子实验一般采用正交实验设计来研究多因素对组织培养的影响。

正交实验设计首先要选择相关的因素及适宜的水平,因素及水平的确定除参考相关研究文献之外,预备实验结果和长期的组培实践以及植物种类自身的生理特点等因素也是非常重要的考虑指标。如采用 4 因子 3 水平 9 次实验的 $L_9(3^4)$ 正交实验,一次选择 MS 培养基中大量元素浓度、生长素(NAA)、细胞分裂素(6-BA)、蔗糖等多因子及水平(表 3-2),研究菊花增殖的影响因子,然后查正交表组合因子及水平(表 3-3)。

表 3-2 L₉(3⁴)正交实验因素水平

水平	MS 培养基大量元素浓度	6-BA/(mg/L)	NAA/(mg/L)	蔗糖/(g/L)
1	0.5 MS	0.5	0	20
2	MS	1.0	0.1	30
3	2 MS	2.0	0.2	40

表 3-3 L₉(3⁴)正交实验设计

处理	因素			
	MS 培养基大量元素浓度	6-BA/(mg/L)	NAA/(mg/L)	蔗糖/(g/L)
1	a(0.5 MS)	a(0.5)	a(0.0)	a(20)
2	a(0.5 MS)	b(1.0)	b(0.1)	b(30)
3	a(0.5 MS)	c(2.0)	c(0.2)	c(40)
4	b(MS)	a(0.5)	b(0.1)	c(40)
5	b(MS)	b(1.0)	c(0.2)	a(20)
6	b(MS)	c(2.0)	a(0.0)	b(30)
7	c(2 MS)	a(0.5)	c(0.2)	b(30)
8	c(2 MS)	b(1.0)	a(0.0)	c(40)
9	c(2 MS)	c(2.0)	b(0.1)	a(20)

正交实验的结果是选择出对实验对象影响最大的因素及其影响范围,应根据正交实验的结果,对极差较大的因素再进行双因子实验或单因子实验,并进行同样的指标调查,以寻找出主要影响因子的最佳数据及该数据范围内的实验结果,为生产提供参考。

(5)逐步添加或逐步排除实验 实验研究过程中,在没有取得可靠数据之前,往往需要添加一些有机营养成分,而在取得了稳定的成功结果之后,就可以逐步减少这些成分。逐步添加是为了使实验成功,逐步减少是为了缩小范围,以便找到最有影响力的因子,或是为了生产上竭力使培养基简化,以降低成本和利于推广。在寻求最佳生长调节剂配比时,也经常用到这种加加减减的简单方法。

2. 最佳培养方案的筛选方法

(1)资料的收集、分析 首先要查明需要组培植物的学名、品种名及商品名等,然后有目的地进行文献检索,查阅该植物组织培养方面相关的报道,着重阅读近 3~5 年的文献,进行综合分析。如果某种植物,只能查到为数不多的文献或根本查不到,则表明该种植物还不被人重视,或组培成功的难度很大。这时应适当扩大文献检索范围,查阅与之相近的、同一个属内其他种的植物组培文献。此外,还可以走访有关的实验室和组培工厂,获取相关的技术信息。

(2)主要影响因子的选取　影响组织培养的因素很多,既有内因,也有外因。就内因来说,主要是植物自身生长、发育与繁殖的特点,一般植物都具有扦插生根、根蘖出芽(分株)等营养繁殖的能力,但不同植物的难易程度不同,对于植物组织培养的某个阶段,主要内因因素的选择可参考该种作物的植物学、栽培学和生理学等相关学科的知识内容,选定主要影响因素,就可以进行实验设计了;而影响组织培养的外部因素,主要是影响该种作物生长发育的条件,比如营养、温度、光照和 pH 等,其主要影响因素的选择同样要参考栽培学、营养学和土壤肥料学的相关知识。组织培养研究的主要目的就是找出最有利于组织培养成功的内因和外因。

影响组织培养的因素主要包括以下几类:

①作物的种类和品种,外植体的类型、部位、采集的时期及灭菌方法。

②基本培养基的种类或营养成分组成。

③植物生长调节剂的种类、浓度及配比。

④添加物的种类和浓度。

⑤糖的种类和含量。

⑥pH。

⑦温度、光照和通气等环境条件。

⑧培养方式:固体培养或液体培养,静置培养或振荡培养。

⑨继代培养次数、季节影响以及其他人为因素等。

显然,植物组织培养研究的目的就是通过比较试验,寻找出该种作物不同品种的不同培养阶段、最佳的外植体及其最适宜的培养方式和培养条件等。

(3)数据采集与结果分析　在植物组织培养的研究中,数据采集是实验研究的重要内容。初学者往往不知组织培养中有何数据,如何采集。其中关键问题,一是材料微小,不好测量;二是多为质量性状,不好定量。其实,组织培养中还是有不少可以定量的数据,要充分利用转接、出瓶等时机,直接调查、采集数据(表 3-4)。

表 3-4　不同培养阶段测定数量指标

培养阶段	测定指标
初代培养	萌发率、污染率、愈伤组织诱导率、芽分化率
继代增殖	增殖系数、苗高、茎粗、苗健壮度
壮苗生根	苗高、叶片数、茎粗、生根率、根长、根数量
炼苗移栽	基质配比、移栽成活率

对愈伤组织生长状况、苗健壮度等质量性状,可用编码性状。即先找出最好与最差的极端类型,然后根据生长差异分良、中、差三级,或优、良、中、差、劣五级。可分别记为3、2、1,或 5、4、3、2、1,或者以＋＋＋、＋＋、＋、－、－－等来表示。特殊情况可用文字记入备注栏。在此,一定要注意分级、编码,不能只记文字。另外,对于愈伤组织的生长量,也可以用大、中、小编码表示。

组培实验的结果分析,没有特殊的要求,一般可直接比较大小、高低;在差异不明显时,需要进行显著性检验。多因子实验需要进行方差分析,以确定主要影响因子,具体方法可参考专门的实验统计书籍。

二、中间繁殖体的启动培养

(一)外植体的成苗途径与中间繁殖体类型

1. 外植体的成苗途径

(1)外植体先形成愈伤组织,然后再分化成完整的植株。具体分化过程又可分3种。

①在愈伤组织上同时长出芽和根,以后连成统一的轴状结构,再发育成植株;②在愈伤组织中先形成茎,后诱导成根,再发育成植株;③在愈伤组织中最常见的再分化是先形成根,再诱导出芽,得到完整植株。但在培养中一般先形成根的,往往抑制芽的形成;而相反,一般先产生芽的,则以后较易产生根。

(2)在组织培养中再生植株可通过与合子胚相似的胚胎发生过程,即形成胚状体,再发育成完整植株。胚状体可以从以下几种培养物产生:①直接从器官上发生;②从愈伤组织发生;③从游离单细胞发生;④从小孢子发生。

在组织培养中诱导胚状体和诱导芽相比(表 3-5),有 3 个显著的优点。①数量多,一个外植体上诱导产生胚状体的数量,往往要比诱导芽的数量多得多;②速度快,胚状体是以单细胞直接分化成小植株的,它比经过愈伤组织再分化成完整植株要快些;③结构完整,胚状体一旦形成,即可长成小植株,成苗率高。

表 3-5　胚状体苗与器官发生苗的区别

胚状体苗	器官发生苗
最初形成多来自单个细胞,双向极性,两个分生中心,较早分化出茎端和根端(方向相反)	最初形成多来自多细胞,单向极性,单个分生中心
胚状体维管组织与外植体维管组织不相连	不定芽和不定根与愈伤组织的维管组织相连
具有典型的胚胎形态发生过程	无胚胎形态,分生中心直接分化器官
形成的幼苗具有子叶	不定芽的苗无子叶
胚状体发育的苗,根和芽齐全,不需诱导生根	一般先长芽后诱导生根,或先长根后长芽

(3)外植体经诱导后直接形成根与芽,发育成完整的植株。如茎尖培养一般就属此种类型。

2. 中间繁殖体类型

植物种类、外植体类型及培养基组成等都影响着培养材料的生长、分化和再生过程,从而导致植株再生途径有很大的差异。根据再生途径的不同,将中间繁殖体分为无菌短枝型、丛生芽增殖型、器官发生型、原球茎发生型、胚状体发生型 5 种类型(图 3-2,表 3-6)。

(1)无菌短枝型　顶芽、带芽茎段在适宜的培养基上伸长生长,形成无菌幼枝,将幼枝切段进行增殖,从而迅速获得大量的组培苗,这种繁殖方式也称作微型扦插。葡萄、枣、马铃薯、甘薯、月季、香石竹和菊花等顶端优势明显或枝条生长迅速的植物常通过这种方式形成

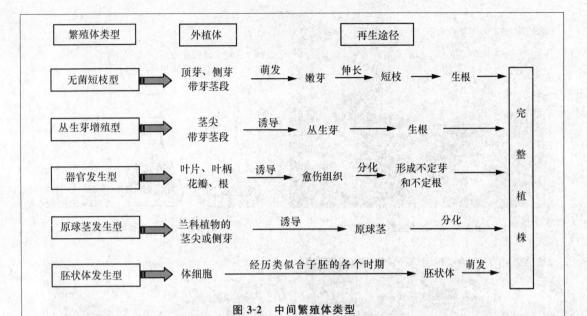

图 3-2　中间繁殖体类型

再生植物(图 3-3、图 3-4)。该方式不需要诱导发生愈伤组织而再生,培养过程简单,遗传稳定性高,成苗快。

图 3-3　泡桐无菌短枝型

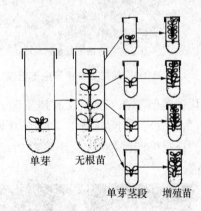

图 3-4　无菌短枝型示意

(2)丛生芽增殖型　将茎尖、带芽茎段接种到适宜的培养基上诱导,可使芽不断萌发、生长,形成丛生芽状。将丛生苗分割成单芽增殖成新的丛生芽,如此重复芽—芽增殖的培养,可实现快速、大量繁殖的目的,将单个芽转入生根培养基中,培养成再生植株(图 3-5、图3-6)。这种发生类型从芽繁殖到芽,遗传性状稳定,繁殖速度快。

(3)器官发生型　叶片、叶柄、花瓣、根等外植体在适宜培养基和培养条件下,经过脱分化形成愈伤组织,然后经过再分化诱导愈伤组织产生不定芽,或外植体不形成愈伤组织而从表面直接形成不定芽,将芽苗转移到生根培养基中,经培养获得完整植株的繁殖方法(图3-7、图 3-8)。

(4)胚状体发生型　外植体在适宜培养基中,经诱导产生体细胞胚的繁殖方法。体细胞

图 3-5　欧李丛生芽增殖型

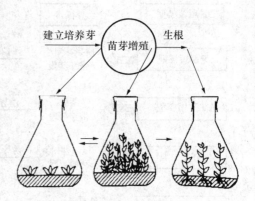

图 3-6　丛生芽增殖型示意

图 3-7　菊花花瓣诱导愈伤组织

图 3-8　菊花愈伤组织诱导不定芽

胚状体类似于合子胚但又有所不同,它也通过球形、心形、鱼雷形和子叶形的胚胎发育过程,最终发育成小苗(图 3-9)。胚状体可以从愈伤组织表面产生,也可从外植体表面已分化的细胞中产生,或从悬浮培养的细胞中产生。胚状体是具有双极性的结构,可以一次成苗。

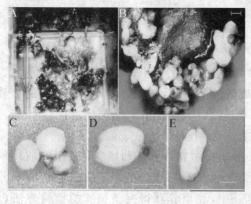
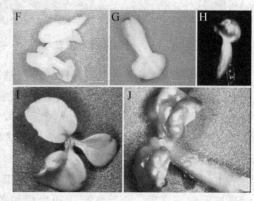

图 3-9　胚状体发生型

A. 外植体启动培养　B. 诱导产生胚状体　C. 球形胚状体　D. 心形胚状体

E、F. 鱼雷形胚状体　G. 子叶期胚状体　H、I、J. 胚状体萌发

72

（5）原球茎发生型　兰科植物的茎尖或腋芽外植体经培养产生原球茎（扁球状体、基部生假根）的繁殖类型。原球茎呈珠粒状，是由胚性细胞组成的类似嫩茎的器官，它可以增殖，形成原球茎丛。切割原球茎可以进行增殖，或停止切割使其继续培养而转绿，产生毛状假根，叶原基发育成幼叶，将其转移培养生根，形成完整植株（图 3-10）。

A　　　　　　　　　　　　　　　　　　B

图 3-10　原球茎发生型

A. 原球茎丛　B. 植株

表 3-6　各中间繁殖体类型比较

再生类型	外植体来源	特点
无菌短枝型	嫩枝节段或芽	一次成苗,培养过程简单,适用范围广,移栽容易成活,再生后代遗传性状稳定,但初期繁殖较慢
丛生芽增殖型	茎尖、茎段或初代培养的芽	与无菌短枝型相似,繁殖速度较快,成苗量大,再生后代遗传性状稳定
器官发生型	除芽外的离体组织	多数经历"外植体→愈伤组织→不定芽→生根→完整植株"的过程,繁殖系数高,多次继代后愈伤组织的再生能力下降或消失,再生后代易发生变异
胚状体发生型	活的体细胞	胚状体数量多、结构完整、易成苗和繁殖速度快,有的胚状体存在一定变异
原球茎发生型	兰科植物茎尖	原球茎具有完整的结构,易成苗和繁殖速度快,再生后代变异几率小

（二）无菌培养体系的建立

1. 外植体的选择

（1）选择经济与种质价值高的优良品种。

（2）选择生长健壮无病虫害的植株。

（3）选取最易表达细胞全能性的部位,即生理年龄幼,生长年龄老的部位。

（4）大多数植物应在生长开始的季节采样,应在晴朗的中午或下午取材。

（5）应选取适宜的大小取材。

2. 外植体的消毒灭菌

（1）灭菌的要求

①消毒 消毒是指杀死病原微生物、但不一定能杀死细菌芽孢的方法。通常用化学的方法来达到消毒的作用。用于消毒的化学药物叫做消毒剂。

②灭菌 灭菌是指把物体上所有的微生物（包括细菌芽孢在内）全部杀死的方法。

③灭菌的要求 既要把材料上的病菌消灭，同时又不损伤或轻微损伤材料而不影响其生长。

（2）消毒剂选择要求 消毒剂既要有良好的消毒作用，又要易被蒸馏水冲洗掉或能自行分解，而且不会损伤材料，影响生长。

（3）消毒灭菌过程

①一般程序 外植体取材→外植体整理→流水冲洗（洗洁精溶液洗涤→流水冲洗）→70%酒精表面消毒→无菌水漂洗→消毒剂浸洗→无菌水漂洗（4 次及其以上）→沥干备用。

②以月季茎段培养为例 春季或秋季某一晴朗的中午，取月季当年生幼嫩茎段→去叶留柄，剪成长 2～3 cm 含 1～2 个腋芽处的茎段→洗洁精溶液洗涤→流水冲洗 30 min 至 2 h→70%酒精表面消毒 20～40 s→无菌水漂洗 2 次→0.1%升汞（$HgCl_2$）浸洗 2～10 min→无菌水漂洗 4 次及其以上→沥干备用。

3. 外植体的接种

外植体的接种，是把经过表面灭菌后的植物材料切碎或分离出器官、组织、细胞，转放到无菌培养基上的全部操作过程。整个过程均需无菌操作，无菌意识很关键。

（1）所用物品及场所

①场所 接种通常在接种室（即无菌操作室）进行。

②所用物品 主要有超净工作台等设备，消毒试剂、接种工具、试验材料、培养基等器材。

（2）接种室的消毒 污染的来源主要是空气中的细菌与真菌孢子和人体带进的杂菌，需要按规定消毒。

（3）无菌操作对工作人员的要求

①工作人员自身要求洗手、消毒。

②工作人员接种时应穿戴经过消毒灭菌处理的工作服、帽子、口罩、拖鞋等。

③工作人员接种期间禁止谈话。

（4）接种过程（无菌操作过程）

①具体过程 以月季茎段初代培养为例示接种过程。

用 70%～75%的酒精擦洗或喷洗双手消毒→待双手晾干后点燃酒精灯→将事先用 70%～75%的酒精消毒的支架、接种工具依次放在酒精灯外焰灼烧灭菌→待放于支架上的工具凉后，用无菌的镊子取出灭过菌的月季茎段→左手拿无菌的镊子，右手拿无菌的手术剪/解剖刀切去与消毒剂接触过的切口，并剪成合适长度（2 cm 左右，含 1～2 个腋芽处）的茎段，放于无菌纸上→在酒精灯上灼烧工具灭菌（或直接放于消毒瓶待消毒），并放于支架冷却→左手拿瓶子，迅速灼烧瓶盖一周，冷却后打开瓶盖→用无菌镊子夹取茎段插入培养基→

迅速灼烧瓶口一周与瓶盖内侧,封口,放于筐中→做标记(名称、类型、日期)。如此反复,将全部材料接种完毕,放于培养室培养,在记录本上详细记录。

②注意事项

• 较大材料肉眼观察即可操作分离,较小材料需要在双筒实体解剖镜下放大操作;

• 分离工具一定要好,切割动作要快,防止挤压使材料受损伤而招致培养失败,也要避免使用生锈的刀片,以防止氧化现象的产生;

• 接种时要防止交叉污染,按无菌要求消毒无菌支架、无菌工具,更换无菌纸;

• 打开或封口前,迅速旋转灼烧瓶口和瓶盖内侧,接种过程,瓶口始终在酒精灯无菌区内。

4. 外植体的启动培养

(1)初代培养的培养基　培养基选择决定于外植体类型和外植体诱导何种繁殖体类型。

(2)初代培养的环境条件　无菌室的温、光、湿、氧等的控制很重要。

(3)观察与记录　7~10 d观察、记录、统计污染率、伤害率、存活率等。得到无菌、活的培养物,可继代,扩繁。

5. 不同外植体类型初代培养实例

(1)离体根初代培养见表3-7。

表 3-7　离体根培养流程及操作技术要点

操作流程	操作技术要点
实训准备	1. 配制 MS+2,4-D 10 mg/L+6-BA 2 mg/L 2. 制备无菌水、无菌滤纸和无菌培养皿
选择外植体	选择新鲜健壮胡萝卜
外植体预处理	1. 用自来水将胡萝卜冲洗干净 2. 用刮皮刀除去 1~2 mm 表皮,横切成约 10 mm 厚的切片
接种环境消毒	提前 20 min 打开紫外灯和风机开关
外植体消毒	1. 胡萝卜片经 70%乙醇处理 30 s 后,用无菌水冲洗 1 次 2. 再用 2%次氯酸钠浸泡 10 min,无菌水冲洗 3~4 次
工具消毒	打孔器、镊子、解剖刀等工具用酒精灯火焰消毒,冷却后再使用
切块	1. 将胡萝卜片放入培养皿中,一手用镊子固定胡萝卜片,一手用打孔器垂直打孔。每个小孔打在靠近维管形成层的区域,务必打穿组织 2. 从组织片中抽出打孔器,将胡萝卜组织片收集在装有无菌水的培养皿,重复打孔步骤,直至收集到足够数量的组织圆片 3. 用镊子取出组织圆片,放入培养皿中,用刀片将组织圆片切成长 2 mm 的小块,放入装有无菌水的培养皿中
接种	1. 将胡萝卜组织小块从水中取出,放到无菌滤纸上,吸干水分 2. 严格按照无菌操作要求,接种到培养基表面
培养	将一部分培养物置于 25℃进行暗培养,另一部分到光照培养室中培养
观察	培养约 1 周后,观察离体根生长情况。如表面开始变得粗糙,有许多光亮点出现,说明已开始形成愈伤组织

续表 3-7

操作流程	操作技术要点
统计	统计污染数、愈伤组织形成数,计算污染率、愈伤组织形成率
继代培养	大约经 3 周后,将长大的愈伤组织切成小块转移到新的培养基上
镜检	用解剖针挑取一些愈伤组织细胞于载玻片上,用 0.05% 甲苯胺蓝染色后,在显微镜下观察愈伤组织细胞的特征

(2)茎段初代培养见表 3-8。

表 3-8 茎段培养流程及操作技术要点

操作流程	操作技术要点
实训准备	1. 配制诱导培养基:MS+6-BA 0.5 mg/L+蔗糖 30 g/L,pH 5.8 2. 制备无菌水、无菌滤纸和无菌培养皿
选择外植体	选择优良健壮、无病虫害幼嫩的月季枝条
外植体预处理	1. 剪取当年生带饱满而未萌发侧芽的枝条 2. 除去枝条上的叶片,剪成单芽茎段 3. 在洗洁精水中浸泡 30 min,然后用流水冲洗 4～6 h
接种环境消毒	提前 20 min 打开紫外灯和风机开关
外植体消毒	1. 用 70% 乙醇消毒 20～30 s,无菌水冲洗 1 次 2. 用 0.1% 升汞消毒 10～15 min,再用无菌水冲洗 4～5 次
工具消毒	镊子、剪刀等工具用酒精灯火焰消毒,冷却后使用
接种	1. 剪去茎段两端截面 2. 用剪刀将枝条剪成 1～2 cm 长、带一个芽的小段 3. 将茎段的形态学下端接种到芽诱导培养基表面(注意要将芽露出培养基表面)
初代培养	培养物置于 22～28℃ 培养室中,每天光照 12 h,光照强度为 1 000～1 200 lx
继代培养	1. 配制继代培养基:MS+6-BA 1.0 mg/L+NAA 0.1 mg/L 2. 当腋芽萌发并长至 1 cm 左右时,将腋芽切下转入继代培养基上培养,3～4 周后形成许多丛生芽
观察	观察月季茎段腋芽萌发、继代增殖、生根情况,统计污染率、腋芽萌发率、增殖系数、生根率等

(3)菊花叶片初代培养见表 3-9。

表 3-9 菊花叶片培养流程及操作技术要点

操作流程	操作技术要点
实训准备	1. 配制诱导培养基:MS+6-BA 2.0 mg/L+NAA 0.2 mg/L+蔗糖 30 g/L,pH 5.8 2. 制备无菌水、无菌滤纸和无菌培养皿

续表 3-9

操作流程	操作技术要点
选择外植体	摘取生长健壮、幼嫩的菊花叶片
外植体预处理	1. 用自来水冲洗材料 30 min 2. 用洗洁净清洗材料,然后用自来水冲洗干净
接种环境消毒	提前 20 min 打开紫外灯和风机开关
外植体消毒	1. 用灭过菌的纱布吸干材料表面水分,置于灭过菌的烧杯中 2. 用 70%乙醇浸泡 10 s,然后用无菌水冲洗 2~3 次 3. 用 0.1%升汞溶液浸泡材料 5 min,然后再用无菌水冲洗 4~5 次
接种	1. 取出材料,置于灭过菌的滤纸上,分别取叶边、叶尖、叶柄处,切成 1 cm² 的小片 2. 视三角瓶容量不同分别接种 4~6 块叶片
培养	培养温度白天为 22~28℃,夜间为 16~20℃,光照时间 15 h/d,光照强度 2 000 lx
观察	观察菊花叶片愈伤组织形成情况

(4)菊花花瓣初代培养见表 3-10。

表 3-10 菊花花瓣培养流程及操作技术要点

操作流程	操作技术要点
配制培养基	1. 配制诱导培养基:MS+6-BA 0.1 mg/L+蔗糖 30 g/L+琼脂 6 g/L,pH 5.6 2. 制备无菌水、无菌滤纸和无菌培养皿
选择外植体	1. 在取材前 2~3 周,把母株置于温室内培养 2. 剪下直径为 4~6 mm 的花蕾,用流水冲洗干净
接种环境消毒	提前 20 min 打开紫外灯和风机开关
外植体消毒	1. 用 70%乙醇消毒 20~30 s,无菌水冲洗 1 次 2. 用 0.1%升汞消毒 10~15 min,再用无菌水冲洗 4~5 次
工具消毒	镊子、剪刀等工具用酒精灯火焰消毒,冷却后使用
接种	将已经消毒后的花蕾纵切成大致相等的 4~6 小块,然后接种到诱导培养基上
初代培养	培养条件:温度 24~26℃,光照 10~15 h/d,光照度 1 500~2 000 lx 经过 15~20 d 的培养,外植体就会形成愈伤组织
继代培养	1. 配制继代培养基:MS+6-BA 0.1 mg/L+蔗糖 30 g/L+琼脂 6 g/L,pH 5.6 2. 待愈伤组织分化出较多的丛生芽后,将其分割成数块进行继代培养

(5)蝴蝶兰种子初代培养见表 3-11。

表 3-11 蝴蝶兰种子培养流程及操作技术要点

操作流程	操作技术要点
配制培养基	1. 配制诱导培养基:MS+6-BA 0.5 mg/L+NAA 0.1 mg/L 2. 制备无菌水、无菌滤纸和无菌培养皿

续表3-11

操作流程	操作技术要点
选择外植体	采取授粉后150 d的蝴蝶兰果荚,此时表面刚刚变黄(采收时间早,胚发育不完全,发芽率低;采收时间过晚,果荚破裂,消毒处理困难)
外植体消毒	1. 用自来水将果荚冲洗干净,先用70%乙醇擦拭果荚表面及沟纹 2. 将整个果荚放入10%次氯酸钠溶液中,加数滴吐温-20,充分振荡混匀,消毒15 min 3. 用无菌水冲洗果荚3～4次
接种	1. 将消毒好的果荚放在有滤纸覆盖的培养皿中,用解剖刀切去果荚顶端,再开果皮,使种子暴露出来 2. 用解剖刀将种子均匀播在种子萌发培养基上
初代培养	无菌播种后的培养瓶置于温度23～25℃,光照强度1 000～1 500 lx,光照时间10 h/d培养室中培养 播种后7～14 d左右,种子吸水膨胀萌发,长出淡黄色原球茎。30 d后顶端分生组织突出,原球茎逐渐变成绿色
继代培养	将分化的原球茎转入继代培养基中,即可扩大繁殖

三、组培苗的快速繁殖

(一)组培苗的继代增殖培养与生产量

1. 组培苗的继代增殖培养

(1)根本目标 初代培养所获得的芽、茎段、胚状体、原球茎能在短期内加倍增殖,这部分能增殖的培养材料,即为中间繁殖体,此环节的根本目标就是促进中间繁体增殖。

(2)主要任务 此环节的主要任务是继代增殖培养。在增殖培养过程中,利用最佳的增殖培养基,给予最佳的培养条件,排除其他生物的竞争(无菌),能够按几何倍数增殖(图3-11、图3-12)。4～6周,3～4倍,一年内几十至几百万株小苗。

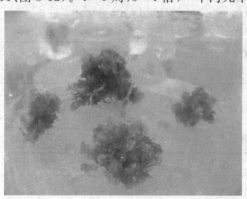 

图3-11 福禄考的继代增殖培养

图 3-12　欧李的继代增殖培养

（3）关键问题

①最适增殖培养基配方的筛选；

②最佳增殖培养条件的筛选；

③克服污染、褐变、玻璃化等问题；

④及时转接继代培养。

2. 促进组培苗增殖的措施

（1）改进培养基

①选择合适的基本培养基　根据基本培养基配方的特点、材料种类与培养类型，选择合适的基本培养基。

②改良基本培养基　参考"广谱实验法"改良基本培养基。以 MS 基本培养基为例。筛选，改良 MS（表 3-12）。而后筛选生长素与细胞分裂素的种类与浓度。

表 3-12　MS 基本培养基主要成分浓度的筛选

母液名称	浓度		
	高	中	低
大量元素	1	1/2	1/4
微量元素	1	1/2	1/4
铁盐	1	1/2	1/4
有机物	1	1/2	1/4

③糖类　糖类的主要作用渗透压调节、促进器官发育。采取措施及时更新培养基，补充糖源。

④维生素　常用的维生素，主要是 B 族维生素，如维生素 B_1、维生素 B_3、维生素 B_6。采取措施对有些材料培养，在不确定是否使用时，可以试试加入维生素的效果。

⑤促进腋芽形成和生长的生长调节物质　细胞分裂素，按常用程度依次为 6-BA、KT、2ip、ZT，常用浓度 0.1～10 mg/L，最常用的是 1.0～2.0 mg/L；细胞分裂素单独使用，或搭配生长素 NAA、IBA、IAA，常用浓度 0.1～1 mg/L，以及与 GA_3 共同使用。

⑥诱导不定芽形成和生长的生长调节物质　诱导不定芽形成和生长的生长调节物质，通常选择细胞分裂素比生长素浓度高且不过高。

⑦促进胚状体形成和生长的生长调节物质

• 诱导时需要丰富的还原态氮培养基与生长素(2,4-D)结合。

• 萌发生长时低浓度或无生长素培养基上使胚状体成熟，萌发生长。

⑧添加其他附加物　添加其他附加物如 AA、LH、CH 200～500 mg/L，促苗生长。

(2)改善培养条件

①温度

• 不同植物增殖的最适温度不同，大多采用(25±2)℃，恒温，也有昼夜温差的。

• 促进芽的形成温度略低。

• 考虑原植物的生态环境所处温度条件，如松树适应低温环境。

• 温度预处理，高温通常≥35℃，低温通常≤10℃。

②光照

• 光照强度，不同材料不同，通常在 1 000～5 000 lx。

• 光质，不同波长、频率，可能与组织中光敏色素有关。

• 光周期，光照 10～16 h/d，诱导试管内开花，需要考虑日照长短，长日照植物与短日照植物不同。

③相对湿度　瓶内相对湿度几乎 100%，室内 70%～80%，玻璃化时降低湿度。

④pH　pH 通常 5.6～5.8，培养基调整 pH 为 6.0～6.5。

⑤气体　O_2 通透，避免有害气体(SO_2、C_2H_4、HCHO 等)的进入，有利于组培苗生长。

总之，查资料，结合以上促进增殖的措施，综合考虑组培苗数量与质量，利用科学的实验方法筛选最适培养基配方与最佳培养条件。下面以欧李丛生芽增殖试验为例，介绍其试验设计与筛选结果(表 3-13、表 3-14)。

表 3-13　欧李丛生芽增殖正交试验生长调节剂处理因素水平　　　　　　　　　　mg/L

因素		NAA	6-BA	GA₃
水平	1	0.02	0.2	0
	2	0.1	1.0	0.2
	3	0.5	2.0	0.5

3. 组培苗的生产量

组培苗在接近理想的条件下(最佳培养基配方、最佳培养条件)生长分化，不受季节的限制，不受病虫害的危害，增殖速度很快。理论生产量计算式为

$$y = mx^n$$

式中：y 为组培苗生产量；m 为起初苗数；x 为增殖倍数；n 为生产周期数。

举例，月季，起初 1 株苗，增殖倍数为 5，增殖周期 1 个月，则一年理论产量为

$$y = 1 \times 5^{12} = 5^{12} \approx 2.44(亿株)$$

表 3-14　欧李芽增殖培养正交试验设计方案与试验结果直观分析

因素		NAA/ (mg/L)	6-BA/ (mg/L)	GA₃/ (mg/L)	空列	芽增殖倍数					
						重复Ⅰ	重复Ⅱ	重复Ⅲ	重复Ⅳ	重复Ⅴ	和
试验号	1	0.02	0.2	0	1	3	3	3	3	2	14
	2	0.02	1.0	0.2	2	3	10	17	14	3	47
	3	0.02	2.0	0.5	3	7	8	7	15	9	46
	4	0.1	0.2	0.2	3	7	3	9	3	3	25
	5	0.1	1.0	0.5	1	3	8	6	6	5	28
	6	0.1	2.0	0	2	6	4	1	7	10	28
	7	0.5	0.2	0.5	2	4	2	5	5	1	17
	8	0.5	1.0	0.2	3	5	2	1	10	8	26
	9	0.5	2.0	0.2	1	8	8	3	4	5	28
水平均值	T₍₁₎	7.13	3.73	4.53	4.67	结论,欧李丛生芽增殖培养比较适宜的生长调节剂浓度搭配方案是:6-BA 2.0 mg/L, NAA 0.02 mg/L,GA₃0.2 mg/L					
	T₍₂₎	5.40	6.73	6.67	6.13						
	T₍₃₎	4.73	6.80	6.07	6.47						
极差 R		2.40	3.07	2.14	1.80						

　　实际生产量要比理论生产量小,具体要根据实际生产中市场的需求、实验室的容量、材料增殖情况和实际问题的处理而定。

(二)组培苗生根

1. 组培苗的生根培养

　　单株生长或单株丛生的无根小苗,转入生根培养基,使其生根(图 3-13 至图 3-16)。一般草本植物 7 d 左右,木本植物 10～15 d,总的来说,生根快的 3～4 d,生根慢的 3～4 周。生根后苗长高、植株健壮,有利于驯化移栽。

图 3-13　鸢尾生根

图 3-14　菊花生根

　　根(不定根)的发生过程:形成层产生根的分生组织→突出皮层的根原基→可见根锥→完整根。

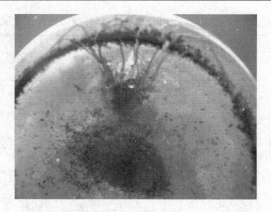

图 3-15　红叶石楠生根　　　　　　　　　　　　　　图 3-16　樱花生根

一般认为,根原基的形成(48 h)与生长素有关;根原基的伸长及生长(24～48 h)与生长素无关。

2. 促进组培苗生根的措施

(1)选择合适的基因型植株、合适的部位、合适的年龄、合适的生理状态

①不同植物生根的难易不同　一般木本比草本难,成年树比幼年树难,乔木比灌木难。

②举例　成年桉树,生长抑制剂随节位升高,浓度升高,也与品种有关。

(2)选择合适的培养基(改善培养基)

①降低无机盐浓度　如采用 1/2 MS、1/3 MS、1/4 MS 或者 White 等。

②矿质元素对生根的影响　一般认为 NH_4^+ 不利于生根,生根过程需要 P、K,但不宜过多,而 Ca^{2+}、B、Fe 有利于生根。

③糖的浓度　多数采取低浓度,通常为 1%～3%。

④植物生长调节物质　一般采用单一生长素或生长素与 KT 搭配。据外植体类型归类统计:

・愈伤组织分化根时,通常使用 NAA 0.02～6.0 mg/L,最常用浓度是 1.0～2.0 mg/L;或 IAA＋KT,常用浓度是 IAA 0.1～4.0 mg/L,KT 0.01～1.0 mg/L;最常用浓度是 IAA 1.0～4.0 mg/L,KT 0.01～0.02 mg/L。

・胚轴、茎段、插枝、花梗等材料分化根时,通常使用 IBA 0.2～10 mg/L,最常用浓度是 1.0 mg/L。

一般来说,GA_3、CTK、C_2H_4 不利于生根,即使与生长素配合,浓度也低于生长素。ABA 可能有助于发根。

⑤添加其他物质　如添加 0.1～4.0 mg/L 的 PP_{333}(MET),0.5% 的活性炭等有利于生根。

(3)改善培养条件

①光照　一般认为,发根不需要光。不同类型植物需要光照时间和光照强度不同。

②温度　适宜温度,一般在 16～25℃,过高过低均不利于生根。不同植物最适生根温度不同。

③pH　一般 pH 为 5.0～6.0。

总之,结合以上促进生根的措施,利用试验方法进行试验设计,通过试验筛选比较适宜的生根培养基配方与培养条件。试验设计方法,参考植物组培快繁技术流程与方案设计。

(三)组培苗快繁实例

下面以草莓组培快繁为例,总结一下技术流程与操作要点(表3-15)。

表 3-15　草莓快繁技术流程及操作技术要点

操作流程	操作技术要点
制备培养基	1. 配制初代培养基:MS＋6-BA 0.5～1.0 mg/L＋糖 3‰,pH 5.8 2. 制备无菌水、无菌纸
外植体选择及预处理	1. 选优良、健壮、无病虫害的草莓植株 2. 剪取新萌发尚未着地的匍匐茎顶端 4～5 cm 3. 室内用自来水冲洗 2 min 4. 洗洁精的水中浸泡 10 min 5. 放入烧杯中,加盖纱布,自来水冲洗 1～2 h
外植体消毒	1. 用 0.1‰升汞浸泡 5～7 min,并不断搅拌 2. 无菌水冲洗材料 3～5 次
茎尖剥离	1. 在解剖镜下用镊子和解剖针剥去外叶、幼叶 2. 用解剖刀切取 0.5 mm 茎尖接种到初代培养基上
继代增殖培养	1. 配制 MS＋IBA 0.05 mg/L＋6-BA 0.5～1.0 mg/L 培养基 2. 将丛生芽切分成单个芽接种于增殖培养基中
生根培养	1. 配制 1/2 MS＋IBA 0.2～1.0 mg/L 生根培养基 2. 丛生芽切分成单个芽接种于配制的培养基中

四、组培苗的炼苗与移栽

(一)组培苗的炼苗

当组培苗繁殖到一定数量,需将生根苗移到温室内驯化,经过一段时间的锻炼,组培苗逐步适应外界环境后,再移栽到疏松透气的基质中,加强管理,注意控制温度、湿度、光照,及时防治病害,生根成活后即可用于生产。

1. 组培苗的生长环境和特点

(1)组培苗的生长环境　组培苗长期生长在培养容器中,与外界环境隔离,形成了一个恒温、高湿、弱光、无菌的独特生态环境。

①恒温　在组培苗整个生长过程中,常采用恒温培养,即使某一阶段稍有变动,温差也是极小的。而外界环境中的温度由太阳辐射的日辐射量决定,处于不断变化之中,温差较大。

②高湿　组织培养中培养容器内的水分移动有两条途径,一是组培苗吸收的水分,从叶面气孔蒸腾;二是培养基向外蒸发,而后又凝结进入培养基。循环的结果会使培养容器内相对湿度接近 100‰,远远大于培养容器外的空气湿度。

③弱光 组织培养中采取人工补光,其光照强度远不及太阳光,组培苗生长较弱,移栽后经受不了太阳光的直接照射。

④无菌 组培苗所在环境是无菌的。不仅培养基无菌,而且组培苗也无菌。在移栽过程中组培苗要经历由无菌向有菌的转换。

(2)组培苗的特点 组培苗(图 3-17、图 3-18)具有如下特点:①组培苗生长细弱,茎、叶表面角质层不发达;②组培苗茎、叶虽呈绿色,但叶绿体的光合作用较差;③组培苗的叶片气孔数目少,活性差;④组培苗根的吸收功能弱。

图 3-17　甘蓝组培苗　　　　　　　　　　　　图 3-18　福禄考组培苗

2. 组培苗的驯化

为了使组培苗适应移栽后的环境并进行自养,必须要有一个逐步锻炼和适应的过程,这个过程叫驯化或炼苗。驯化的目的在于提高组培苗对外界环境条件的适应性,提高其光合作用的能力,促使组培苗健壮,最终达到提高组培苗移栽成活率的目的。

组培苗从试管内移到试管外,由异养变为自养,由无菌变为有菌,由恒温、高湿、弱光向自然变温、低湿、强光过渡,变化十分剧烈。驯化应从温度、湿度、光照及有无菌等环境要素进行,驯化开始数天内,应和培养时的环境条件相似;驯化后期,则要与移栽的条件相似,从而达到逐步适应的目的。

驯化的方法是将培养组培苗的容器带封口材料移到温室闭口炼苗(图 3-19),开始保持与培养室比较接近的环境条件,适当遮光,提高湿度,以后逐渐撤除保护,使光照条件接近生长环境,然后松开并去除封口材料,加入少量水,开口炼苗(图 3-20),使组培苗逐步适应环境条件。驯化成功的标准是组培苗茎叶颜色加深,根系颜色由黄白色变为黄褐色并延长。

图 3-19　组培苗闭口炼苗

图 3-20　组培苗开口炼苗

(二)组培苗的移栽及苗期管理

1. 移栽基质

移栽基质要疏松、透水、通气,有一定的保水性,易消毒处理,不利于杂菌滋生。一般来说,无土栽培所用的基质均可用于组培苗的移栽,常用的泥炭土、蛭石、珍珠岩、粗沙、炉灰渣、谷壳、锯木屑、腐殖土、水草等。要根据植物种类的特性,将它们以一定的比例混合应用,这样才能获得满意的栽培效果。应用最多的例子是取蛭石和泥炭土按 1∶1 混合。

组培苗生长的环境是无菌的,为了防止微生物的侵染,要在移栽前对基质进行消毒。一般用 1% 高锰酸钾溶液消毒,也可用 50% 多菌灵等杀菌剂或高温处理。管理过程中不要过多浇水,过多的水应迅速沥除,以利于根系的呼吸。

2. 移栽方法

(1)常规移栽法　将驯化后的小苗取出,用清水洗去附着于根部的培养基及琼脂,要轻拿轻放,动作要轻,尽量减少对根系和叶片的伤害。用 800 倍 50% 多菌灵溶液浸泡消毒 1~2 min,然后移栽到混合基质中。栽植深度适宜,不要埋没叶片,也不要弄脏叶片。移栽后要浇一次透水,但不能造成基质积水而使根系腐烂。保持一定的温度和水分,适当遮阴。当长出 2~3 片新叶时,就可将其移栽到田间或盆钵中(图 3-21、图 3-22)。这种移栽方法适合草莓、百合、非洲菊、马铃薯等多数植物。

图 3-21　菊花组培苗移栽成活

图 3-22　留兰香组培苗移栽成活

（2）直接移栽法　直接将组培苗移栽到盆钵的方法。这种移栽方法适合于凤梨、万年青、花叶芋、绿巨人等温室盆栽植物，它们的盆栽基质较好，有进行专业化生产的温室条件，随着植株的生长，逐渐换大型号的花盆。

（3）嫁接移栽法　选取生长良好的同一植物的实生苗或幼苗作砧木，用组培苗作接穗进行嫁接的方法。嫁接移栽法与常规移栽法相比具有移栽成活率高、适用范围广、所需的时间短、有利于移栽植株的生长发育等许多优点。

3. 移栽后苗期管理

组培苗移栽到适宜的基质后，要注意控制温度、湿度、光照和洁净度等环境条件，满足组培苗生长的最适要求，促使小苗尽早定植成活。

（1）温度　花叶芋、花叶万年青、巴西铁树、变叶木等喜温植物，以 25℃ 左右为宜；文竹、香石竹、满天星、非洲菊、菊花等喜冷凉的植物，以 18～20℃ 为宜。温度过高会导致蒸腾作用加强，水分失衡以及菌类滋生等问题；温度过低使幼苗生长迟缓或不易成活。如果能有良好的设备或配合适宜的季节，使介质温度略高于空气温度 2～3℃，则有利于生根和促进根系发育，提高成活率。采用温室地槽埋设地热线或加温生根箱种植组培苗，也可以取得更好的效果。

（2）适宜的湿度　组培苗茎叶表面几乎没有防止水分散失的角质层，根系也不发达或无根，移栽后很难保持水分平衡，即使根的周围有足够的水分也不行。必须提高小环境的空气相对湿度，尽量接近培养容器中的条件，减少组培苗叶面蒸腾作用，使小苗始终保持挺拔的姿态。尤其在移栽最初的 3 d 内，保持 90%～100% 的相对湿度，比基质中的水分更重要。以后适当通风，逐渐降低湿度，防止病虫害的发生。

（3）光照　组培苗移栽后要依靠自身的光合作用来维持生存，需提供一定的自然光照。光照不能太强，以漫射光为好，初期控制在 2 000～5 000 lx，后期逐渐加强。光线过强会使叶绿素受到破坏，引起叶片失绿、发黄或发白，使小苗成活延缓。过强的光线还能刺激蒸腾作用加强，使水分平衡的矛盾更加尖锐，使小苗有灼烧伤害，引起大量死苗。

（4）洁净度　组培苗原来的环境是无菌的，移栽后要保持环境清洁，减少杂菌滋生，保证组培苗过渡成活。除栽培基质要预先灭菌外，进行喷雾或浇水时，适当使用一定浓度的百菌清、多菌灵、甲基托布津等杀菌剂，可以有效地保护幼苗，预防病虫害发生。

在组培苗养护管理过程中，应综合考虑各种生态因子的相互作用，如光照与温度、湿度与通气。还有最重要的一点，就是管理人员的责任心。各种环境因子会随时、随地发生变化，只有认真负责、精心养护，才能及时调节各种变化中的生态因子，为组培苗提供最佳的生长环境。在植物组织培养中，移栽是最后也是非常重要的一个环节，移栽成活率的高低与经济效益密切相关。因此，在优化移栽技术的基础上，还要强化管理技术。

4. 组培苗炼苗移栽实例

下面以草莓组培苗为例，总结一下炼苗移栽流程与要点（表 3-16）。

表 3-16 草莓组培苗炼苗与移栽工作流程及操作技术要点

操作流程	操作技术要点
炼苗	1. 将已生根需要移栽的草莓组培苗搬到温室,先不打开瓶口,在自然光照下炼苗 3～4 d 2. 将封口膜(或瓶盖)打开,开口炼苗 2～3 d 3. 炼苗过程中防止培养瓶内温度过高,超过 30℃时要遮阴
配制基质	根据不同植物组培苗的要求,选择适当基质种类和配比。常用的配方有:草炭土∶蛭石∶珍珠岩=2∶1∶1;也可用沙子∶草炭土=1∶1
基质消毒	1. 基质用 0.1%高锰酸钾溶液喷淋消毒,或采用高温灭菌 2. 将基质装入育苗盘或营养钵中
清洗组培苗	1. 从培养瓶中取出组培苗,用自来水洗掉根部黏着的培养基。注意清洗动作要轻,避免伤根 2. 将洗净的组培苗放入 800 倍 50%多菌灵溶液中浸泡 3～5 min
移栽	1. 基质浇一次透水 2. 捞出消毒后的组培苗,稍晾干 3. 用竹签在基质中插一小孔,然后插入小苗 4. 把苗周围基质压实,用 800 倍 50%多菌灵轻浇
移栽后的管理	1. 用竹竿等做支架,盖好薄膜和遮阳网 2. 温度控制在 15～25℃,空气相对湿度保持在 90%以上 3. 3 d 以后每天逐渐通风,慢慢地降低湿度和增加光照 4. 当长出 2～3 片新叶后就可以移栽到大田

五、植物组培快繁过程中易发问题的处理

(一)污染及其预防措施

1. 污染原因

污染是指在培养过程中,培养基或培养材料上滋生真菌、细菌等微生物,使培养材料不能正常生长和发育的现象。组织培养中污染是经常发生的,常见的污染病原主要是细菌和真菌两大类。细菌污染常在接种 1～2 d 后表现,培养基表面出现黏液状菌斑(图 3-23)。真菌污染一般在接种 3 d 以后才表现,主要症状是培养基上出现绒毛状菌丝,然后形成不同颜色的孢子层(图 3-24)。

造成污染的原因也很多,主要有:①培养基及各种使用器具灭菌不彻底;②外植体消毒不彻底;③接种时无菌操作不严格;④接种和培养环境不清洁;⑤培养容器破损。材料带菌或培养基灭菌不彻底会造成成批接种材料被细菌污染,操作人员不严格遵守无菌操作规程也是造成细菌污染的重要原因。培养环境不清洁、超净工作台的过滤装置失效、培养容器的口径过大以及封口膜破损等主要引起真菌污染。

87

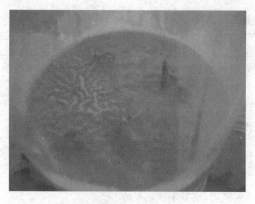

图 3-23 细菌性污染

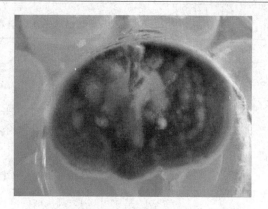

图 3-24 真菌性污染

2. 污染的预防措施

(1)工具物品灭菌要彻底　在组培生产中,各种培养基以及接种过程中使用的各种器具都要严格灭菌。首先是培养基的灭菌,耐高温的培养基需要在 121~123℃ 条件下灭菌 20~30 min。若出现灭菌时间不足或温度不够,培养一段时间后就会在培养基表面产生细菌性的污染。一些不耐高温的物质,可采取细菌过滤器除去其中的微生物。其次,接种用的器具除了经过高温灭菌外,在接种的过程中,每使用 1 次后,都要蘸酒精在酒精灯火焰上灼烧灭菌,特别是在不慎接触到污染物时,极易由于器具引起污染。第三,对于被污染的培养瓶和器皿要单独浸泡,单独清洗,有条件的灭菌后再清洗。

(2)避免外植体带菌

①要认真地选择外植体,减少外植体上的带菌量。一般多年生的木本材料比一、二年生的草本材料带菌多;老的材料比幼嫩的材料带菌多;田间生长的材料比温室生长的材料带菌多;带泥土的材料比不带泥土的材料带菌多。用茎尖作外植体时,应在室内或无菌条件下对枝条进行预培养。将枝条用水冲洗干净后插入无糖的营养液或自来水中,使其发枝。然后以这种新抽的嫩枝作为外植体,可大大减少材料的污染。或在无菌条件下对采自田间的枝条进行暗培养,从抽出的徒长黄化枝条上取材,也可明显地减少污染。

②外植体灭菌要彻底。外植体上可能附着外生菌和内生菌。外生菌可以通过表面消毒方法杀灭;而内生菌是生长在植物材料内部,表面消毒难以杀灭,培养一段时间后,病原菌自伤口处滋生。防治内生菌首先将欲取材的植株或枝条放在温室或无菌培养室内预培养,再在培养液中添加一些抗生素或消毒剂。

(3)环境消毒　不清洁的环境也会使培养的污染率明显增加,尤其是在夏季,高温高湿条件下污染率更高。接种和培养环境要保持清洁,定期进行熏蒸或喷雾消毒。高锰酸钾和甲醛熏蒸效果好,但对人体有一定的伤害,一般每年熏蒸 2~3 次。平时对接种室可采用紫外灯照射消毒或喷洒 2% 来苏儿消毒。臭氧消毒机对大环境消毒效果较好,而且使用灵活方便,对人体的伤害也相对较小。

(4)严格无菌操作　在接种时要严格无菌操作,避免人为因素造成污染。

(5)定期检修接种设备　接种设备不正常,也会带来污染,所以要定期检修超净工作台或接种箱,及时清洗过滤装置,排除故障。为了使超净工作台有效工作,防止操作区域本身带菌,要定期对过滤器进行清洗和更换。对内部的过滤器,不必经常更换,但每隔一定时间要检测操作区的带菌量,如果发现过滤器失效,则要整块更换。此外还需要测定操作区的风速,通过调压旋钮使操作区的风速达到无菌操作需要的 $20\sim30$ m/min。

(二)褐变及其防治措施

褐变是指在组织培养过程中,培养材料向培养基中释放褐色物质,致使培养基逐渐变成褐色,培养材料也随之慢慢变褐而死亡的现象(图 3-25、图 3-26)。

 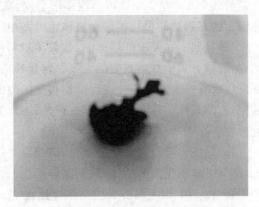

图 3-25　蝴蝶兰组培苗褐变　　　　　图 3-26　红豆杉组培苗褐变

1. 褐变的原因

很多植物尤其是木本植物体内含有较多的酚类化合物。在完整植物体的细胞中,酚类化合物与多酚氧化酶分隔存在,因此比较稳定。当外植体切割后,切口附近细胞的分割效应被打破,酚类化合物被多酚氧化酶氧化形成褐色的醌类化合物,醌类化合物又会在酪氨酸酶的作用下,与外植体组织中的蛋白质发生聚合,进一步引起其他酶系统失活,导致组织代谢紊乱,生长受阻,最终逐渐死亡。

2. 影响褐变的因素

(1)植物基因型　在不同植物或同种植物不同基因型的组培过程中,褐变发生的频率和严重程度存在很大的差异,这是由于各种植物所含的单宁及其他酚类化合物的数量不同。一般木本植物的酚类化合物含量比草本植物高,更易发生褐变现象。核桃的单宁含量很高,不仅在接种初期发生褐变,在形成愈伤组织后还会因为褐变而死亡;苹果进行茎尖培养时,不同品种之间褐变的程度也不一样,品种"金冠"较轻,而"舞美"则很高;对葡萄的研究也发现类似情况。

(2)外植体的生理状态　外植体的生理状态不同,接种后褐变程度不同。一般外植体的老化程度越高,其木质素的含量也越高,也就越容易褐变,成龄材料一般均比幼龄材料褐变严重。平吉成用小金海棠、山定子刚长成的实生苗切取茎尖培养,接种后褐变很轻,随着苗龄的增长,褐变逐步加重,取自成龄树上的茎尖褐变就更加严重。

另外,切口越大,酚类物质的被氧化面也越大,褐变程度就会更严重。因此,外植体的受伤程度对褐变的产生具有明显的影响,伤口加剧褐变的发生。仙客来小叶诱导时,整片叶接种较分成多块褐变要轻。除机械损伤外,各种消毒剂对外植体的伤害也会引起褐变,对于不易褐变的种类,用升汞消毒后,一般不会引起褐变,若用次氯酸钠进行消毒,则很容易引起褐变的发生。

(3)取材时间和部位 在不同的生长季节,植物体内酚类化合物含量和多酚氧化酶的活性不同。实验表明在苹果和核桃上,冬、春季取材褐变死亡率最低,夏季取材很容易褐变。在取材部位上幼嫩茎尖比其他部位褐变程度低,木质化程度高的节段在进行药剂消毒处理后褐变现象更严重。

(4)培养基 在初代培养中,培养基中无机盐浓度过高,会引起酚类物质大量产生,导致褐变。BA和KT不仅促进酚类化合物合成,而且刺激多酚氧化酶的活性,增加褐变;而生长素类如NAA和2,4-D可延缓多酚合成,减轻褐变。采用液体培养基纸桥培养,可使外植体溢出的有毒物质很快扩散到液体培养基中,效果也很好。

(5)光照 在采取外植体前,如果将材料或母株枝条进行遮光处理,然后再切取外植体培养,能够有效地抑制褐变的发生。将接种后的初代培养材料在黑暗条件下培养,对抑制褐变发生也有一定的效果。遮光抑制褐变的原因主要是由于氧化过程中,许多反应受酶系统控制,而酶系活性受光照影响。但是,暗培养时间过长会降低外植体的生活能力,甚至引起死亡。

(6)温度 高温能促进酚氧化,培养温度越高,褐变越严重,而低温可抑制酚类化合物氧化,降低多酚氧化酶的活性,从而减轻褐变。在15~25℃下培养卡特兰,比在25℃以上时褐变要轻,在17℃以下培养天竺葵茎尖比在17~27℃褐变要轻。

(7)培养时间 材料培养时间过长,会引起褐变物的积累,加重对培养材料的伤害。蝴蝶兰、香蕉等随着培养时间的延长,褐变程度会加剧,甚至在超过一定时间不进行转接,褐变物的积累还会引起培养材料的死亡。

3. 褐变的防治措施

(1)选择适当的外植体 不同时期和年龄的外植体在培养中褐变的程度不同,选择适当的外植体是克服褐变的重要手段。避免在夏季高温季节取材,选择幼苗、褐变程度轻的品种和部位作为外植体。

(2)外植体预处理 对较易褐变的外植体可采取预处理措施,即先用流水冲洗外植体,然后放置在5℃左右的冰箱中低温处理12~14 h。消毒后先接种到只含蔗糖的琼脂培养基中培养3~7 d,使组织中的酚类物质部分渗入培养基中,取出外植体用0.1%的漂白粉溶液浸泡10 min,然后再接种到合适的培养基上。

(3)筛选合适的培养基和培养条件 降低盐浓度,减少6-BA和KT的使用,采取液体培养,初期黑暗或弱光条件下培养,保持较低温度(15~20℃)也是降低褐变的有效方法。

(4)添加抗氧化剂和吸附剂 在培养基中添加抗氧化剂,或用抗氧化剂进行材料的预处理或预培养,可预防醌类物质的形成,对易褐变材料的培养有很好的辅助作用。常用的抗氧化剂有抗坏血酸、聚乙烯吡咯烷酮、牛血清蛋白、硫代硫酸钠等。添加1~5 g/L的活性炭对酚类物质的吸附效果也很明显。

(5)连续转移 对易发生褐变的植物,在外植体接种后1~2 d立即转移到新鲜培养基上,可减轻酚类物质对培养物的毒害作用,连续转移5~6次可基本解决外植体的褐变问题。

(三)玻璃化现象及其预防措施

在植物组织培养过程中,叶片和嫩梢呈透明或半透明水浸状的培养物称为玻璃化苗(图3-27、图3-28),它是组培苗的一种生理失调症状。玻璃化大大降低了组培苗有效增殖系数,严重影响了组培苗质量,造成人、财、物的极大浪费,因此,必须对玻璃化加以控制。

图3-27 欧李组培苗玻璃化

图3-28 福禄考组培苗玻璃化

1. 玻璃化苗的特点与发生原因

(1)玻璃化苗的特点 在形态解剖与生理上,玻璃化苗有如下特点:①玻璃化苗植株矮小肿胀、失绿,叶片皱缩成纵向卷曲,脆弱易碎;②叶表面缺少角质层蜡质,没有功能性气孔,仅有海绵组织而无栅栏组织;③体内含水量高,但干物质、叶绿素、蛋白质、纤维素和木质素含量低;④吸收营养与光合功能不全,分化能力大大降低,苗生长缓慢、繁殖系数大为降低,甚至死亡;⑤生根困难,移栽成活率低。

(2)发生原因 玻璃化苗是在芽分化启动后的生长过程中,碳、氮代谢和水分发生生理性异常所引起。其实质是植物细胞分裂与体积增大的速度超过了干物质生产与积累的速度,植物只好用水分来充涨体积,从而表现玻璃化。不同作物种类或品种,玻璃化的发生频率各不相同,在情人草中较少见,香石竹中则较普遍。

2. 影响玻璃化苗产生的因素

(1)生长调节剂 细胞分裂素和生长素的浓度及其比例均影响玻璃化苗产生。高浓度的细胞分裂素有利于促进芽的分化,也会使玻璃化苗的发生比例提高。不同的植物发生玻璃化的生长调节剂水平不相同,如香石竹的部分品种在 6-BA 0.5 mg/L 时就有玻璃化发生。同一植物的不同阶段对细胞分裂素的要求也不同,在某些特定阶段可忍受较高的浓度,而在其他阶段的培养中,却只需要较低的浓度,如非洲菊只有在 6-BA 2~10 mg/L 时才能诱导幼花托脱分化形成愈伤组织,并在愈伤组织上诱导不定芽;而在丛生芽增殖过程中,6-BA 1 mg/L 即可满足要求。细胞分裂素与生长素的比例失调,细胞分裂素的含量显著高于两者之间的适宜比例,使组培苗正常生长所需的生长调节剂水平失衡,也会导致玻璃化的发生。

(2)温度 随着培养温度的升高,苗的生长速度明显加快,但高温达到一定限度后,会对正常的生长和代谢产生不良影响,促进玻璃化的产生。变温培养时,温度变化幅度大,忽高忽低的温度变化容易在瓶内壁形成小水滴,增加容器内湿度,提高玻璃化发生率。

（3）湿度　瓶内湿度与通气条件密切相关,使用有透气孔的膜或通气较好的滤纸、牛皮纸封口时,通过气体交换,瓶内湿度降低,玻璃化发生率减少。相反,如果用不透气的瓶盖、封口膜、锡薄纸封口时,不利于气体的交换,在不透气的高湿条件下,苗的生长势快,但玻璃化的发生频率也相对较高。一般来说,在单位容积内,培养的材料越多,苗的长势越快,玻璃化出现的频率就越高。

（4）消毒方法　对容易发生玻璃化的品种进行接种时,要尽量减少在水中浸泡的时间,做到随洗随灭,漂洗后马上接种。特别对一些草本花卉,幼嫩的组织在长时间的消毒和清洗后很容易呈水渍状,继而产生玻璃化。

（5）光照时间　光照影响光合作用和碳水化合物的合成,光照不足再加上高温,极易引起组培苗的过度生长,加速玻璃化发生。

（6）培养基　培养基中的成分对促进培养物的生长和发育有积极的作用,提高培养基中的碳氮比,可以减少玻璃化的比例。增加琼脂用量可降低容器内湿度,随琼脂浓度的增加,玻璃化的比例明显减少。但培养基太硬,影响养分的吸收,使苗的生长速度减慢。

（7）继代次数　随着继代次数的增加,愈伤组织和组培苗体内积累过量的细胞分裂素,玻璃化程度不断升高。继代培养最初几代玻璃化苗很少,随着继代次数的增加,玻璃化苗的比例越来越高。这在香石竹、非洲菊、洋桔梗和甜辣椒等植物中均有报道。

3. 控制和克服玻璃化苗的措施

针对以上玻璃化苗的产生原因,可采取以下措施来减轻玻璃化现象发生:

（1）降低培养基中细胞分裂素和赤霉素浓度,添加低浓度多效唑、矮壮素等生长抑制物质。

（2）控制适宜的培养温度,避免温度过高,变温培养时注意温差不宜过大。

（3）使用透气性好封口材料,改善培养容器的通风换气条件,降低容器内湿度。

（4）适当增加培养基琼脂浓度,降低培养基的水势。

（5）减少培养基中含氮化合物的用量,选用低 NH_4^+ 水平的 B_5 培养基。

（6）增加自然光照,光照强度较弱时,可通过延长时间进行补偿。

（7）控制继代次数。

（四）遗传性变异

遗传稳定性即保持原有良种特性,在组培快繁中是非常关键的,然而组织培养中可能会发生变异,尤其是愈伤组织培养与单细胞培养过程中,发生变异的可能性更大。

1. 遗传性变异的现象

体细胞无性系变异,有些是有益的,更多的是不良的变异。常见变异现象为不开花、花小或花色不正常,不结果、果小、产量低或品质差等。

2. 影响无性系变异频率的因素

（1）基因型与部位

①基因型不同物种的再生植株的变异频率有很大差异。同一种植物的不同品种无性系变异的频率也有差别。

②部位分化水平高的组织产生的无性系比分生组织产生的更容易出现变异。

(2)外源激素(植物生长调节物质)　是诱导体细胞无性系变异的重要原因之一。高浓度的植物生长调节物质作用下,细胞分裂和生长加快,不正常分裂频率增高,再生植株变异也增多。

(3)继代培养的次数与时间　一般继代次数与时间越长,变异数量越多。

(4)再生植株的繁殖方式　无菌短枝型或丛生芽增殖型等依靠茎尖、腋芽等发生增殖的方式,不易发生变异或变异率极低;胚状体途径再生植株变异较小;而通过愈伤组织和细胞悬浮培养分化不定芽的方式,变异率较高。

(5)培养材料　外植体细胞中预先存在的变异。

(6)环境因子　如紫外线照射等。

3. 提高遗传稳定性减少变异的措施

(1)采用不易发生变异的再生植株增殖方式:在进行植物组培快繁时,应尽量采用不易发生体细胞变异的增殖途径,以减少或避免植物个体或细胞发生变异。

(2)限制继代次数,缩短继代时间:每隔一定继代次数后,重新开始取材接种外植体,进行新的继代培养。

(3)取幼年的外植体材料。

(4)采用适当的生长调节物质和较低的浓度。

(5)减少或者不用容易引起变异的物质,减少或者不用诱变作用的化合物及射线。

(6)定期检测,及时剔除生理、形态异常的苗:进行多年跟踪检测,调查再生植株开花结实特性,以确定其生物学性状和经济学性状是否稳定。

(五)其他异常现象及其预防措施

组培快繁过程中其他异常表现、产生原因及预防措施见表 3-17。

表 3-17　其他异常表现、产生原因及预防措施

阶段	培养物异常表现	产生原因	预防措施
启动培养阶段	培养物水浸状、变色、坏死、茎断面附近干枯	表面消毒剂过量,时间过长;外植体选用部位、时期不当	更换其他消毒剂或降低浓度,缩短时间;试用其他部位,生长初期取样
	培养物长期培养没有多少反应	生长素种类不当;用量不足;温度不适宜;培养基不适宜	增加生长素用量,试用2,4-D;调整培养温度
	愈伤组织生长过旺,疏松,后期水渍状	生长素及细胞分裂素用量过多;培养基渗透势低	减少生长素、细胞分裂素用量,适当降低培养温度
	愈伤组织生长过紧密、平滑或突起,粗厚,生长缓慢	细胞分裂素用量过多;糖浓度过高生长素过量亦可引起	适当减少细胞分裂素和糖的用量
	侧芽不萌发,皮层过于膨大,皮孔长出愈伤组织	采样枝条过嫩;生长素、细胞分裂素用量过多	减少生长素、细胞分裂素用量,采用较老化枝条

续表 3-17

阶段	培养物异常表现	产生原因	预防措施
增殖培养阶段	幼苗整株失绿,全部或部分叶片黄化、斑驳	培养基中铁元素含量不足;激素配比不当;糖用量不足或已耗尽;培养瓶通气不良,温度不适,光照不足;培养基中添加抗生素类物质	调节培养基组成和 pH;控制培养室温度,增加光照,改善瓶内通气情况;减少或不用抗生素物质
	苗分化数量少、速度慢、分枝少,个别苗生长细高	细胞分裂素用量不足;温度偏高;光照不足	增加细胞分裂素用量,适当降低温度
	苗分化较多,生长慢,部分苗畸形,节间极度短缩,苗丛密集	细胞分裂素用量过多;温度不适宜	减少细胞分裂素用量或停用一段时间,调节适当温度
	分化出苗较少,苗畸形,培养较久,苗再次形成愈伤组织	生长素用量偏高,温度偏高	减少生长素用量,适当降温
	叶粗厚变脆	生长素用量偏高,或兼用细胞分裂素用量偏高	适当减少激素用量,避免叶接触培养基
	再生苗的叶缘、叶面等处偶有不定芽分化出来	细胞分裂素用量过多,或该种植物适宜于这种再生方式	适当减少细胞分裂素用量,或分阶段利用这一再生方式
	丛生苗过于细弱,不适于生根操作和将来移栽	细胞分裂素用量过多,温度过高,光照短,光强不足,久不转接,生长空间窄	减少细胞分裂素用量,延长光照,增加光强,及时转接继代,降低接种密度,改善瓶口遮蔽物
	丛生苗中有黄叶、死苗,部分苗逐渐衰弱,生长停止,草本植物有时水渍状、烫伤状	瓶内气体状况恶化,pH 变化过大,久不转接糖已耗尽,瓶内乙烯含量升高;培养物受污染,温度不适	及时转接继代,改善瓶口遮蔽物,去除污染,控制温度
	幼苗生长无力,陆续发黄落叶,组织水渍状、煮熟状	温度不适,光照不足,植物激素配比不适,无机盐浓度不适	控制光温条件,及时继代,适当调节激素配比和无机盐浓度
	幼苗淡绿,部分失绿	忘加铁盐或量不足,pH 不适,铁、锰、镁元素配比失调,光过强,温度不适	仔细配制培养基,注意配方成分,调好 pH,控制光温条件
生根阶段	不生根或生根率低	无机盐浓度高,生长素浓度低,温度不适,苗基部受损	降低无机盐浓度,提高生长素浓度,调整适宜温度
	愈伤组织生长过快、过大,根茎部肿胀或畸形	生长素种类不适,用量过高或伴有细胞分裂素用量过高	更换生长素和细胞分裂素组合,降低浓度

计 划 单

学习领域	植物组织培养技术	
学习情境 3	植物组培快繁技术	
计划方式	小组讨论,小组成员之间团结合作,共同制订计划	
序号	实施步骤	使用资源
制订计划说明		

班级		第 组	组长签字	
教师签字			日期	
计划评价	评语:			

决 策 单

学习领域	植物组织培养技术
学习情境 3	植物组培快繁技术

		方案讨论						
	组号	任务耗时	任务耗材	实现功能	实施难度	安全可靠性	环保性	综合评价
方案对比	1							
	2							
	3							
	4							
	5							
	6							

方案评价	评语：

班级		组长签字		教师签字		月　日

材料工具清单

学习领域		植物组织培养技术					
学习情境3		植物组培快繁技术					
项目	序号	名称	作用	数量	型号	使用前	使用后
所用仪器	1	天平	称量药品	4 台			
	2	高压蒸汽灭菌锅	物品灭菌	2 个			
	3	超净工作台	无菌操作	12 台			
所用材料	1	MS 培养基各种药品	制作培养基	若干			
	2	各种消毒剂	消毒灭菌	若干			
	3	外植体	培养对象	若干			
	4	基质	移植	若干			
	5	组培苗	移植	若干			
	6	叶面肥	营养管理	若干			
所用工具	1	工具支架	支撑无菌工具	12 个			
	2	镊子	夹取外植体	12 把			
	3	解剖刀	切割外植体	12 把			
	4	解剖剪刀	剪断外植体	12 把			
	5	打孔器	截断外植体	1 套			
	6	酒精灯	灭菌	12 个			
	7	穴盘	移栽	若干			
	8	水喷壶	移栽	12 个			
	9	铁锹	移栽	12 把			
	10	棚膜	移栽	若干			
	11	竹竿	移栽	若干			
	12	压膜线	移栽	若干			
	13	温度计	移栽	6 根			
	14	塑料盆	移栽	若干			
	15	小铲	移栽	12 把			
班级		第 组	组长签字			教师签字	

实 施 单

学习领域	植物组织培养技术	
学习情境 3	植物组培快繁技术	
实施方式	小组合作;动手实践	
序号	实施步骤	使用资源

实施说明:

班级		第 组	组长签字	
教师签字			日期	

作 业 单

学习领域	植物组织培养技术
学习情境 3	植物组培快繁技术
作业方式	资料查询、现场操作
1	植物组培快繁技术流程是什么？
作业解答：	
2	植物组培快繁有哪些类型？
作业解答：	
3	植物组培快繁技术分为哪些阶段？各阶段的主要工作内容是什么？
作业解答：	
4	植物组织培养过程中存在哪些问题？如何解决？
作业解答：	
5	组培苗怎样进行炼苗移栽？
作业解答：	

作业评价	班级		第　组		
	学号		姓名		
	教师签字		教师评分		日期	
	评语：				

检 查 单

学习领域	植物组织培养技术			
学习情境 3	植物组培快繁技术			
序号	检查项目	检查标准	学生自检	教师检查
1	咨询问题	回答认真准确		
2	培养基制备	制备流程正确,操作无误		
3	外植体选取	取材时间、部位、方法、大小适宜		
4	接种室消毒	各种消毒措施搭配合理,消毒彻底		
5	外植体消毒	外植体消毒流程正确,操作规范,消毒彻底,污染率低		
6	外植体接种	严格按照无菌操作规程进行,台面布局合理,操作规范,动作紧凑,污染率低		
7	材料培养	培养室日常工作,操作完整		
8	污染观察与处理	正确辨别污染类型,推测污染原因,处理措施合理		
9	玻璃化观察与处理	能及时发现玻璃化,处理措施得当,玻璃化现象减轻		
10	褐变观察与处理	能及时发现褐变,处理措施恰当,有效防止褐变		
11	试验方案设计	能够根据需要合理设计消毒、增殖、生根等试验方案		
12	组培苗驯化	能够合理调节湿、光、温等因素,炼苗进程合理,新叶逐渐萌发,老叶逐渐脱落		
13	组培苗移植及后期管理	移植流程规范,温、光、湿调节合理,苗成活率高		

检查评价	班级		第 组	组长签字	
	教师签字			日期	
	评语:				

评 价 单

学习领域		植物组织培养技术			
学习情境 3		植物组培快繁技术			
评价类别	项目	子项目	个人评价	组内互评	教师评价
专业能力 （60%）	资讯 （10%）	搜集信息（5%）			
		引导问题回答（5%）			
	计划 （10%）	计划可执行度（5%）			
		快繁程序的安排（3%）			
		培养方法的选择（2%）			
	实施 （15%）	遵守无菌操作规程（5%）			
		培养基制备工艺规范（6%）			
		存活率高（2%）			
		所用时间（2%）			
	检查 （10%）	全面性、准确性（5%）			
		污染的解决（5%）			
	过程 （5%）	仪器设备使用规范性（2%）			
		外植体消毒规范性（2%）			
		消毒措施合理（1%）			
	结果 （10%）	组培苗产品（10%）			
社会能力 （20%）	团结协作 （10%）	小组成员合作良好（5%）			
		对小组的贡献（5%）			
	敬业精神 （10%）	学习纪律性（5%）			
		爱岗敬业、吃苦耐劳精神（5%）			
方法能力 （20%）	计划能力 （10%）	考虑全面、细致有序（10%）			
	决策能力 （10%）	决策果断、选择合理（10%）			
	班级		姓名	学号	总评
	教师签字		第　组	组长签字	日期
评价评语	评语：				

教学反馈单

学习领域	植物组织培养技术			
学习情境 3	植物组培快繁技术			
序号	调查内容	是	否	理由陈述
1	你是否明确本学习情境的目标？			
2	你是否完成了本学习情境的学习任务？			
3	你是否达到了本学习情境对学生的要求？			
4	需咨询的问题，你都能回答吗？			
5	你知道植物组培快繁的主要环节吗？它们的主要内容呢？			
6	你是否能够合理选取外植体并对其消毒？			
7	你掌握外植体的无菌操作技术了吗？			
8	你是否会设计组培快繁的试验方案？			
9	你能否独立进行组培苗驯化、移植及后期管理？			
10	你是否喜欢这种上课方式？			
11	通过几天来的工作和学习，你对自己的表现是否满意？			
12	你对本小组成员之间的合作是否满意？			
13	你认为本学习情境对你将来的学习和工作有帮助吗？			
14	你认为本学习情境还应学习哪些方面的内容？（请在下面回答）			
15	本学习情境学习后，你还有哪些问题不明白？哪些问题需要解决？（请在下面回答）			

你的意见对改进教学非常重要，请写出你的建议和意见：

调查信息	被调查人签字		调查时间	

学习情境 4　植物脱毒技术

　　植物病害在全世界引起的年均损失达 600 多亿美元,而植物的病毒病仅次于真菌病害位列第二位,严重影响着植物的生产。植物病毒病和真菌性、细菌性病害一样,具有寄生性和破坏性,植物感染病毒后引起生理代谢受阻,出现花叶、黄化、皱缩、卷曲等症状,影响植株的光合作用和其他生理机能,使植物的产量降低、品质下降,严重发生时,可以毁灭一种植物的生产。

　　目前植物病毒病尚无药物可以治愈,植物脱毒技术是解决植物病毒病的有效方法。采用茎尖分生组织培养、热处理、愈伤组织培养、花药培养、珠心胚培养等方法可以脱去植物体内的主要病毒,经过脱毒处理后的苗木,必须经过严格的病毒检测检验,以判断其体内是否还携带有该种植物主要病毒,如果不含有病毒就可以在生产中推广应用。目前进行苗木病毒检测的主要方法有指示植物、抗血清鉴定、分子生物学鉴定等,生产中主要应用指示植物、抗血清鉴定两种方法进行检测。检测后不含有病毒的苗木在推广过程中,要建立严格的推广体系和技术规程,以减缓病毒的再次感染,提升植物的生产潜力,达到增产、增收的目的。

任 务 单

学习领域	植物组织培养技术
学习情境 4	植物脱毒技术
任务布置	
学习目标	1. 熟悉病毒的知识。 2. 了解病毒对植物造成的危害。 3. 知道脱毒的意义。 4. 掌握脱毒的方法。 5. 掌握茎尖脱毒的基本原理。 6. 学会茎尖脱毒的基本方法。 7. 了解影响茎尖脱毒的影响因素。 8. 熟悉热处理脱毒的原理。 9. 掌握热处理脱毒的操作方法。 10. 能进行热处理脱毒。 11. 知道愈伤组织培养脱毒、珠心胚培养脱毒、花药培养脱毒和微体嫁接脱毒的原理和方法。 12. 能进行花药培养脱毒。 13. 熟悉脱毒苗鉴定的方法。 14. 能进行无病毒苗鉴定。 15. 会对脱毒苗进行保存。 16. 培养学生吃苦耐劳、团结合作、开拓创新、务实严谨、诚实守信的职业素质。
任务描述	利用我们所学知识,观察感病植株,设计实验方案。具体任务要求如下: 1. 结合所学知识,在校园内或实训基地观察植物感病植株,并向专业老师咨询看是否感染病毒病。 2. 查阅本专业相关病毒病的植物种类及预防措施资料。 3. 根据观察和了解的情况,设计该种植物组织培养脱毒的方案。 4. 根据方案,按照操作程序实施方案。

参考资料	1. 胡琳. 植物脱毒技术. 北京:中国农业大学出版社,2001. 2. 熊丽,吴丽芳. 观赏花卉的组织培养与大规模生产. 北京:化学工业出版社,2003. 3. 王家福. 花卉组织培养与快繁技术. 北京:中国林业出版社,2005. 4. 吴殿星,胡繁荣. 植物组织培养. 上海:上海交通大学出版社,2004. 5. 陈菁英,蓝贺胜,陈雄鹰. 兰花组织培养与快速繁殖技术. 北京:中国农业出版社,2004. 6. 程家胜. 植物组织培养与工厂化育苗技术. 北京:金盾出版社,2003. 7. 王清连. 植物组织培养. 北京:中国农业出版社,2003. 8. 巩振辉,申书兴. 植物组织培养. 北京:化学工业出版社,2007. 9. 王振龙. 植物组织培养. 北京:中国农业大学出版社,2007. 10. 王玉英,高新一. 植物组织培养技术手册. 北京:金盾出版社,2006. 11. 彭星元. 植物组织培养技术. 北京:高等教育出版社,2010. 12. 陈世昌. 植物组织培养. 重庆:重庆大学出版社,2010. 13. 王金刚. 园林植物组织培养技术. 北京:中国农业科学技术出版社,2010. 14. 吴殿星. 植物组织培养. 上海:上海交通大学出版社,2010. 15. http://www.zupei.com/. 16. 梅家训,丁习武. 组培快繁技术及其应用. 北京:中国农业出版社,2003. 17. 黄晓梅. 植物组织培养. 北京:化学工业出版社,2011. 18. 邱运亮,段鹏慧,赵华. 植物组培快繁技术. 北京:化学工业出版社,2010. 19. 李胜,李唯. 植物组织培养原理与技术. 北京:化学工业出版社,2008.
对学生的 要求	1. 熟悉病毒知识。 2. 知道病毒的危害。 3. 学会观察分析。 4. 掌握茎尖脱毒的原理和操作方法。 5. 掌握其他的脱毒方法。 6. 学会利用图书馆和网络知识。 7. 严格遵守纪律,不迟到,不早退,不旷课。 8. 本情境工作任务完成后,需要提交学习体会报告。

资 讯 单

学习领域	植物组织培养技术
学习情境 4	植物脱毒技术
咨询方式	在图书馆、专业杂志、互联网及信息单上查询问题;咨询任课教师
咨询问题	1. 什么是病毒？有什么特点？ 2. 病毒是如何传播的？植物和动物病毒的传播有什么不同？ 3. 病毒有什么危害？历史上曾经发生的病毒危害的事件有哪些？ 4. 根据本专业特点，查找和本专业相关的一些植物的病毒病类型。 5. 茎尖培养脱毒原理是什么？ 6. 胞间连丝有什么作用？胞间连丝是否可以传播病毒？为什么？ 7. 维管组织的作用是什么？是否在植物体内任何部位都有维管组织？ 8. 什么是茎尖分生组织？ 9. 什么是叶原基？ 10. 热处理脱毒的原理是什么？ 11. 什么是致死温度？ 12. 草莓脱毒的方法有哪些？ 13. 柑橘的脱毒方法有哪些？ 14. 如何鉴定苗木是否带毒？ 15. 什么是指示植物？ 16. 什么是血清？什么是抗病毒血清？ 17. 什么是分子杂交？ 18. 什么是聚合酶链反应技术？ 19. 如何保存脱毒苗？为什么要保存脱毒苗？ 20. 我们国家农作物脱毒苗繁育生产体系是什么样的模式？ 21. 如何进行低温保存？
资讯引导	1. 问题 1～3 可以在胡琳的《植物脱毒技术》第 10 章中查询。 2. 问题 4～7 可以在王家福的《花卉组织培养与快繁技术》第 7 章中查询。 3. 问题 8～11 可以在梅家训、丁习武的《组培与快繁技术及其应用》第 7 章中查询。 4. 问题 12～15 可以在王玉英的《植物组织培养技术手册》第 7 章中查询。 5. 问题 16 可以在黄晓梅的《植物组织培养》项目 5 中查询。 6. 问题 17 可以在彭星元的《植物组织培养技术》第 5 章中查询。 7. 问题 18 可以在邱运亮、段鹏慧的《植物组培快繁技术》第 7 章中查询。 8. 问题 19 可以在李胜、李唯的《植物组织培养原理技术》第 5 章中查询。 9. 问题 20、21 可以在陈世昌的《植物组织培养》第 6 章中查询。

信 息 单

学习领域	植物组织培养技术
学习情境 4	植物脱毒技术

信 息 内 容

一、植物脱毒的意义

(一)植物病毒病的危害与致病特点

1. 植物病毒病的危害

植物在生长过程中,由于受到各种植物病毒的侵染而严重影响植物的产量和品质。尤其是靠无性繁殖的植物,一旦遭受病毒侵染,则代代相传,病害呈加重的趋势,严重影响到植物的产量与品质,使生产蒙受损失,长期以来,病毒病可以说是既普遍又严重。

最早关于病毒的研究是马铃薯的退化病,18 世纪末 19 世纪初在欧洲发现该病,以后遍布欧美,其症状表现为马铃薯植株变得矮小,出现花叶、卷叶等异常,产量逐年降低,严重时大面积减产 50%~70%。除马铃薯病毒病外,黄瓜花叶病毒(CMV)、烟草花叶病毒(TMV)病在世界范围内,对烟草的品质和产量造成了极大影响。除此之外,在世界范围内也发生过重大的病毒病害,如非洲可可树的肿枝病,使可可产量大为降低,1936—1937 年黄金海岸东部地区的可可收获产量为 116 600 t,随着肿枝病的连年危害加重,到 1945—1946 年,其产量只有 64 000 t,为清除这一病害,1955 年黄金海岸地区砍伐了 4 000 多万株病树。柑橘的衰退病曾毁灭巴西大部分柑橘园,我国南方黄龙病严重威胁柑橘的生产,1995—1997 年仅 2 年时间,广东汕头地区感染黄龙病的柑橘就有 600 多万株;国内最大的广东杨村华侨农场柑橘园,因黄龙病流行,几乎全部毁掉。

2005 年,国际病毒分类委员会(ICTV)第八次报告所承认的植物病毒已有 18 个科、81 属、1 500 余种,几乎涉及所有栽培利用的作物,尤其是在无性营养繁殖的作物表现更为明显,其易受到一种或一种以上病毒或类病毒的浸染。

病毒病危害植物的情况还可参考表 4-1,表 4-2。

大多数植物都不同程度地受到病毒的危害,植物病毒病可引起多种植物病害。茄科和十字花科植物上,有 50% 的病害为病毒病;我国各苹果产区主要品种带毒株率达 60%~100%;已知草莓能感染 62 种病毒和类菌原体,使草莓产量严重降低,品质大大退化,因而每年都必须更新母株;花卉病毒的危害一般会影响花卉的观赏价值,使花卉品质和产量降低,其表现是花少而小,产生畸形、变色等,甚至影响进出口;葡萄扇叶病毒使葡萄减产 10%~18%;大麦黄矮病毒,曾使美国小麦损失 6 000 万美元,加拿大损失 1 700 万美元。柑橘的衰退病曾使巴西大部分柑橘毁灭,圣保罗州 600 万株甜橙死亡(占总数的 75%)。

花生病毒病是影响我国花生生产量重要的病害。20 世纪 70 年代以来在北方产区多次暴发,大面积流行,给花生生产带来严重损失。一般年份,病毒病引起花生减产 5%~10%,

大流行年份能引起减产 20％～30％。为害我国花生的病毒病主要有 4 种,分别是花生条纹病、花生黄花叶病、花生普通花叶病、花生芽枯病。

表 4-1　我国各地已发现的果树病毒类病害

树种	病毒类病害种类
苹果	苹果锈病类病毒、苹果花叶病毒、苹果绿皱果病毒、苹果退绿叶斑病毒、苹果茎痘病毒、苹果茎沟病毒、苹果星裂果病毒、苹果环斑果病毒、苹果锈环果病毒、苹果小果植原体、苹果软枝植原体
梨	梨环花叶病毒、梨脉黄病毒、梨锈皮类病毒、苹果锈病类病毒、榲桲矮化病毒、苹果茎沟病毒、梨石痘病毒
葡萄	葡萄扇叶病毒、葡萄卷叶病毒、葡萄栓皮病毒、葡萄茎痘病毒、葡萄黄斑类病毒、葡萄斑点病毒、葡萄矮缩病毒
草莓	草莓斑驳病毒、草莓轻型黄边病毒、草莓皱缩病毒、草莓镶脉病毒、草莓伪轻型黄边病毒、草莓黄化植原体、草莓丛枝植原体
樱桃	李属坏死环斑病毒、李矮缩病毒、苹果退绿叶斑病毒、苹果花叶病毒、樱桃丛枝植原体
桃	桃潜隐花叶类病毒、李属坏死环斑病毒、苹果花叶病毒、李矮缩病毒
柑橘	柑橘黄龙病韧皮部杆菌、柑橘衰退病毒、柑橘裂皮类病毒、柑橘碎叶病毒、温州蜜柑萎缩病毒
香蕉	香蕉束顶病毒、香蕉花叶心腐病毒

表 4-2　一些植物感染病毒种类的数量

植物	感染病毒种类的数量	植物	感染病毒种类的数量	植物	感染病毒种类的数量
豌豆	15	矮牵牛	5	菊花	19
樱桃	44	百合	6	康乃馨	11
风信子	3	马铃薯	17	水仙	4
月季	10	大蒜	24	唐菖蒲	5

病毒病给农业生产造成巨大危害,如小麦黄矮病 1951 年在美国首次发现,现已成为世界性病害,20 世纪 60 年代初在我国小麦产区也发现了小麦黄矮病,60 年代在西北及山东即形成危害。1960—1999 年在北方麦区流行,平均减产 30％,个别达 60％。如今小麦丛矮病在我国分布已较广,许多省市均有发病,有的省低发病的年份发病率在 5％左右,大发生年达 50％以上,个别田块颗粒无收。暴发成灾时有的县可绝收和毁种达千亩。小麦对丛矮病感病程度及损失的轻重,依感病生育期的不同而异。苗龄越小,越易感病。小麦出苗后至三叶期感病的植株,越冬前绝大多数死亡;分蘖期感病的病株,病情及损失均很严重,基本无收;返青期感病的损失达 46.6％;拔节期感病的虽受害较轻,损失也有 32.9％;孕穗期基本不发病。

水稻病毒病是由病毒引起的一类系统性侵染病害,世界上已经发现和确认的水稻病毒病(包括类菌原体病)约有 16 种,其中在我国发生的有 11 种。中国稻区广阔,稻病可广泛流行,在病害严重流行时,曾十几个省相继发病,暴发成灾,仅一个省(市、自治区)因病损失稻谷即数十万吨。近年来经常遇到的,造成一县或几县稻谷损失的主要是水稻矮缩病、水稻条纹叶枯病和水稻东格鲁病。

2. 植物病毒病的致病特点

病毒是一类比较原始的、有生命特征的、能够自我复制和严格细胞内寄生的非细胞生物,主要由核糖核酸或脱氧核糖核酸和蛋白质外壳构成(图4-1,图4-2)。病毒粒体非常小,一般只有 20～300 nm,只有通过电子显微镜才能看到,病毒利用寄主体内结构和化学原料合成更多的病毒粒体,从而引起植物病毒病害。病毒通常不杀死寄主,但常常引起栽培性状退化等。同时病毒也是一种极为低等的微生物,独立存在下无法存活,只有在特定的宿主细胞内才能表现出生长、繁殖等生命现象。

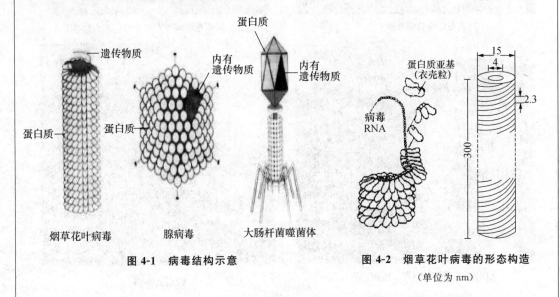

图 4-1　病毒结构示意　　　　图 4-2　烟草花叶病毒的形态构造
（单位为 nm）

(1)植物病毒病的症状特点　植物感染病毒后表现的症状因植物不同其表现也不尽相同,但主要表现为内部症状和外部症状两个方面。

内部症状主要指植物组织病变坏死,如烟草花叶病毒(TMV)侵染心叶烟引起薄壁组织坏死,有些引起茎部维管束和叶部坏死,若侵染大豆则引起顶芽和侧枝坏死。有些病毒侵入后,产生激素,引起组织增生或产生各种类型的内含体(粒状、风轮状、圆柱状等),植物本身的正常生理代谢受到干扰,使叶绿素、花青素及激素等的产生发生改变,从而使植株表现出异常状态(图4-3)。

外部症状能直接看到,栽培中经常表现的症状有:

①变色,它主要表现为植物患病后局部或全株失去正常的绿色或发生颜色变化,有叶片叶绿素减少形成的褪绿、叶片不均匀褪色形成不规则相间的花叶、变色部分轮廓不清晰的斑驳、单子叶植物的变色条纹等,常见的病毒有黄瓜花叶病毒(CMV)、烟草花叶病毒(TMV)、苹果褪绿叶斑病毒(ACLSV)、郁金香碎色花叶病毒(TBV)、香石竹斑驳病毒(CarMV)等。

番茄黄曲化病毒病

烟草花叶病（左：正常，右：感病）

红叶石楠感病株（左：感病，右：正常）

西瓜病毒病

图 4-3　植物病毒病图片

②坏死，植物患病后出现坏死的病斑或斑点，有轮斑、环斑、条斑等，常见的病毒有香石竹坏死斑点病毒（CNFV）、李属坏死环斑病毒（PNRSV）、马铃薯 X 病毒（PVX）、小麦条纹花叶病毒（BSMV）等。

③畸形，植物发生抑制性病变，生长发育不良，表现为叶卷曲、扭曲、皱缩，耳状突起增生，茎肿大，丛枝，果畸形，有的花器返祖变成小叶片等，常见病毒有：番茄黑环病毒（TBRV）、马铃薯卷叶病毒（PLRV）、马铃薯 Y 病毒（PVY）、番茄黄曲化病毒、可可肿枝病、柑橘剥皮病等。

植物被两种或两种以上病毒混合感染后，有时还可以产生与单独感染完全不同的症状。如马铃薯单独感染 X 病毒时表现轻微花叶，单独感染 Y 病毒时在有些品种上可引起枯斑，而当 X 病毒和 Y 病毒同时感染时，则使马铃薯发生显著的皱缩花叶症状，严重者甚至死亡。虽然植物感染病毒后多会有病症，但已发现很多病毒侵入到植物体后，植株并不会表现出明显症状，如草莓单独感染斑驳病毒、轻型黄边病毒或镶脉病毒均无明显症状表现。

(2)植物病毒病的发病特点　植物病害是由许多真菌或细菌引起的,对于这两类病害目前都有相应的药剂可以防治。但对于病毒病目前尚无有效的药剂来防治,主要预防措施是切断病毒传播途径,这就需要了解病毒病的发病特点。

①一旦染毒,全身侵染,终身携带。尤其对无性繁殖作物危害更甚,如薯类、草莓、花卉等,受病毒侵染的植株,通过嫁接或虫媒传播,可经无性繁殖器官传至下一代,病毒随着无性繁殖系数增大而传播加快,随繁殖代数增加而绵延不绝,日益增殖,结果导致植物种性退化,甚至使一些珍稀品种濒临绝灭。

②无性繁殖是主要传播途径。无性繁殖的作物,常利用茎(块茎、球茎、鳞茎、根茎、匍匐茎),根(块根、宿根)、枝、叶、芽(顶芽、侧芽、球芽、不定芽)等通过嫁接、分株、扦插、压条等途径来进行繁殖,病毒通过营养体进行传递,在母株内逐代积累,随着生产栽培时间的延长,植物受病毒危害程度越来越严重,积累的病毒种类越来越多。如苹果、葡萄、草莓、百合、唐菖蒲、水仙、郁金香、香石竹、菊花、马铃薯、姜等。而以种子进行繁殖的种类,除豆类外,其他均可随着世代的交替而去除病毒,即病毒只能危害一个世代。

③病害常呈潜伏性侵染。侵染植物的病毒分为非潜隐性病毒和潜隐性病毒两大类,对于非潜隐性病毒易识别,但许多病毒具有潜伏侵染的特性,不易引起人们的广泛重视,往往传播速度快,例如,美国20世纪筛选的苹果抗棉蚜砧木SPY227,几乎毁光了瑞光苹果品种。

④主要借助昆虫(如蚜虫、叶蝉、飞虱等)(图 4-4)、动物(如螨类、线虫等)、植物摩擦、人为操作以及菟丝子等进行传染,染病后,没有什么特效药剂防治。

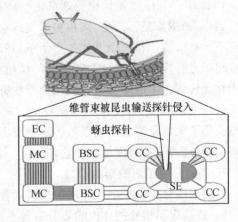

图 4-4　蚜虫传播病毒

(二)培育脱毒苗木的意义

脱毒就是采用一定的方法除去植物体内病毒的方法。无病毒苗是指未被病毒感染,或经人工处理去除病毒的植物苗株。可以说,"无病毒苗"是指不含该种植物的主要危害病毒,即经过检测主要病毒在植物内的存在表现阴性反应的苗木。植物经脱毒后,恢复了原有特性,生长健壮,产量大幅度提高,品质得到改善。

利用植物组织培养技术可以有效除去植物病毒,使植物复壮、恢复种性,提高产量和质量。目前,通过组织培养实现商业化的脱毒试管苗,在果树、蔬菜、花卉领域已十分普遍,如在马铃薯、甘薯、大蒜、香蕉、柑橘、苹果、葡萄、百合、矮牵牛、康乃馨、月季、菊花、牡丹、甘蔗、草莓等中广泛应用。据报道,大蒜经组培脱毒后,与对照相比,蒜头增产 32.3％～114.3％,蒜薹增产 65.9％～175.4％;草莓增产 20％～50％;马铃薯增产 50％～100％;切花菊花脱毒后,株高明显增加,切花数增多,花朵增大等。

应用脱毒技术生产无毒苗,由于脱毒植株健壮,抗逆性强,减少了化肥和农药用量,防止了土壤有机质的下降,有效地维护了土壤的生态环境,对减少环境污染,防止公害,保护环境都有积极的意义。同时脱毒种苗生产是一种劳动力密集型产业,因而能增加就业人数,所以脱毒植物的应用不论在经济效益或社会效益上都是很可观的。通过脱毒种苗的推广应用可进一步加快当地的产业升级,加快由传统农业向现代农业的转变。广东、福建等地的柑橘无病毒苗的培育获得成功,并大面积应用,福建省宁德县每年还将 10 万多株的脱毒柑橘种苗出口到国外,取得了很好的经济效益。

目前已有不少国家建立了无病毒良种繁育体系和大规模的无病毒苗生产基地,生产脱毒苗供大规模栽培所需。在地球生态环境污染日益严重的今天,栽培应用脱毒苗还能减少和消除农药的使用,这对保护生态环境、生产健康优质的农产品、促进农业的可持续发展具有深远的意义。

二、植物脱毒方法

(一)茎尖分生组织脱毒

1943 年 White 首先发现受烟草花叶病毒(TMV)侵染的番茄植株中,在其根尖的不同部位,病毒的浓度是不同的,离根尖端越远病毒浓度越高,根尖分生组织附近病毒含量很低,甚至不含有病毒。在这个发现的启示下,1952 年 Morel 等利用感染花叶病毒的大丽菊茎尖分生组织进行离体培养,成功获得第一株植物脱毒苗,从此茎尖分生组织培养就开始广泛地应用在无病毒苗木的培育上。利用病毒在寄主植物体内分布不均匀的特点,1954 年 Norris 在马铃薯上、1956 年 Holmes 在菊花上、1962 年 Phillps 在百合上、1963 年 Mille 在草莓上相继获得了无病毒苗木。由于茎尖培养脱毒效果好,后代遗传性稳定,是目前植物无病毒苗培育应用最广泛、最重要的一个途径。

1. 茎尖分生组织脱毒的原理

茎尖顶端分生组织中不含病毒或病毒含量很少的可能原因是:

(1)感染病毒植株的体内病毒分布的不均匀性。病毒的数量随植株部位及年龄而异,越靠近茎顶端区域病毒的感染深度越低,生长点(0.1～1.0 mm 区域)则含病毒很少或不含病毒。这是因为病毒在寄主植物体内主要随维管系统(筛管)转移,而在分生组织中没有维管系统,病毒只能通过胞间连丝传递,赶不上细胞不断分裂和活跃的生长速度。

(2)茎尖分生组织中存在高浓度的内源生长素,抑制病毒的增殖。所以,茎尖顶端分生组织中通常不带病毒或病毒很少。

茎尖分生组织的构造如图 4-5 所示。

2. 茎尖分生组织脱毒的方法与程序

利用茎尖分生组织进行脱毒的主要程序包括外植体选择、茎尖剥离、茎尖培养、增殖生根、病毒检测、离体快繁等主要环节(图 4-6)。

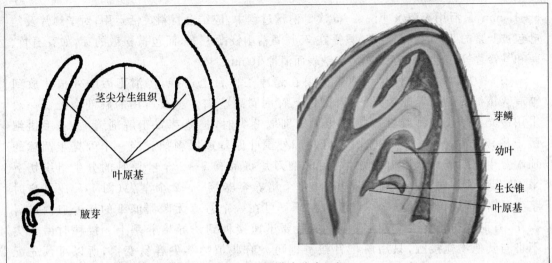

图 4-5　植物茎尖分生组织

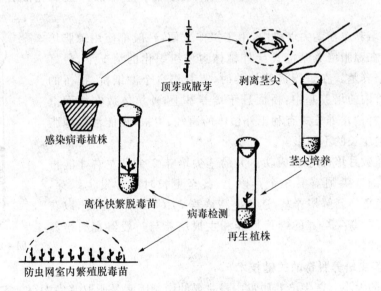

图 4-6　茎尖培养生产脱毒苗的流程

(1)外植体的选择及预处理

①选择品质好、产量高、适应性强、抗病毒能力强的品种。

②供试母株品种纯度高、生长发育正常、健壮。对患病群体中选择相对感染较轻的或无病毒的植株作为脱毒材料。

③茎尖选取前,把供试植株栽植于无菌的盆土中,置于温室中进行栽培。定期喷施杀菌剂。田间种植的个别材料,可以切取插条插入水中或营养液中,待腋芽萌发剪取茎尖。

(2)外植体选取与消毒　外植体要剪取植株外围或顶端活跃生长的枝梢上切取,顶芽、侧芽均可。

消毒方法:剪取植株上部枝梢段 2～3 cm,去除较大叶片,用自来水冲洗干净,在超净工作台内,用 70%～75% 的酒精浸泡 10～30 s,再用 10% 漂白粉上清液或 0.1% $HgCl_2$ 消毒

5~15 min,最后用无菌水冲洗 4~5 次。消毒过程中,应结合材料灵活运用,对于鳞片及幼叶包被严紧的芽,如菊花、兰花,只需在 75％酒精中浸蘸一下,而包被松散的芽,如香石竹、蒜和马铃薯等,则要用 0.1％次氯酸钠表面消毒 10 min。

(3)茎尖剥离与接种　剥取茎尖要在超净工作台上进行,将消毒后的外植体放到铺有灭菌滤纸的培养皿中,置于解剖镜下解剖剥离茎尖。剥离所用的解剖镜光源一般采用冷光源或玻璃纤维灯较为理想。在剖取茎尖时,把茎芽置于解剖镜下,一手执细镊子将其按住,另一手执解剖针将叶片和外围叶原基逐层剥掉。当一个闪亮半圆球的顶端分生组织充分暴露出来之后,用解剖刀片将带有 1~2 个叶原基的分生组织切下来,使茎尖顶部向上接种到培养基上,每个培养容器接 1~2 个茎尖(图 4-7)。剥离时茎尖暴露的时间越短越好,以防茎尖变干。可在一个衬有无菌湿滤纸的培养皿内进行操作,有助于防止茎尖变干,取得茎尖后要迅速接种到诱导培养基上。接种时微茎尖不可与其他物体接触,只用解剖针接种即可。有些植物茎尖容易变褐,所以可预先配制维生素 C 溶液,切下茎尖后即浸入保存,或在培养基中加入抗氧化成分,抑制茎尖氧化褐变。

(4)茎尖培养　在茎尖培养中,由于操作方便,一般都使用琼脂培养基。不过,在琼脂培养基能诱导外植体愈伤组织化的情况下,最好还是用液体培养基。在进行液体培养时,需制作一个滤纸桥,把桥的两臂浸入试管内的培养基中,桥面悬于培养基上,外植体放在桥面上(图 4-8)。这样的培养方式有利于外植体的通气、生根,还能消除琼脂中杂质对茎尖生长的不利影响。

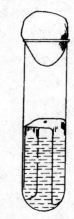

图 4-8　纸桥培养

微茎尖需数月培养才能成功。大的茎尖培养 2 个月左右才能再生出绿芽,小的茎尖则需要 3 个月以上,甚至更长时间才发生绿芽。这期间应注意更换新鲜培养基,逐步提高培养基内 6-BA 的浓度,以获得大量丛生芽。茎尖培养的继代培养和生根培养与一般器官的培养相同,不再赘述。

3. 影响茎尖培养脱毒的关键技术

(1)茎尖的大小　茎尖培养脱毒中最主要的影响因素是所取茎尖大小。实践研究表明,茎尖培养脱毒的效果与茎尖的大小呈负相关,培养茎尖的成活率则与茎尖的大小呈正相关。曹为玉等研究发现葡萄茎尖长度与存活率呈正相关,与脱毒率呈负相关。当切取茎尖长度为 0.2~0.3 mm 时,存活率为 21％~38％,脱毒率为 91.4％~97％;当切取 0.5 mm 以上时,存活率为 75％~83％,脱毒率仅为 70.6％~76.5％。草莓茎尖大小与萌芽率和脱毒效果三者之间的关系也是如此(表 4-3)。

表 4-3　草莓茎尖大小与脱毒率、萌芽率的关系　　　　　　　　　　　％

项目	茎尖大小/mm		
	0.2	0.4	0.6
脱毒率	95	75	61
萌芽率	28	47	71

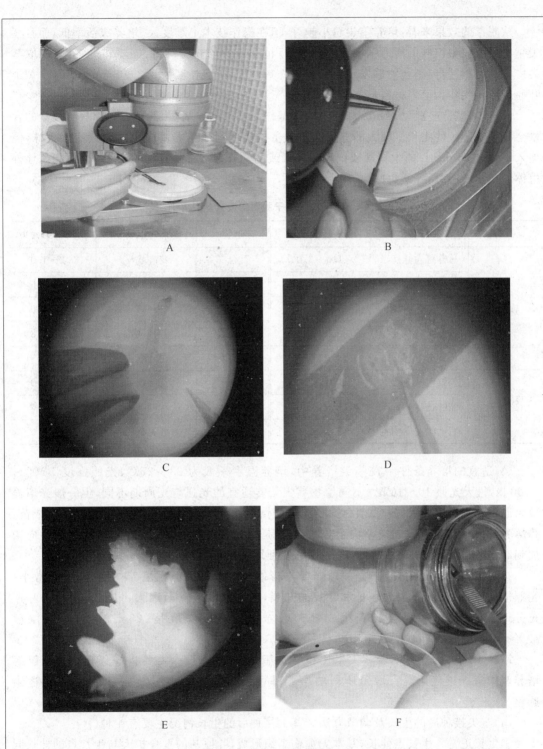

图 4-7 茎尖剥离与接种
A. 外植体   B. 剥离茎尖   C. 解剖镜下的外植体   D. 解剖镜下剥离茎尖
E. 茎尖   F. 接种

从脱毒的效果来看,培养茎尖越小越好,但在操作技术上难度大、培养成活率低,而且茎尖越小形成完整植株的能力越弱。因此,进行植物茎尖培养脱毒时,需要综合考虑,所取茎尖应大到足以脱毒,小至能够发育成完整植株,一般应切取长度为 0.2～0.5 mm、带 1～2 个叶原基的茎尖作为培养材料(表 4-4)。

(2)培养基 一般以 White 和 MS 培养基作为基本培养基,尤其是提高钾盐和铵盐的含量会有利于茎尖的生长。较大的茎尖在不含生长调节剂的培养基中也能形成完整植株,但加入 0.1～0.5 mg/L 的生长素或细胞分裂素或两者兼有常常是有利的。2,4-D 常能诱导外植体形成愈伤组织,应避免使用。

表 4-4 不同植物用于脱毒的适宜茎尖大小　　　　　　　　mm

植物	病毒名称	剥离茎尖大小	植物	病毒名称	剥离茎尖大小
马铃薯	马铃薯卷叶病毒	1.0～3.0	百合	花叶病	0.2～1.0
	马铃薯 Y 病毒	1.0～3.0	鸢尾	花叶病	0.2～0.5
	马铃薯 X 病毒	0.2～0.5	菊花	各种病毒	0.2～1.0
	马铃薯 G 病毒	0.2～0.3	康乃馨	各种病毒	0.2～0.8
	马铃薯 S 病毒	0.2 以下	大丽花	花叶病	0.6
甘薯	斑纹花叶病毒	1.0～2.0	大蒜	花叶病	0.3～1.0
	缩叶花叶病毒	1.0～2.0	甘蔗	花叶病	0.7～3.0
	羽毛状花叶病毒	0.3～1.0	草莓	各种病毒	0.2～1.0

(3)适宜的培养条件 在茎尖培养中,培养温度一般为 23～27℃,光照强度 1 500～5 000 lx,每天光照 10～16 h。不同植物茎尖培养适宜的光强与光周期不同,但一般光培养效果通常比暗培养效果好。如在 6 000 lx 光照培养条件下,59%多花黑麦草茎尖再生成苗,暗培养时只有 34%。马铃薯茎尖培养时,初期是以光照强度 1 000 lx 进行培养,4 周后应增加到 2 000 lx,当茎已长到 1 cm 高时光照强度便增加到 4 000 lx,光照时间也随之延长。

在茎尖培养过程中,一般光照培养要比暗培养效果好。但在培养初期,茎尖非常小,光照应弱一些,随着茎尖的生长和叶片的开展,光照强度应逐渐增大,以利于展开的叶片充分地进行光合作用,合成有机物质。培养室的温度一般是(25±2)℃,相对湿度 70%～80%。

培养 1～3 个月后,随着茎尖生长和培养基中养分的损耗,需要将绿芽转移到新鲜的培养基中进行继代培养。增殖所用的培养基可以与茎尖分化培养基相同,亦可作适当调整。

(4)茎尖接种后的生长及调节方法 茎尖接种后的生长情况主要有 4 种。

①生长正常。生长点伸长,基本无愈伤组织形成,叶原基的发育扩大与生长点的伸长同时进行,1～3 周内形成小芽,4～6 周长成小植株。

②生长停止。接种物不扩大,渐变褐色,至枯死。此情况多因剥离操作过程中茎尖受伤。

③生长缓慢。茎尖虽然成活，也逐渐转绿，但体积增大缓慢，不见伸长，表面看起来是一个绿色小点。说明培养条件不合适，要迅速调整培养基，将茎尖转移到 NAA 高于0.1 mg/L 的培养基上，并适当提高培养温度。

④生长过速。接种后茎尖生长点不伸长或略伸长，而在茎尖基部产生大量疏松半透明的愈伤组织。这就必须及时转入无生长素的培养基上，降低培养温度，抑制愈伤组织继续生长，促进其分化。

(二)热处理法脱毒

1. 热处理脱毒的原理

热处理脱毒又称温热疗法，是植物脱毒应用最早的方法之一（图 4-9），是在 1889 年印度尼西亚爪哇人在种植甘蔗中发现的。将患病的甘蔗梢放入 50～52℃ 热水中浸泡 30 min后，甘蔗再生长时病害症状消失，生长良好。以后这个方法得到了广泛的应用，每年在栽种前把大量甘蔗茎段放到大水锅里进行处理。1936 年，Kunkel 首次报道将感染桃黄萎病毒的植株，在 34～36℃ 温度下处理 2 周，可减轻甚至排除病毒的危害作用。1954 年，Kassunis 应用热处理成功脱除了马铃薯卷叶病毒（PLRV），此后这项技术被广泛应用于预防植物病毒病。

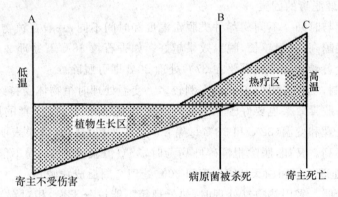

图 4-9　植物生长区域与热疗区域相对关系示意

A～B 为植物生长区，B～C 为热疗区，寄主（C）与寄生病原菌（B）受热死亡

高温处理能脱去病毒的主要原理是利用病毒对热的不稳定性，把植物组织处于高于正常温度的环境中时，使组织内部的病毒受热之后部分或全部钝化，但寄主植物的组织很少或不会受到伤害，从而脱除病毒的方法。在高温下，病毒不能生成或生成很少，并持续被破坏，以致病毒含量不断降低，这样持续一段时间，病毒自行消灭，从而达到脱毒的目的。

2. 热处理脱毒的方法

(1)温汤浸渍处理脱毒方法　将需要脱除病毒的材料在 50℃ 左右的温水处理几十分钟或 35℃ 下处理 30～40 h，使病毒钝化或失活。此方法简便易行，一般适于甘蔗、木本植物和植物休眠器官，比如种子、块茎、休眠芽等的处理。

必须说明，高温下植物同样会受到伤害，只是其对高温的忍耐性超过病毒。Bake (1972)研究发现，热水处理的植物组织常常会窒息死亡，在生理上会打破或延长植物的休眠期。伤害较轻的方法更多是采用热空气（35℃以上）处理植株一定时间进行脱毒。

（2）热空气处理脱毒方法　将生长的盆栽植株移入温热治疗室（箱）内，一般在35～40℃。热空气处理对活跃生长的茎尖效果较好，处理时间因植物而异，短则几十分钟，长可达数月。例如，香石竹于38℃下处理2个月，其茎尖所含病毒即可被清除；马铃薯在35℃下处理几个月才能获得无病毒苗；草莓茎尖培养结合36℃处理6周，比仅用茎尖培养可更有效地清除轻型黄斑病毒。

该方法要求在开始阶段温度要缓慢上升，然后逐渐达到处理温度进行处理；被处理植株材料要求根系发达、生长健壮，贮备充足的营养以供消耗。实践当中旺盛生长的健壮枝条很适合用这种方法处理，一般程序是先27～35℃预处理1～2周，然后进行热处理，处理完成后立即切取处理过程中生长的新梢顶端嫩枝嫁接到无毒砧木上或扦插于扦插床中，这样培育出来的植株就是无病毒植株。

热处理脱毒对设备要求不高，操作简单，应用广泛，但存在脱毒时间长，脱毒不彻底等缺点，一般只能脱除球状病毒（如葡萄扇叶病毒、苹果花叶病毒）和类菌质体等，而无法脱除杆状病毒（如烟草花叶病毒）和线状病毒。同时热处理时间过长，会造成植株代谢紊乱，影响成活率，加大了品种变异的可能性。因此，热处理具有一定的局限性，需与其他方法配合应用才可获得良好的效果。

3. 影响热处理脱毒的因素

（1）处理温度与时间　不同病毒种类脱毒温度和时间不同，一般在植物耐热能力允许范围内，热处理温度越高，时间越长，脱毒效果越好。如香石竹38℃下处理2个月可以脱除茎尖所含病毒；马铃薯卷叶病毒则需要在37℃处理20 d即可脱除。

对于温度控制，现在采用变温处理实例较多。变温处理时植物体受持续高温损伤减小、死亡率大大降低；脱毒效果也要好于恒温处理。如洪霓（1995）对梨病毒的脱毒研究中采用恒温（37±1）℃处理和变温（32℃和38℃每隔8 h交替一次）处理，结果表明，变温处理植株死亡率低，脱毒率高。又如，脱除柑橘碎叶病毒时，38℃恒温处理16周不能脱毒，采用白天40℃、夜间30℃处理6周和白天44℃、夜间30℃处理2周后成功脱毒。

（2）湿度与光照　采用热空气处理时，热处理箱不能过分干燥，相对湿度要求在70%～80%，否则新梢生长困难。处理通常是在室内进行，光照不足时要补充人工光照，对生长有利。为了更好地调控湿度和光照，保证脱毒效果，现在一般光照培养箱内进行培养。

（三）其他脱毒方法

1. 热处理结合茎尖培养脱毒

热处理结合茎尖培养即可在热处理之后的母体植株上切取较大的茎尖（长约0.5 mm）进行培养；也可先进行茎尖培养，然后再用试管苗进行热处理，这样的处理方法可以获得较多的无病毒个体。该法既可缩短热处理时间，提高植株成活率，又可剥离较大的茎尖，提高茎尖培养的成活率和脱毒率。如矮牵牛变温热处理16 d后再剥取0.3～0.5 mm茎尖培养的脱毒方式优于直接剥取0.15～0.25 mm茎尖培养。用40℃高温处理康乃馨6～8周，以后再分离1 mm长的茎尖进行培养，成功地去除了病毒。采用此法还可以去除茎尖培养不能去除的病毒，如将马铃薯块茎放在35℃条件下培养4～8周，然后进行茎尖培养，可除去一般培养难以去除的纺锤块茎类病毒。但处理时要注意处理材料的保湿和通风，以免过于干燥和腐烂。此外，热处理结合茎尖培养脱毒法不足之处在于脱毒时间相对延长。

2. 愈伤组织培养脱毒

病毒在植物体内分布不平衡,从染病植株诱导的愈伤组织细胞并不都携带等量的病毒。因此,从愈伤组织再分化产生的小植株中,可以得到一定比例的脱毒株。这在马铃薯、大蒜、草莓等植物上已先后获得成功。愈伤组织的某些细胞之所以不带病毒,其理由是:①病毒在植株体内不同器官或组织中分布不均匀;②病毒的复制速度赶不上细胞的增殖速度;③有些细胞通过突变获得了抗病毒的抗性;④对病毒侵袭具有抗性的细胞可能与敏感的细胞共同存在于母体组织之中。但是,愈伤组织脱毒的缺陷是植株遗传性不稳定,可能会产生变异植株,并且一些作物的愈伤组织尚不能产生再生植株。

3. 花药培养脱毒

大泽胜次(1974)首次发现,草莓花药培养可产生无病毒植株,而且脱毒效率达到100%。他认为花药培养的脱毒苗可省略病毒检测手续,建立了花药培养生产草莓脱毒苗的培养方法。王国平(1990)利用花药培养获得大量草莓无病毒植株,在17个省市示范栽培获得比对照增产7.8%~45.1%,并经过比较试验,指出草莓病毒病脱毒采用花药培养较茎尖培养和热处理脱毒获得无病毒株的几率高。现在草莓花药培养脱毒以成为当前国内外草莓无病毒苗培育的主要方法之一。

花药培养脱毒苗,其成功与否与花蕾大小的选择有关,应选取处于密封状态的小花蕾,此时的花粉发育期为单核靠边期。花蕾的大小与不同的品种有一定的差异。许多研究表明,不同基因型的花药培养效果不一样,对培养基成分、培养条件等的要求亦各不相同。

4. 珠心胚培养脱毒

这是蜜柑、甜橙、柠檬等柑橘类植物所特有的一种脱毒方法。柑橘类多胚品种中除一个合子胚以外,还有多个由珠心细胞形成的无性胚,称为珠心胚。珠心胚与维管束系统无联系,因此由其产生的植株全部均无病毒。但珠心胚大多是不育的,必须分离培养才能发育成正常的幼苗。用此技术对去除柑橘鳞皮病、速衰病、裂皮病、叶脉突出病等病毒十分有效。然而珠心胚培养获得的小植株表现出幼态特性,生长时间长,结果迟,所以一般要将珠心胚培养的脱毒植株嫁接到三年生砧木上,促其提早结果。

5. 嫁接脱毒技术

微嫁接脱毒技术是组织培养与嫁接方法相结合、以获得无病毒苗木的一种新技术。它是将0.1~0.2 mm的接穗茎尖嫁接到由试管中培养出来的无菌实生砧上,继续培养愈合后获得无病毒幼苗。这在桃、柑橘、苹果等果树上已获得成功,并且有的已在生产上应用。微体嫁接技术难度较大,不易掌握,但随着新技术的发展与完善,微体嫁接技术将会取得更大发展。

三、脱毒苗的鉴定

在植物脱毒技术中,无论利用哪一种技术手段脱毒培育得到的植株,最终都必须经过严格的鉴定,证明确实无病毒存在,是真正的无病毒苗,才可以提供给生产应用。常用的鉴定方法有以下几种。

（一）直接观测法

直接观测植株生长状态是否异常,茎、叶、芽上是否出现特定病毒引起的可见症状,从而可判断病毒是否存在。脱毒苗叶色浓绿,均匀一致,长势好。带毒植株长势弱,叶片出现褪绿条斑或花叶,扭曲、植株矮化,表现出病毒病症状的植物可初步定为病株。如草莓叶面出现褪绿斑,叶小,叶柄短,叶片急性扭曲等状;马铃薯出现花叶或明脉,脉坏死、卷叶、植株束顶、矮缩等状;甘薯、康乃馨出现褪绿斑点。表现出病毒病症状的植株可初步判定为病株。

该法简便、直观、准确。不过,由于某些寄主植物感染病毒后需要较长的时间才出现症状,有的并不能使寄主植物出现可见的症状,因而无法快速检验,并且也不能剔除潜隐性病毒。

根据症状诊断要注意区分病毒病症状与植物的生理性障碍、机械损伤、虫害及药害等表现。如果难以区分,需结合其他诊断、鉴定方法,综合分析、判断。

（二）指示植物检测法

利用指示植物进行病毒鉴定的方法是 1929 年美国病毒学家 Holmes 发现的,他用感染TMV 的普通烟叶的粗汁液和少许金刚砂相混合,然后在烟草叶子上摩擦,2～3 d 后叶片上出现了局部坏死斑。指示植物指对某种病毒反应敏感,症状明显,用以鉴定病毒种类的植物,又称鉴别寄主。利用指示植物比原始寄主更容易表现症状的特点,把汁液接种或是将原始寄主嫁接到指示植物上,通过观察指示植物的反应,把病毒在指示植物上出现症状的特征,作为鉴别病毒种类的标准。这种病毒鉴定方法就叫指示植物检测法。

由于病毒的寄生范围不同,所以应根据不同的病毒选择适合的指示植物。如马铃薯病毒指示植物有千日红、黄花烟、心叶烟、毛叶曼陀罗(表 4-5);草莓病毒指示植物有野草莓、野红草莓;香石竹病毒指示植物有昆诺阿藜、苋色藜;菊花病毒的指示植物有矮牵牛、豇豆。一种理想的指示植物不但一年四季都容易栽培,并且在较长的时期内还能保持对病毒的敏感性和容易接种,而且在较广的范围内具有同样的反应。指示植物一般有两种类型:一种是接种后产生系统性症状,其病毒可扩展到植物非接种部位,通常没有局部病斑;另一种是只产生局部病斑,常由坏死、褪绿或环状病斑构成。

这种方法灵敏性差,所需时间长,难以区分病毒种类,不能测出病毒总的核蛋白浓度,而只能测出病毒的相对感染力。但它要求的条件简单,操作方便,成本低,故一直沿用至今,仍为一种经济而有效的鉴定方法。

表 4-5　几种马铃薯病毒的指示植物及表现症状

病毒种类	指示植物	表现症状
马铃薯 X 病毒(PVX)	千日红、曼陀罗、辣椒、心叶烟	脉间花叶
马铃薯 S 病毒(PVS)	苋色藜、千日红、曼陀罗、昆诺阿藜	叶脉深陷,粗缩
马铃薯 Y 病毒(PVY)	野生马铃薯、洋酸菜、曼陀罗	随品种而异,有些轻微花叶或粗缩,敏感品种反应为坏死
马铃薯卷叶病毒(PLRX)	洋酸菜	叶尖呈浅黄色,有些品种呈紫色或红色

指示植物有草本和木本,对于草本指示植物,一般用汁液涂抹鉴定,木本多年生果树植物及草莓等无性繁殖的草本植物,由于采用汁液接种法比较困难,所以通常采用嫁接接种的方法,以指示植物作为砧木,被鉴定植物作接穗。

1. 汁液涂抹鉴定

在防虫温室中进行,被鉴定植物上取 1~3 g 幼叶,在研钵中加 10 mL 水及等量 0.1 mol/L 磷酸缓冲液(pH 7.0),研碎后用两层纱布滤去渣滓,再在汁液中加入少量的 500~600 目金刚砂作为的磨擦剂,在指示植物叶片上轻轻磨擦,使叶面造成小的伤口,而不破坏表面细胞。以后取汁液在叶面上轻轻涂抹 2~3 次进行接种,5 min 后用清水冲洗叶面。接种时可用手指涂抹、用纱布或用喷枪等来接种。接种后温度控制在 15~25℃,如果被鉴定植物含有鉴定病毒,接种后数天至几周可见到上述症状出现(图 4-10)。

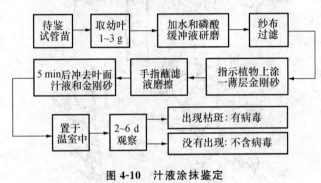

图 4-10 汁液涂抹鉴定

葡萄扇叶病毒主要草本指示植物及症状见表 4-6。

表 4-6 葡萄扇叶病毒主要草本指示植物及症状

指示植物	症 状
昆诺阿藜	接种后 6~7 d,顶端幼叶出现褪绿斑,明脉,进而下部叶片斑驳和扭曲,接种后 15~20 d 症状逐渐消退
苋色藜	与昆诺阿藜基本相同,但症状晚 2~3 d 出现
千日红	接种后 10 d 顶端幼叶无明显斑驳,以后叶片出现花叶和扭曲
黄瓜	接种后叶片产生淡绿色局部斑,15~20 d 产生淡绿色花叶,有时出现斑驳、环纹等症状
菜豆	接种后叶片出现局部褪绿斑、线纹斑和叶片扭曲
克利夫兰烟	心叶系统性褪绿和畸形

2. 嫁接鉴定

木本指示植物嫁接的方法有如下几种。

(1)单芽嫁接法 将经过脱毒处理的,待鉴定的苗木嫁接到指示植物上,根据指示植物萌生芽的表现,以判定鉴定植物是否携带病毒(图 4-11)。

(2)双重芽接法 先把待检测接穗的芽片嫁接在砧木基部,每株嫁接 1~2 个待检芽。再削取指示植物的芽片嫁接在待检芽的上方,两芽相距 1~2 cm,嫁接后在指示植物接芽上方 1~1.5 cm 处剪除砧木的茎干(图 4-12)。

（3）双重切接法　在休眠期剪取指示植物及待检植物的接穗,萌芽前将待检植物接穗切接在实生砧木上,而将带有 2 个芽的指示植物接穗切接在待检植物接穗上(图 4-13)。为促进伤口愈合,提高成活率,可在嫁接后套上塑料袋保温保湿。该法的缺点是嫁接技术要求高,嫁接速度慢,成活率低。

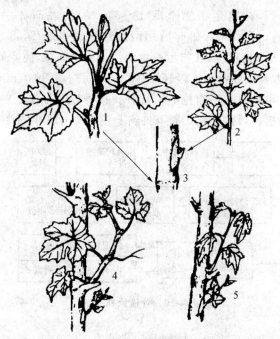

图 4-11　利用嫁接传染来鉴定病毒病

1. 指示植物　2. 待鉴植物　3. 将待鉴植物嫁接到指示植物上　4. 接芽上面长出副梢没有病症,
说明待检植物不含病毒　5. 接芽上面长出副梢的叶片有病症,说明待鉴植物还是含有病毒

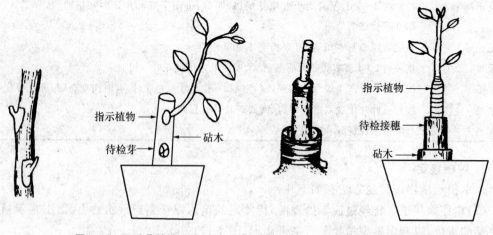

图 4-12　双重芽接法　　　　图 4-13　双重切接法

　　嫁接完成后,加强肥水管理,每周定期观察指示植物表现,根据指示植物的症状反应,明确待测植物是否带有病毒。部分苹果和柑橘病毒的木本指示植物及相应症状见表 4-7、表 4-8。

表 4-7　五种苹果病毒及类病毒在木本指示植物上的主要症状表现

(引自 NY329—2006)

病毒种类	木本指示植物	指示植物症状
苹果褪绿叶斑病毒	苏俄苹果(R12740—7A)	指示植物长出 3～5 枚叶片后,叶片上出现褪绿斑点,多发生于叶片一侧,病株叶片较健株叶片小,有的向一侧弯曲呈舟形叶。植株矮化,生长衰弱
苹果茎痘病毒	光辉(Radiant)	指示植物长出 2～3 枚叶片后,出现叶片反卷,并引起植株矮化
苹果茎沟病毒	弗吉尼亚小苹果(Virginia crab)	病株较健株矮小,叶片小而色淡,有的病株嫁接口周围肿胀,接合部内有深褐色坏死斑纹。木质部产生深褐色纵向凹陷条沟,严重时从外部即可辨认。在温室检测中,还可表现叶部黄斑或环状斑,叶片扭曲变形
苹果花叶病毒	兰蓬王(Lord lambourne)	叶片上产生黄斑、沿叶脉出现条斑
苹果锈果类病毒	国光(Ralls)	茎中上部叶片向背面反卷、弯曲,导致叶片脱落,并在茎上产生不规则的木栓化锈斑

表 4-8　柑橘类无病毒苗指示植物鉴定

病毒病种类	传播方式	指示植物	鉴别症状
柑橘裂皮病	嫁接、机械	香橼的亚利桑那 861、三七草属	嫩叶严重向后卷
黄龙病	嫁接	甜橙、椪柑	叶部斑驳型黄化
碎叶病	嫁接、机械	Rusk 枳橙	叶部黄斑、叶缘缺损
柚矮化病	嫁接、机械	凤凰柚	茎木质部严重陷点
温州蜜橘矮缩病	嫁接、机械	白芝麻	叶部枯斑
鳞皮病	嫁接、种子	凤梨甜橙、madam vinous 甜橙、dweet 橘橙	叶脉斑纹、有时春季嫩梢迅速枯萎
顽固病	嫁接、叶蝉	madam vinous 甜橙	新叶小、叶尖黄化
石果病	嫁接	dweet 橘橙、凤梨甜橙	橡叶症
衰退病	嫁接、蚜虫	墨西哥柠檬	叶脉明显凹陷点
木质陷空病	嫁接	宽皮橘、甜木檬	流胶、有凹陷点和木剥
青果病	嫁接、木虱	葡萄柚、宽皮橘、甜橙	矮化、叶有斑驳

(4)小叶嫁接法　取待测植物(如草莓)幼嫩的成叶,切去左右两片小叶,把中间小叶削成带有 1～1.5 cm 叶柄(叶柄切面呈楔形)的接穗;同时,除去指示植物上中间的小叶,在叶柄的中央部分切一个 1～1.5 cm 的楔形口;插入接穗,包扎接合部(图 4-14)。罩上聚乙烯塑料袋或放在喷雾室内保湿培养。若接穗染有病毒,则在接种后 1～2 个月,在新展开的叶片、葡匐茎或老叶上出现病症。每一指示植物可嫁接 2～3 片待测叶片,此法可全年进行。

(三)抗血清鉴定法

1. 基本原理

植物病毒是由核酸和蛋白质组成的核蛋白复合体,因而是一种抗原(Ag),注射到动物体内后会产生相应的抗体(Ab),抗体存在于血清之中,称这种血清为抗血清。由于不同病毒

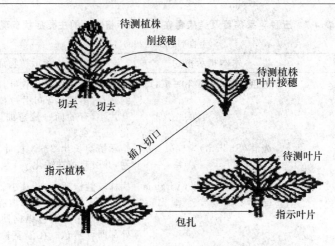

图 4-14　草莓小叶嫁接法示意

会产生特异性不同的抗血清,用特定病毒的抗血清来鉴定该种病毒,具有高度专一性,几分钟至几小时即可完成,方法简便,所以抗血清鉴定法已经成为植物病毒鉴定中很有效的方法之一。

2. 抗原、抗体的制备

抗血清鉴定首先要进行抗原的制备,即病叶的研磨、过滤、澄清和纯化等,以获得较高纯度的毒源,然后将毒源注射到免疫动物中,通常注射 4～6 次,最后一次注射 10～14 d 后采血。采血后,使血液 4℃ 过夜,然后分离出抗血清,分装到小玻璃瓶中,与甘油等比例混合后置于 −20℃ 冰箱中贮备待用。

3. 鉴定方法

抗血清鉴定法可分为酶联免疫吸附法(ELISA)、沉淀反应、凝胶单向扩散试验等,以ELISA 最为常用(图 4-15)。

ELISA 是把抗原、抗体的免疫反应和酶的高效催化反应结合起来,形成酶标记抗原(抗体)复合物,当这些酶标记抗原(抗体)复合物遇到酶的底物时,结合在免疫复合物上的酶即会催化无色的底物水解,降解形成有色产物或沉淀物,如抗原量多,结合上的酶标记抗体也多,则降解底物量大而颜色深;反之抗原量少则颜色浅,根据有色产物的有无及其浓度,即可推测被检抗原是否存在及其数量,从而达到定性或定量的目的。标记抗原或抗体常见的酶有辣根过氧化物酶和碱性磷酸酶。该方法具有灵敏度高、特异性强和操作简便等优点,适合于大量田间样品的检测,目前已广泛应用于植物病毒的诊断与测定。

ELISA 测定抗原的主要技术类型有直接法、竞争法、双抗体夹心法和硝化纤维素膜法,但使用最多的是双抗体夹心法和硝化纤维素膜法。

(1)双抗体夹心 ELISA(DAS-ELISA)　该检测技术以聚苯乙烯塑料管或血凝滴定板为支持物,基本步骤是先将免疫第一种动物获得的抗体吸附于固相表面,再依次加入病毒提取液、抗原免疫第二种动物获得的抗体、酶标抗体、底物,所以叫做双抗体夹心。最后进行酶联检测,用酶标检测仪测定 405 nm 处的光吸收值(OD_{405}),如果检测样品 OD_{405} 与阴性对照 OD_{405} 比值 ≥2,则说明为阳性,即检测样品中含有病毒,脱毒不彻底。仲乃琴等利用此技术对马铃薯的脱毒试管苗和引进品种等进行了检测,结果表明,DAS-ELISA 方法检测病毒,特异性强,非常适合于大规模的检测,该方法可检测出 1～10 ng/mL 的抗原,通过分光光度计可测定出病毒含量,对脱毒苗的确认极具应用价值。

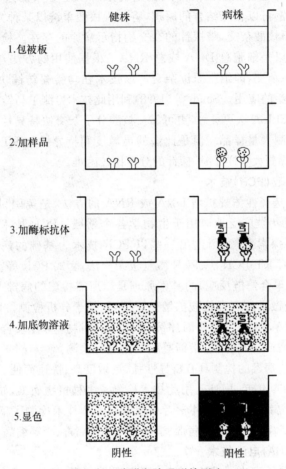

图 4-15　酶联免疫吸附检测法

(2)硝化纤维素膜 ELISA(NCM-ELISA)　又称斑点免疫测定技术(Dot-ELISA),该方法是以硝化纤维素膜为固相载体,是一种利用硝化纤维素膜为支持物来支持血清反应试剂的免疫酶促反应检测法,基本步骤是首先将待测样品点在硝化纤维素膜上,然后依次加入病毒第一抗体、第二抗体、底物。同 DAS-ELISA 相比较,更易于操作,节约时间。另外一个重要的优点是样品点在硝化纤维素膜上可保存数周,以待进一步实验或送往其他地方做显色处理,显色程度与病毒浓度呈正比,且能长时间保持稳定,易于保存。

近年来研制成功了很多种病毒检测试剂盒,如 DAS-ELISA 试剂盒,主要检测马铃薯卷叶病毒、马铃薯 X 病毒、马铃薯 Y 病毒、马铃薯 S 病毒等;NCM-ELISA 试剂盒,可用于检测甘薯羽状斑驳病毒、甘薯轻斑驳病毒、甘薯潜隐病毒、甘薯褪绿斑驳病毒。使植物病毒鉴定时间从几十天缩短到几小时,性能稳定,重复性、特异性良好,解决了病毒快速检测技术应用问题。

（四）分子生物学检测法

1. 核酸斑点杂交技术（NASH）

互补的核苷酸序列通过碱基配对形成稳定的杂合双链分子的过程称为杂交。NASH是根据互补的核酸单链可以相互结合的原理，将一段核酸单链以某种方式加以标记，制成探针，与互补的待测病原核酸杂交，带探针的杂交物指示病原的存在。检测对象可以是克隆化的基因组 DNA，也可以是细胞总 DNA 或总 RNA。根据使用的方法，被检测核酸可以是提纯的，也可以在细胞内杂交，即细胞原位杂交。该技术在马铃薯纺锤块茎类病毒、柑橘裂皮类病毒等检测中有广泛的应用。Singh 等（1998）利用此技术检测了马铃薯休眠块茎中的 PVY病毒，发现 NASH 比 ELISA 法更灵敏，更可靠。核酸分子杂交法特异性强，灵敏度高，可检测到 1 pg 的 DNA，可检测大量样品。但是此法的灵敏度和特异性与 RT-PCR 相比要差一些。此法存在的缺点是在检测大量样品时，探针的分离比较困难。

2. 聚合酶链式反应（PCR）技术

PCR 技术是一种选择性体外扩增 DNA 或 RNA 的方法，是美国科学家 Mullis 等 1985年发明的，该技术近几年被广泛地应用于生物学各个领域。PCR 技术诞生后，在病毒病理科研人员的积极努力探索下，又衍生出一些以 PCR 技术为基础的病毒检测方法，如 RT-PCR 法、IC-PCR 法、IC-RT-PCR 法、PCR 微量板杂交法，套式 PCR 等。

RT-PCR（反转录聚合酶链反应）的基本原理是以所需检测的病毒 RNA 为模板，反转录合成 cDNA，从而使极微量的病毒核酸扩增上万倍，以便于分析检测。RT-PCR 的基本步骤是：首先提取病毒 RNA，根据病毒基因序列设计合成引物，反转录合成 cDNA，然后进行cDNA 扩增。取出扩增产物，利用琼脂糖凝胶电泳进行检测。

PCR 技术用于植物病毒的检测具有特异性强、灵敏度高、快速简便又无放射性的危害，在植物病毒检测上，自 1990 年起，国外已用此技术检测了多种植物病毒，如大豆黄叶病毒、马铃薯卷叶病毒、马铃薯 A 病毒等。国内外学者相继 RT-PCR 技术检测了苹果褪绿叶斑病毒、苹果茎痘病毒、苹果茎沟病毒、苹果花叶病毒、李属坏死环斑病毒、李矮缩病毒、葡萄卷叶病毒等。

3. 双链 RNA（dsRNA）电泳技术

植物细胞内一般是不存在 dsRNA 的，如果检测到植物体内有 dsRNA 存在，它只能是病毒和类病毒以单链 RNA（ssRNA）为模板合成的，因此，dsRNA 可作为病毒检测的标志。病毒在植物体内增殖，通过核酸互补而形成一种健康植物没有的碱基配对 dsRNA，dsRNA经提纯、电泳、染色后，在凝胶上所显示的谱带可以反映每种病毒组群的特异性，并且有些单个病毒的 dsRNA 在电泳图谱上也显示一定的特征。因此，利用病毒 dsRNA 的电泳图谱可以检测出病毒的类型和种类。dsRNA 检测法具有快速、敏感、简便等优点，既可有效地检测已知和未知的病毒，又不受寄主和组织的影响，同样可以检测类病毒。dsRNA 检测法自1976 年首次应用于检测植物病毒以来，日本、加拿大已检测了 20 多种果树病毒。

（五）电子显微镜检测法

普通光学显微镜只能看到小至 200 μm 的微粒，通过电子显微镜能分辨 0.5 μm 大小的病毒颗粒。1940 年 Kausche 和 Melcher 首次在电子显微镜下观察到烟草花叶病毒的颗粒。采用电子显微镜既可以直接观察病毒，检查出有无病毒存在，了解病毒颗粒的大小、形状和结构，又可以鉴定病毒的种类。这一方法的优点是灵敏度高和能在植物粗提取液中定量测定病毒。

四、无病毒植物的利用

利用茎尖分生组织培养脱毒或热处理脱毒,以及其他途径获得无病毒植株,经检测后,淘汰脱毒不彻底的株系,完全无病毒植株经过繁殖扩大,使之在生产上尽快发挥其增产作用。生产实践中,无病毒植物的利用包括无病毒苗的农艺性状鉴定、快速繁殖、保存及建立无病毒苗良种繁育体系等环节,通过各环节间的有机结合,实现种苗生产专业化,加速良种推广,防止新旧混杂、退化、保证苗木用种质量。

(一)无病毒苗的农艺性状鉴定

通过各种不同途径脱毒处理,尤其是经过热处理的材料,高温可能引起分生组织细胞遗传物质突变;或经过愈伤组织培养诱导再生的无病毒苗,往往会产生染色体变异,导致良种种性改变。因此,经过无病毒鉴定后,还必须进行田间农艺性状鉴定,证明无病毒苗的经济性状确实保存原来亲本的优良特性,才能作为无病毒良种的原种保存、繁殖和推广利用。

(二)无病毒苗的繁殖

无病毒苗的培育是很不容易的,因此一旦培育得到无病毒植株,并经过农艺性状鉴定,就应尽快繁殖扩大应用于生产。离体条件下进行快速繁殖可以参阅植物组织培养快繁部分进行操作。除了进行离体繁殖外,还要进行田间繁殖,以满足生产的实际需要。田间繁殖是将脱毒的原原种苗在隔离或防虫网室内扩繁即为原种苗,原种苗可进一步地扩大繁殖,供生产上利用。以苗繁苗,可在短时间内繁育出大量脱毒苗,如甘薯采用剪秧扦插法、草莓采用匍匐茎繁殖法、马铃薯采用茎节扩繁及微型薯诱导等繁殖方法。

在脱毒苗繁殖过程中,最重要的是防止再感染病毒(表 4-9),生产中应当注意以下问题:

表 4-9 不同繁殖材料防止再感染病毒的措施

繁殖材料	防止病毒再感染措施
原种苗	在网室内进行繁殖,防止蚜虫和叶蝉传播病毒
二级种苗	隔离条件下的专用苗圃内进行繁殖,避免在重茬地繁殖脱毒苗
脱毒苗	培养土、繁殖器具设施、灌溉水使用前均要严格消毒
	生长期内定期地喷洒农药,及时杀灭蚜虫和其他昆虫,避免咬食而传播病毒
	田间生长时及时去除病株或弱株,避免病毒的传播

(1)在脱毒苗移植前,要对基质进行消毒,以防治土壤病菌和线虫传播病毒。

(2)对于原种苗繁殖要防止蚜虫和叶蝉传播病毒,需要在网室内进行繁殖。

(3)二级种苗要在隔离条件下的专用苗圃内进行繁殖,避免在重茬地繁殖脱毒苗。

(4)脱毒苗的繁殖可以采用扦插、嫁接、压条和匍匐茎等无性繁殖方式,培养土及繁殖用的器具和设施使用前均要经严格消毒,灌溉水也需达标,砧木种子不带有病毒,接穗的母株也必须是经过鉴定或注册的脱毒植株。

(5)在脱毒苗生长期内定期地喷洒农药,及时杀灭蚜虫和其他昆虫,避免咬食而传播病毒。

（6）在田间注意观察，及时去除病株或弱株，避免病毒的传播。

（三）无病毒苗的保存

经不同脱毒方法脱毒后的试管苗，经检测确定无特定病毒后，还需要对部分脱毒苗进行保存，以防止其再次受到病毒的侵染。脱毒苗保存常用的方法有隔离保存和离体保存两种。

1. 隔离保存

病毒的传播途径有昆虫媒介、直接接触和寄生植物传播等，其中昆虫传播的植物病毒种类占绝大多数。据统计，全世界传播病毒的昆虫约有 465 种，主要为同翅目的蚜科（如蚜虫）和叶蝉科（如叶蝉），其次为飞虱、粉虱、粉蚧，其他昆虫包括甲虫和蓟马。所以，脱毒苗还需要很好地隔离保存，以防再次感染。通常是将其种植在隔离网室中，隔离网以 35～60 目尼龙网为好，主要是防止昆虫进入隔离室传播病毒。栽培土壤要严格消毒，并保证材料在与病毒隔离的条件下栽培。有时还将脱毒原种保存在气候凉爽、虫害少的海岛或高岭山地，以利于脱毒材料的严格保存。

2. 离体保存

采用隔离保存方法，占地面积大，要花费大量的人力、物力。而低温保存不仅成本低，而且能长期保存。低温保存是指把离体培育的茎尖或试管苗保存在 1～9℃ 低温、低光照下培养，在这样的条件下，材料生长非常缓慢，只需半年或一年更换一次培养基。

低温保存通常和调节光照条件相结合。适当的缩短光照时间，降低光照强度，能减缓培养物的生长速度，延长保存时间。但是值得注意的是，要防止光照过弱，使培养物生长不良，导致后期不能维持自身生长，这样不利于培养物的保存。草莓茎培养物在 4℃ 的黑暗条件下保持其生活力长达 6 年之久，期间只需每 3 个月加入几滴新鲜的培养液；芋头茎培养物在 9℃、黑暗条件下保存 3 年，仍有 100% 的存活率。葡萄和草莓茎尖培养物分别在 9℃ 和 4℃ 下连续保存多年，每年仅需继代一次。少数热带种类最佳生长温度为 30℃，一般可在 15～20℃ 下进行保存。

在进行低温保存时，为了更有效地延缓培养物的生长速度的另外一条途径就是将低温保存同控制培养基中的营养物质供应、添加生长抑制剂、提高培养基渗透压以及改变培养物生长环境中的氧含量等措施相结合。

（四）无病毒苗的繁育体系

为了推广无病毒栽培，保证无病毒苗木的提供，确保所提供的苗木无病毒类病原，并具备优良的农艺性状，无病毒苗木的生产必须建立一个全国或各省统一的完整体系。这个体系包括优良株系的选样、病毒的脱除、病毒及农艺性状检测、无毒原种的保存与快繁和无病毒母本园及苗圃的建立、无病毒苗木的繁育与销售（或原原种、原种和生产用种的繁殖与销售），以及无病毒生产基地的建立。这个体系应有其指导和管理的部门，每个环节都有严格的要求，有明确的法律或法规的约束。最终目的是保证各级无病毒苗木的质量，充分发挥脱毒植物的增产潜力。

1. 无病毒苗良种繁育体系工艺流程

无病毒苗良种繁育体系工艺流程如图 4-16 所示。

2. 无病毒苗良种繁殖体系的主要技术环节

①根据产业发展区划，确定品种结构，并选出各种品的优良株系，在重要栽培品种单株

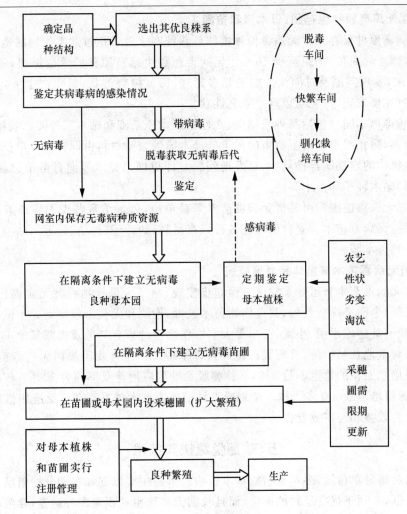

图 4-16 无病毒苗良种繁育体系工艺流程

选优的基础上开展无病毒化工作,以使无病毒母株品种纯正、丰产、优质。

②从优良单株上采接穗,在防虫网室内繁殖少量苗木,并经指示植物鉴定其病毒病的感染情况。

③对已感染的优良单株进行脱毒获取无病毒后代。

④在防虫网室内保存无毒病优良单株的一定数量的植株。

⑤在隔离条件下,建立无病毒良种母本园,定植一定数量的优良单株系的无病毒后代的植株供作母株;对母株要定期鉴定其农艺性状和感染病毒的情况,并及时淘汰劣变株和再感病植株。

⑥在隔离条件下建立若干个无病毒苗圃;在苗圃或母本园内设采穗圃,采穗圃需限期更新。

⑦对无病毒母株和苗圃实行注册管理。

⑧无病毒良种繁殖。

⑨大田生产应用。

129

3. 建立无病毒原种保存圃、母本园和苗圃

（1）无病毒原种保存圃　无病毒原种植株要栽种在未曾栽植过此类作物的地段，与普通作物或苗木建立隔离带，相距至少 50 m。无病毒原种由培育原种的单位保存，每 5 年进行 1 次病毒检测，发现问题及时淘汰。加强肥水管理，保证树势健壮，每年产生一定数量充实的接穗，同时亦要求正常结实，以观察农艺性状。

（2）无病毒母本园　包括品种采穗圃、无性系砧木压条圃和砧木采种园。栽植母株之前进行土壤消毒，防止线虫等地下病虫的危害。母本园的繁殖材料由原种保存单位提供，并接受病毒检测机构的定期病毒检测，一旦发现问题立即更换。母本园向育苗单位提供各品种无病毒接穗、砧木种子和苗木。

（3）建立无病毒苗圃　由果树无病毒苗木繁育单位，负责培育各类无病毒繁育材料，向生产单位供应无病毒苗木。繁育所需的各种繁育材料，如种子（种苗、种薯）、砧木、接穗都必须来自无病毒母本园。

4. 我国无病毒苗木繁殖体系发展概况

我国在无病毒苗木繁殖体系建设方面起步较晚，除了少量作物种类无病毒化栽培已在部分省（市、区）全面推广普及外，其他作物苗木脱毒、检测和无病毒栽培尚处于试验、示范阶段。目前，我国共建成水稻、小麦、玉米等大宗农作物良种繁育基地及南繁基地 175 个，果茶花菜良种繁育基地及马铃薯、甘薯脱毒良种繁育基地 127 个。我国果树无病毒苗木栽培面积占果树栽培总面积的比重不足 2%，马铃薯脱毒种薯应用普及率约为 20%。年产蔬菜、花卉、果木脱毒组培苗 8 000 多万株。个别脱毒种苗繁育技术体系正在广泛应用推广，并获得了显著的社会效益和经济效益。

五、草莓脱毒快繁技术

草莓属蔷薇科草莓属，多年生宿根草本植物。草莓主要以匍匐茎和分株繁殖，这种繁殖方式效率较低，不利于优良品种的推广，而且长期无性繁殖易积累多种病毒，导致品种退化，产量和品质下降。采取组织培养技术不仅能够在较短时间内提供大量整齐一致的优良种苗，而且还可以克服草莓长期营养繁殖致使病毒累积而产生的退化现象。

（一）脱毒技术

危害草莓的主要病毒有草莓斑驳病毒、草莓皱缩病毒、草莓镶脉病毒、草莓轻型黄边病毒等，草莓感染单一病毒后往往不表现出症状，几种病毒复合感染时，植株表现出明显的矮化，产量下降，果实变小，有时表现为花叶、皱叶、黄边、斑驳等多种症状。脱除草莓病毒的方法主要有茎尖培养法、茎尖培养和热处理相结合法以及花药培养法（图 4-17）。

1. 茎尖培养脱毒

在草莓匍匐茎大量发生的 6～8 月份，选取生长充实的匍匐茎或新长成的小秧苗。剪取 5 cm 左右长的顶梢，用手剥去外层大叶，在自来水下冲洗 2～8 h。在超净工作台上用 70% 酒精漂洗 3～5 s，无菌水冲洗 1 次，再用 0.1% 升汞或 6% 次氯酸钠浸泡 5～10 min，无菌水冲洗 3～5 次。然后置于解剖镜下，一层层地剥去幼叶和鳞片，露出生长点，切取带有 1～2 个叶原基的茎尖接种到 MS＋6-BA 0.5 mg/L＋IBA 0.2 mg/L 启动培养基上，培养条件为：温度 25～30℃，光照强度 1 500～2 000 lx，光照 10 h/d。培养 30 d 开始分化丛生芽，然后转

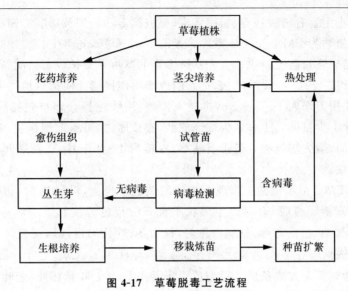

图 4-17 草莓脱毒工艺流程

入 MS＋6-BA 0.5～1.0 mg/L 继代增殖培养基扩大繁殖。

2. 热处理结合茎尖培养脱毒

将盆栽草莓苗或组培苗置于高温热处理箱内,白天升温至 40℃处理 16 h,夜间温度降至 35℃左右处理 8 h,箱内湿度为 60％～80％,变温处理 28～35 d 可达到脱毒的目的。或者在 38℃恒温条件下处理 10～50 d,时间因病毒种类而定。

将新长的匍匐茎取下进行茎尖组织培养,切取的茎尖可稍大,一般 0.4～0.5 mm,带有 2～4 个叶原基。热处理结合茎尖培养可达到较高的脱毒率,但草莓不耐高温,处理过程中盆栽苗死亡率高,应用比较困难,而茎尖组培苗进行热处理可以提高脱毒效果。

3. 花药培养

经大量实验表明花药培养所得的植株有 95％以上是能开花结果的多倍体,而且生长发育都优于母株。后经鉴定愈伤组织培养出来的花药植株 100％是不带病毒的,借此方法,不仅可快速培育出大量的无毒植株,并可省去病毒鉴定工作。

在草莓现蕾时,取直径约 4 mm 小花蕾,镜检花药生育期为单核靠边期,在 4～5℃低温下处理 24 h。用 75％酒精浸泡 10～15 s,再用 0.1％升汞或 6％次氯酸钠浸泡 5～8 min,用无菌水冲洗 3～5 次。用镊子剥开花冠,取下不带花丝的花药接入 MS＋6-BA 1.0 mg/L＋IBA 0.2 mg/L＋NAA 0.2 mg/L 诱导培养基中。一般花药培养 20 d 后即可诱导出米粒状乳白色的愈伤组织,愈伤组织形成后可转入 MS＋6-BA(0.5～1.0)mg/L＋IBA 0.05 mg/L 分化培养基中,诱导再生植株。有些品种不经转移,在接种 50～60 d 后就有部分直接分化出绿色小植株。

4. 脱毒苗的检测

草莓花药培养得到的为无病毒苗,而用茎尖培养得到的植株,则必须经过病毒鉴定,确定其不带病毒,才可以大量繁殖,用于生产。因草莓的病毒可通过汁液接种感染,所以通常采用指示植物小叶嫁接法来进行鉴定(见图 4-14)。

感染草莓病毒主要有斑驳病毒、皱缩病毒、镶嵌病毒和轻型黄边病毒四种。常用于草莓病毒检测的指示植物为 EMC 系、UC 系。嫁接前 1～2 个月,先将生长健壮的指示植物苗单株栽于盆中,成活后注意防治蚜虫。首先从被鉴定的草莓采集长成不久的新叶,除去两边的小叶,中央的小叶带 1～1.5 cm 的叶柄,把它削成楔形作接穗。而指示植物则除去中间的小叶,在叶柄的中央用刀切入 1～1.5 cm,再插入接穗,用线把接合部位包扎好。为了防止干燥,在接合部位涂上少量的凡士林。为保证成活,在 2 周内,可罩上塑料袋,置于半见光的场所。约经 2 周时间,撤去塑料袋。若带有病毒,嫁接后 1～2 个月,在新展开的叶、葡萄茎或老叶上会出现病症。

斑驳病毒在 EMC 指示植物上表现不整齐的黄色小斑点,叶脉透明,幼叶褪绿扭曲;在 UC_5 的叶片上出现褪绿斑驳,有时产生形状不整齐的黄色斑纹。皱缩病毒在 EMC、UC_5、UC_6 上导致叶片皱缩,扭曲变形,发病严重时,葡萄茎、叶柄上出现暗褐色坏死斑,花瓣上产生褐色条纹。镶嵌病毒在 UC_5 上叶片向背面反卷,叶柄短缩;UC_6 上叶片沿叶脉出现带状褪绿斑,后期变为坏死条纹或条斑。轻型黄边病毒在 UC_4 上叶脉坏死,老叶枯死或变红;在 EMC、UC_5 上表现叶缘失绿、植株矮化。

(二)快繁技术

1. 继代培养和生根

由茎尖、花药培养得到的脱毒苗根据生产需要进行数次继代培养,以繁殖得到足够数量的脱毒苗,然后进行生根培养。继代培养基为 MS＋6-BA 0.5～1.0 mg/L＋IBA 0.1 mg/L,生根前 1 次的继代培养基为 MS＋6-BA 0.5 mg/L,生根培养基为 1/2 MS＋IBA 0.1～0.5 mg/L。生根过程既可在培养基上进行,又可在瓶外进行,但为了获得整齐健壮的生根苗,最好将芽丛切割成单芽转接到生根培养基中生根,当苗长至 4～5 cm 高,并有 5～6 条根可驯化移栽。

2. 移栽

草莓苗移栽前挑具有 3～5 条根,根长 2～3 cm 试管苗先在 15～20℃ 温度下炼苗移栽,将苗置于温室中,打开培养瓶瓶盖,5～7 d,然后取出苗洗去根部培养基,移栽至珍珠岩和蛭石配比 1:1 的基质中,喷雾浇透水,覆盖小拱棚。初期遮光 50%,1 周后逐渐增加光照,并保持湿度在 90% 以上。第 2 周、第 3 周开始每天揭开塑料薄膜 1 次,移栽后 4 周即可去掉覆盖物。

六、香石竹脱毒与快繁技术

香石竹别名康乃馨,为石竹科石竹属多年生草本植物,是世界著名的四大切花之一。香石竹在生产中往往采用侧芽扦插来扩大繁殖,长期的营养繁殖使病毒病危害严重,切花质量变劣,产花量降低。脱毒培养及组培快繁技术已被用于香石竹的母本植株生产,并在种苗工厂化生产中得到广泛应用。

(一)脱毒技术

香石竹脱毒工艺流程如图 4-18 所示。

1. 茎尖培养

取品种优良,花色纯正,植株健壮、无病虫危害商品性状好的优良单株,在植株上选择基部粗壮、干净的新芽,在实验室中,自来水冲洗干净,在无菌条件下,用 70% 酒精消毒 30～

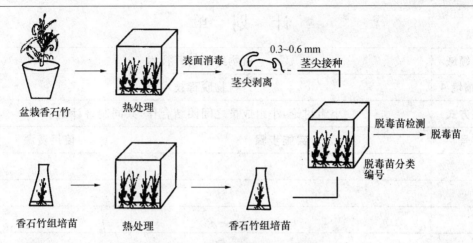

图 4-18　香石竹组培快繁工艺流程

40 s,无菌水冲洗 1 次,在 0.1% 升汞溶液中消毒 6～12 min,取出用无菌水冲洗 3～5 次,然后置于解剖镜下逐层剥去叶片,切取含有 1 对叶原基、0.2～0.5 mm 的茎尖接种到诱导培养基上。将茎尖培养在 MS+6-BA 2.0 mg/L+NAA 0.2 mg/L 的培养基上。培养条件为温度 23～25℃,光照 16 h/d,光照强度为 2 000 lx。茎尖接种后 3～4 d,芽点开始转绿,1 周后膨大,25～40 d 后开始展叶。

2. 热处理

将 15 d 苗龄的试管苗或定植后 1～2 个月后的盆栽植株置于人工气候箱中,在 36～38℃ 下处理 2 周,或每天在 30℃ 8 h 和 36℃ 16 h 处理 30 d,光照 16 h/d,光照强度为 3 000 lx。

3. 病毒检测

香石竹常见的病毒有叶脉斑驳病毒、隐症病毒和斑驳病毒,后两者为线状病毒,比较容易除去。目前香石竹茎尖苗病毒检测时常以叶脉斑驳病毒为主,采用指示植物法进行检测鉴定。

(二)快繁技术

1. 继代培养和生根

将茎尖培养产生的苗,接种于 MS +6-BA 0.5 mg/L +NAA 0.1 mg/L 培养基上增殖,继代增殖温度为 18～25℃,光照强度 2 000～3 000 lx,25～30 d 一个周期。将高度达到 2 cm 左右、生长正常的小芽切下,接种于 1/2 MS+NAA 0.2 mg/L 培养基中生根,一般接种 10 d 左右可长出根原基和细根,12～15 d 后试管苗可出瓶炼苗移栽。

2. 炼苗移栽

当小苗根长 0.5～1 cm 时,可进行炼苗。将培养瓶置于温室 10 d 左右,然后揭开瓶盖 2～3 d,用镊子取出试管苗,洗净根部培养基,栽入透气性良好的蛭石、珍珠岩或沙中,温度控制在 24～28℃,空气相对湿度 90% 左右,开始几天注意遮阴、保温和保湿,10 d 后开始长出新根,30 d 后组培种苗长至 4～6 cm 高,有 8～10 片叶时即可下地定植。

计 划 单

学习领域	植物组织培养技术	
学习情境 4	植物脱毒技术	
计划方式	小组讨论,小组成员之间团结合作,共同制订计划	
序号	实施步骤	使用资源
制订计划说明		
计划评价	班级		第 组	组长签字	
	教师签字			日期	
	评语:				

决 策 单

学习领域	植物组织培养技术
学习情境 4	植物脱毒技术

方案讨论								
方案对比	组号	任务耗时	任务耗材	实现功能	实施难度	安全可靠性	环保性	综合评价
	1							
	2							
	3							
	4							
	5							
	6							

方案评价	评语:

班级		组长签字		教师签字		月　　日

材料工具清单

学习领域		植物组织培养技术					
学习情境 4		植物脱毒技术					
项目	序号	名称	作用	数量	型号	使用前	使用后
所用仪器	1	超净工作台	接种	12 台			
	2	无火焰灭菌器	灭菌	12 台			
	3	解剖镜	剥茎尖	12 台			
	4	多功能插板		12 个			
所用材料	1	马铃薯芽	茎尖剥离	若干			
	2	红薯芽	茎尖剥离	若干			
	3	75％酒精	消毒	若干			
	4	95％酒精	消毒	若干			
	5	0.1％升汞	消毒	若干			
	6	无菌水	冲洗	若干			
	7	培养基	接种	若干			
	8	无菌纸	无菌操作平台	若干			
所用工具	1	镊子	接种	12 把			
	2	接种针	剥茎尖	36 根			
	3	解剖刀	切割	36 把			
	4	接种架	放置接种工具	12 个			
	5	酒精灯	灭菌	24 盏			
	6	打火机	点火	24 个			
班级		第 组	组长签字			教师签字	

实 施 单

学习领域	植物组织培养技术	
学习情境 4	植物脱毒技术	
实施方式	小组合作；动手实践	
序 号	实施步骤	使用资源

实施说明：

班级		第　　组	组长签字	
教师签字			日期	

作　业　单

学习领域	植物组织培养技术
学习情境 4	植物脱毒技术
作业方式	资料查询、现场操作
1	感染病毒的植株为什么要进行病毒的脱除？
作业解答：	
2	植物脱毒的方法有哪些？其原理是什么？
作业解答：	
3	茎尖分生组织培养脱毒苗的关键技术是什么？
作业解答：	
4	为什么要对脱毒苗进行鉴定？如何进行脱毒苗的鉴定？
作业解答：	

作业评价	班级		第　组			
	学号		姓名			
	教师签字		教师评分		日期	
	评语：					

检 查 单

学习领域	植物组织培养技术			
学习情境 4	植物脱毒技术			
序号	检查项目	检查标准	学生自检	教师检查
1	咨询问题	回答认真准确		
2	接种室消毒	选择合适的消毒方法		
3	仪器设备	正确使用		
4	各种工具	知道作用		
5	解剖镜	准确快速调试		
6	无火焰灭菌器	准确快速设置		
7	接种工具	彻底灭菌,争取使用,防交叉污染		
8	茎尖剥离	快速、准确切取适宜大小的茎尖		
9	接种	切取的茎尖快速接种到培养基中		
10	安全操作	酒精灯、灭菌器使用正确		

检查评价	班级		第 组	组长签字	
	教师签字			日期	
	评语:				

评 价 单

学习领域		植物组织培养技术			
学习情境 4		植物脱毒技术			
评价类别	项目	子项目	个人评价	组内互评	教师评价
专业知识 (60%)	资讯 (10%)	搜集信息(5%)			
		引导问题回答(5%)			
	计划 (10%)	计划可执行度(3%)			
		方案设计(4%)			
		合理程度(3%)			
	实施 (20%)	准确快速调试仪器设备(6%)			
		工具使用正确(6%)			
		操作熟练准确(6%)			
		所用时间(2%)			
	过程 (10%)	按方案顺利进行(5%)			
		无菌操作(5%)			
	结果 (10%)	在规定时间内完成接种(10%)			
社会能力 (20%)	团结协作 (10%)	小组成员合作良好(5%)			
		对小组的贡献(5%)			
	敬业精神 (10%)	学习纪律性(5%)			
		爱岗敬业、吃苦耐劳精神(5%)			
方法能力 (20%)	计划能力 (10%)	考虑全面、细致有序(10%)			
	决策能力 (10%)	决策果断、选择合理(10%)			

	班级		姓名		学号		总评	
	教师签字		第 组	组长签字			日期	
评价评语	评语:							

教学反馈单

学习领域	植物组织培养技术			
学习情境 4	植物脱毒技术			
序号	调查内容	是	否	理由陈述
1	你是否明确本学习情境的目标？			
2	你是否完成了本学习情境的学习任务？			
3	你是否达到了本学习情境对学生的要求？			
4	需咨询的问题,你都能回答吗？			
5	你知道植物脱毒的作用吗？			
6	你是否能够设计一种植物的脱毒方案？			
7	你是否喜欢这种上课方式？			
8	通过几天来的工作和学习,你对自己的表现是否满意？			
9	你对本小组成员之间的合作是否满意？			
10	你认为本学习情境对你将来的学习和工作有帮助吗？			
11	你认为本学习情境还应学习哪些方面的内容？（请在下面回答）			
12	本学习情境学习后,你还有哪些问题不明白？哪些问题需要解决？（请在下面回答）			

你的意见对改进教学非常重要,请写出你的建议和意见：

调查信息	被调查人签字		调查时间	

学习情境 5　马铃薯脱毒与快繁技术

马铃薯是仅次于小麦、水稻和玉米的第 4 大作物。在世界各地均有栽植,具有高产、适应性强、分布广、营养成分全和耐贮藏等特点,粮菜兼用,宜作多种原料,有"地下苹果"之称。随着近年来粮食危机的不断出现,马铃薯作为一种粮蔬兼用的作物,受到了广泛关注,其营养价值逐步被认可。

我国是马铃薯生产大国,近年来,马铃薯的出口量越来越大。目前,我国马铃薯种植面积和产量均居世界第 1 位,但单产水平还较低,与发达国家存在较大差距。造成马铃薯单产低的主要原因是由于马铃薯病毒病的发生,目前植物病毒病尚无药物可以治愈,植物脱毒技术是解决植物病毒病的有效方法。采用茎尖分生组织培养、热处理、茎尖培养结合热处理脱毒可以达到去除马铃薯植物体内主要的病毒,脱毒后经过检测可以进行马铃薯种薯生产。

马铃薯种薯三级繁育体系包括原原种生产、原种生产、良种生产。无病毒种薯繁育推广中,应严格遵循无病毒种薯生产规程进行生产,提升马铃薯植株产量和品质。

任 务 单

学习领域	植物组织培养技术
学习情境5	马铃薯脱毒与快繁技术
任务布置	
学习目标	1. 掌握马铃薯的生产概况。 2. 了解病毒对马铃薯造成的危害。 3. 知道马铃薯病毒侵染传播的方式。 4. 掌握马铃薯茎尖脱毒的方法。 5. 掌握指示植物法鉴定病毒的方法。 6. 了解酶联免疫法鉴定病毒的方法。 7. 能进行马铃薯室内快繁。 8. 掌握马铃薯切段快繁技术。 9. 掌握马铃薯微型薯生产。 10. 能进行马铃薯原种生产。 11. 知道马铃薯种薯繁育生产体系。 12. 熟悉马铃薯种薯生产整个过程。
任务描述	结合马铃薯生产中存在的问题进行分析,具体任务分配如下: 1. 结合所学园艺植物生产知识,根据生产中马铃薯出现的问题,仔细观察、讨论,总结出发生的原因。 2. 查阅相关书籍,了解国内马铃薯的种植概况及病毒病发生危害情况。 3. 根据所学知识,设计马铃薯脱毒与快繁方案。 4. 实施设计方案。

参考资料	1. 崔杏春.马铃薯良种繁育与高效栽培技术．北京:化学工业出版社,2010. 2. 张炳炎.马铃薯病虫害及防治原色图册．北京:金盾出版社,2010. 3. 陈锡文,侯振华.马铃薯栽培新技术．沈阳:沈阳出版社,2010. 4. 左晓斌,邹积田.脱毒马铃薯良种繁育与栽培技术．北京:科学普及出版社,2012. 5. 谢开云.马铃薯三代种薯体系与种薯质量控制.北京:金盾出版社,2011. 6. 卢翠华,邸宏,张丽莉.马铃薯组织培养原理与技术.北京:中国农业科学技术出版社,2009. 7. 吴兴泉.马铃薯病毒的检测与防治.郑州:郑州大学出版社,2009. 8. 梅家训,丁习武.组培快繁技术及其应用.北京:中国农业出版社,2002. 9. 王建华,张春庆.种子生产学.北京:高等教育出版社,2002. 10. 曹孜义,刘国民.实用植物组织培养技术教程.兰州:甘肃科学技术出版社,2002. 11. 胡琳.植物脱毒技术.北京:中国农业大学出版社,2000. 12. http://www.xisen.com.cn/bowuguan/index.html(马铃薯博物馆). 13. http://www.xisen.com.cn/gczx/(国家马铃薯工程技术研究中心).
对学生的 要求	1. 掌握马铃薯的生产概况。 2. 熟悉马铃薯病毒的危害、侵染传播方式。 3. 学会马铃薯茎尖脱毒的方法。 4. 学会指示植物法鉴定病毒的方法。 5. 学会能进行马铃薯快繁技术。 6. 掌握马铃薯微型薯生产。 7. 熟悉马铃薯种薯生产 8. 学会利用图书馆和网络知识。 9. 本情境工作任务完成后,需要提交学习体会报告。

资 讯 单

学习领域	植物组织培养技术
学习情境 5	马铃薯脱毒与快繁技术
咨询方式	在图书馆、专业杂志、互联网及信息单上查询问题;咨询任课教师
咨询问题	1. 我国马铃薯的主要生产地区有哪些? 2. 病毒对马铃薯造成的危害有哪些? 3. 马铃薯病毒的侵染传播的方式有哪些? 4. 如何进行马铃薯茎尖脱毒? 5. 马铃薯的指示植物有哪些? 6. 如何利用指示植物法鉴定马铃薯病毒? 7. 马铃薯离体快繁技术主要环节有哪些? 8. 如何进行马铃薯切段快繁? 9. 马铃薯微型薯生产的方式有哪些? 10. 简述马铃薯原种生产方式。 11. 简述马铃薯种薯繁育生产体系。
资讯引导	1. 问题 1 可以在崔杏春的《马铃薯良种繁育与高效栽培技术》第 1 章中查询、左晓斌的《脱毒马铃薯良种繁育与栽培技术》第 1 章中查询。 2. 问题 2、3 可以在吴兴泉的《马铃薯病毒的检测与防治》第 1、2 章中查询。 3. 问题 4 可以在梅家训,丁习武的《组培快繁技术及其应用》第 3 章中查询。 4. 问题 5、6 可以在吴兴泉的《马铃薯病毒的检测与防治》第 3 章中查询、卢翠华,邱宏,张丽莉的《马铃薯组织培养原理与技术》第 4 章中查询。 5. 问题 7 可以在曹孜义,刘国民的《实用植物组织培养教程》第 8 章中查询。 6. 问题 8、9 可以在曹孜义,刘国民的《实用植物组织培养教程》第 8 章中查询。 8. 问题 10、11 可以在王建华,张春庆的《种子生产学》第 6 章中查询、谢开云的《马铃薯三代种薯体系与种薯质量控制》第 1、2 章中查询。

信 息 单

学习领域	植物组织培养技术
学习情境 5	马铃薯脱毒与快繁技术

信 息 内 容

一、马铃薯生产概述

马铃薯又名土豆、地豆、山药蛋、洋芋、洋山芋等,为茄科茄属植物,起源于秘鲁和玻利维亚交界处的"的的喀喀湖"盆地中心地区及南美洲秘鲁及沿安第斯山麓智利海岸以及玻利维亚等地区。马铃薯具有高产、适应性强、分布广、营养成分全和耐贮藏等特点,在世界上是继小麦、水稻、玉米之后的第四大农作物。其块茎中含淀粉 12%～22%,此外还含有丰富的蛋白质、糖类、矿物质盐类和维生素 B、维生素 C 等,块茎单位重量干物质所提供的食物热量高于所有的禾谷类作物。马铃薯可以制作淀粉、糊精、葡萄糖、酒精等数十种工业产品,也可以加工成薯片、薯条、全粉等,还可以作为多种家畜和家禽的优质饲料。因此,马铃薯在当今人类社会中扮演了举足轻重的角色,是重要的宜粮、宜菜、宜饲和宜作工业原料的粮食作物。

(一)世界马铃薯的生产概况

马铃薯分布于世界五大洲 148 个国家和地区,主产国为中国、俄罗斯、乌克兰、印度、波兰。五国种植面积占世界的 60%,产量占世界的 50% 左右。世界马铃薯主产国家中荷兰生产水平最高,单产约为 45 t/hm²,而且是世界上重要的种薯出口国家。

据联合国粮农组织(FAO)统计,2001 年,欧洲马铃薯种植面积 884.67 万 hm²,总产量 13 764.76 万 t,均居世界第 1 位,其次为亚洲、美洲、非洲和大洋洲。这种格局一直保持到 2004 年。自 2005 年起,亚洲马铃薯种植面积一跃上升为 849.8 万 hm²,总产量达到 13 650.75 万 t;而欧洲的马铃薯生产自 2001 年以来逐步呈萎缩状态,到 2005 年种植面积仅为 758.45 万 hm²,总产量为 13 062.93 万 t,居世界第 2 位,其他种植面积从大到小依次是非洲、美洲和大洋洲,总产量由高到低依次为美洲、非洲和大洋洲。截至 2009 年,亚洲马铃薯种植面积已经达到 902.65 万 hm²,总产量达到 14 601.47 万 t,远远超过了欧洲种植面积 627.51 万 hm² 和总产量 12 375.57 万 t。

(二)我国马铃薯生产概况

马铃薯于 16 世纪引入我国,至今已有近 400 年的栽培历史。由于马铃薯具有高产、生育期短、适应性广、抗灾能力强,易于同其他作物间作、套种,营养丰富,用途广泛等优势,自引入我国以来,种植区域遍及全国各地。种植季节一年四季均有播种、生产和收获。种植方式由原来的单作发展到现在的间作、套种,由露地栽培发展到地膜栽培、早春大小拱棚栽培、秋设施延迟栽培等形式。我国马铃薯生产主产区为东北、华北、西北和西南等地区,其栽培面积占全国的 90% 以上,中原和东南沿海各地较少。我国种植面积最大的是内蒙古,2000 年全区种植面积 64.64 万 hm²,其次是贵州省,为 47.7 万 hm²。超过 20 万 hm² 的省(自治区、直辖市)有内蒙古、贵州、甘肃、黑龙江、山西、云南、重庆、陕西、四川、湖北和河北。

2009 年,联合国粮农组织(FAO)统计,我国马铃薯种植面积达到 508.30 万 hm^2,总产量达 7 328.19万 t,种植面积和总产量均居世界第 1 位,但单产水平只有 14.42 t/hm^2,还达不到世界平均水平(16.9 t/hm^2),与欧美发达国家的差距较大。

(三)马铃薯生产的问题及脱毒快繁技术发展

长期以来,我国马铃薯单产水平一直低于国际水平,其主要原因是由于病毒侵染引起的马铃薯"退化"病。马铃薯"退化"病是由于几种病毒复合侵染所表现出的综合症状,表现为薯块变小、品质变劣,产量下降。这与马铃薯的生物学习性有关。马铃薯属无性繁殖作物,其品种特性是依靠薯块一代一代传递,薯块中含有大量营养物质和水分,既能满足世代繁殖营养的需要,同时也有利于病原的生存和繁殖,薯块的受伤面或切口提供了病毒再侵染的良好机会。侵入的病原又通过种薯中的病原一代一代往下传。因此,要防止马铃薯病害,首先必须消灭种薯中的病原。在所有的马铃薯病害中,给生产上造成严重损失,并且尚未有化学药剂能彻底防治的病害是马铃薯病毒病。

1953 年,D. O. Norris 将孔雀绿加入培养基中抑制病毒繁殖,通过茎尖培养获得不含马铃薯 X 病毒(PVX)的马铃薯植株。1955 年 G. Morel 和 C. Martin 又通过茎尖培养获得不含马铃薯 X 病毒(PVX)、马铃薯 A 病毒(PVA)、马铃薯 Y 病毒(PVY)的马铃薯植株。原来患病的植株去掉病毒后恢复了该品种的特征、特性,其健康程度和产量水平都达到了刚育成的最佳状态,此后,利用植物组织培养技术进行马铃薯脱毒与快速繁殖得到了迅速发展。

我国的科学家对马铃薯茎尖分生组织培养进行了大量研究,并与1974 年获得了无病毒品种和大量无病毒植株。1975 年,经过切段繁殖后,将脱毒试管苗定植于田间,生产出了我国第一批无病毒原原种。1976 年在内蒙古乌兰察布盟建立了我国第一个马铃薯无病毒原种厂,同年生产出 10 t 无病毒种薯,此后相继在黑龙江、甘肃、山东等地也相继建立了脱毒生产示范中心。

(四)危害马铃薯的主要病毒及危害症状

1. 危害马铃薯的主要病毒

已知感染马铃薯的病毒有 19 种,类病毒 1 种,类菌原体 2 种。在侵染马铃薯的 19 种病毒中,有 9 种是专门寄生在马铃薯上的病毒,其中我国发现的有 7 种,即马铃薯 X 病毒(PVX)、马铃薯 Y 病毒(PVY)、马铃薯 S 病毒(PVS)、马铃薯 M 病毒(PVM)、马铃薯 A 病毒(PVA)、马铃薯奥古巴花叶病毒(PVMA)和马铃薯卷叶病毒(PLRV)。马铃薯蓬顶病毒和马铃薯黄矮病毒(PYDV)国内尚没有发现。

其他侵染马铃薯的 10 种病毒是主要来自其他寄主植物的病毒。例如,侵染马铃薯的烟草病毒有 4 种,即烟草脆裂病毒(TRV)、烟草坏死病毒(TNV)、烟草花叶病毒(TMV)、烟草条纹病毒(TSV)。烟草脆裂病毒引起马铃薯茎斑驳病、烟草坏死病毒引起马铃薯皮斑病、烟草花叶病毒引起马铃薯花叶病、烟草条纹病毒引起马铃薯坏死病。此外,侵染马铃薯的还有番茄黑环病毒(TBRV)、番茄斑萎病毒(TSWV)、苜蓿花叶病毒(AMV)、黄瓜花叶病毒(CMV)、甜菜曲顶病毒(BCTV)、甜菜西方黄化病毒(BWYV)。番茄黑环病毒引起马铃薯花束病;番茄斑萎病毒引起马铃薯茎叶产生条斑及顶端坏死;苜蓿花叶病毒引起马铃薯产生杂斑病;黄瓜花叶病毒可引起马铃薯产生黄叶、叶缘波状、甚至凋萎和落叶;甜菜曲顶病毒引起马铃薯矮绿;甜菜西方黄化病毒引起马铃薯卷叶和黄化。

自然侵染马铃薯的类病毒为马铃薯纺锤块茎类病毒（PSTV），该病毒不但在植株中存在并繁殖，也可以通过种子进行传递。类菌原体是紫花黄化类菌原体（Aster Yellows MLO）和马铃薯丛枝类类菌原体（Potato witchs broom，MLO），紫花黄化类菌原体引起马铃薯紫顶萎蔫，马铃薯丛枝类类菌原体引起马铃薯丛枝致病。

2. 马铃薯病毒病的主要表现症状

马铃薯常见的病毒病表现为3种类型。

（1）花叶型 叶面叶绿素分布不均，呈浓绿淡绿相间或黄绿相间斑驳花叶，严重时叶片皱缩，全株矮化，有时伴有叶脉透明（图 5-1A）。

A   B

图 5-1 马铃薯病毒病

A. 花叶   B. 卷叶

（2）坏死型 叶、叶脉、叶柄及枝条、茎部都可出现褐色坏死斑，病斑发展连接成坏死条斑，严重时全叶枯死或萎蔫脱落。

（3）卷叶型 叶片沿主脉或自边缘向内翻转，变硬、革质化，严重时每张小叶呈筒状（图 5-1B）。此外还有复合侵染，引致马铃薯发生条斑坏死。例如，马铃薯×病毒，在马铃薯上引起轻花叶症，有时产生斑驳或环斑。病毒粒体线形，长 480～580 nm，其寄主范围广，系统侵染的主要是茄科植物。马铃薯 S 病毒，在马铃薯上引起轻度皱缩花叶或不显症。病毒粒体线形，长 650 nm，其寄主范围较窄，系统侵染的植物仅限于茄科的少数植物。马铃薯 Y 病毒，在马铃薯上引起严重花叶或坏死斑和坏死条斑。病毒粒体线形，长 730 nm，该病毒寄主范围较广。马铃薯 A 病毒，在马铃薯上引起轻花叶或不显症，病毒粒体线形，长 730 nm，其寄主范围较窄，仅侵染茄科少数植物。马铃薯卷叶病毒，在马铃薯上引起卷叶症，病毒粒体球状，直径 25 nm。该病毒寄主范围主要是茄科植物。

3. 马铃薯病毒病的传播途径和发病条件

侵染马铃薯的病毒除马铃薯 X 病毒外，都可通过蚜虫及汁液摩擦传毒，此外，马铃薯纺锤块茎类病毒还可以通过种子传播。田间管理条件差，蚜虫发生量大、发病重，25℃以上高温会降低寄主对病毒的抵抗力，也有利于传毒媒介蚜虫的繁殖、迁飞或传病，从而利于该病扩展，加重受害程度，故一般冷凉山区栽植的马铃薯发病轻。品种抗病性及栽培措施都会影响本病的发生程度。

二、马铃薯脱毒技术

生产上马铃薯的脱毒方法主要有茎尖分生组织培养、热处理脱毒及热处理结合茎尖培养脱毒3种方法。马铃薯的脱毒工艺流程如图5-2所示。

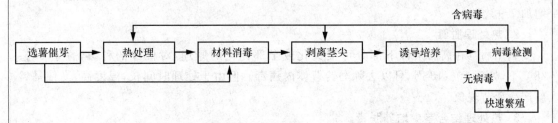

图 5-2　马铃薯脱毒工艺流程

(一)脱毒技术

1. 茎尖分生组织培养脱毒

(1)取材　茎尖培养的材料可以直接从田间采取,一般顶芽的茎尖生长要比取自腋芽的快,成活率也高。春播马铃薯应在春季和初夏采取,而秋播马铃薯在生殖生长阶段采取。直接从田间取材,往往污染率高,为了容易获得无菌的茎尖,可把供试植株种在无菌的盆土中,放在温室中进行栽培。对于田间种植的材料来说,还可以切取插条,在实验室的营养液中生长,由这些插条的腋芽长成的枝条,要比从田间植株上直接取来的枝条污染少得多。也可将马铃薯块茎放置在较低温度和较强光照条件下促使萌发,取其粗壮顶芽。另外,给植株定期喷施0.1%多菌灵和0.1%链霉素的混合液也十分有效。

(2)消毒　茎尖分生组织被彼此重叠的叶原基保护,是不带菌的,但是包在它外面的叶片及其茎段是带菌的,对外植体消毒仍然是必要的。常用的消毒方法是将顶芽或侧芽连同部分叶柄和茎段用70%酒精浸泡5~10 s,无菌水冲洗1次,再经0.1%次氯酸钠溶液处理8~10 min后,用无菌水冲洗3~5次。

(3)茎尖剥离　在解剖镜下剥取茎尖时,一手用镊子将茎芽按住,另一只手用解剖针将叶片和叶原基剥掉。当圆亮半球形的茎尖生长点充分暴露出来,用锋利的刀片切下带有1~2个或不带原基、0.1~0.3 mm的茎尖分生组织,迅速接种到MS培养基上。把接种好的试管放在温度23~25℃条件中,光照强度随发育进程有所增加,起始培养的光照强度是1 000 lx,4周后要增加至2 000 lx,当茎尖长到1 cm高,光照应增加至4 000 lx。

要注意确保所切下的茎尖不能与已经剥去部分、解剖镜台面或持芽的镊子接触,尤其是当芽未曾进行过表面消毒时更须如此。解剖时必须注意使茎尖暴露的时间越短越好,因为超净工作台上的气流和酒精灯发出的热都会使茎尖迅速变干,在材料下垫上一块湿润的无菌滤纸也可达到保持茎尖新鲜的目的。

(4)材料培养　培养成功的马铃薯脱毒苗,经鉴定后,采用固体、液体培养基相结合方法扩繁。取组培苗单节切段扦插在固体培养基上,每瓶可插20个左右茎段,经20 d左右使可发育成5~10 cm高小植株,可再进行切段繁殖,此法速度快,每月可繁殖5~8倍。

液体培养是将组培苗多节接种在液体培养基上，进行浅层静止液体培养。多节液体培养组培苗比固体培养基生根快，长得粗壮，便于栽培，同时省去大量琼脂，降低成本，提高组培苗成活率。可用不加任何激素的 MS 培养基。培养基中的烟酸、肌醇都可以减去。切段繁殖的速度很快，在温度 25～28℃，光照度 3 000～4 000 lx，连续光照的条件下，一般每月能增加 7～8 倍。

2. 热处理脱毒

利用病毒在高温条件下部分可被钝化或全部钝化的原理，对催芽的种薯，置于 35～38℃下，处理 10～18 周，可以去除马铃薯体内病毒。但由于处理时间长，温度高，易使马铃薯产生死苗现象。

3. 热处理结合茎尖培养脱毒

马铃薯 S 病毒和 X 病毒能侵染茎尖分生区域，经过普通茎尖脱毒培养后仍然带毒，所以在马铃薯生产中常用热处理结合茎尖培养，才能达到彻底清除病毒的目的。

采用热处理结合茎尖培养脱毒可以在茎尖剥离后进行热处理，也可对母株进行热处理后剥离较大茎尖接种。一般在 35～38℃处理 8～15 周。

（二）脱毒苗鉴定

1. 指示植物法

（1）指示植物选择与培养　选择反应灵敏、易于栽培的指示植物，在 15～25℃的防蚜温室内进行栽培培养（表 5-1）。

表 5-1　马铃薯的主要指示植物及表现症状

检测病毒	接毒后检查时间/d	指示植物	表现症状
PVX	5～7	千日红	叶片出现红环枯斑
PVM	12～24	千日红	叶片出现紫红色小圆枯斑
PVS	14～25	千日红	叶片出现橘红色略微凸出的圆或不规则小斑点
PVG	20	心叶烟	系统白斑花叶症
PVY	7～10	普通烟	初期明脉，后期沿脉出现纹带
PVA	7～10	香料烟	微明脉

（2）取样　取 8～10 片待检马铃薯叶片，置于等容积磷酸缓冲液中，用研钵将叶片研磨成匀浆。

（3）接种　在千日红、烟草等指示植物的叶片上撒少许 600 号金刚砂，将待检植物的叶汁涂于其上，适当用力摩擦（不要损伤叶片），约 5 min 后，用水轻轻冲去接种叶片上的残余汁液。

（4）培养　把接种后植物放在温室或防虫网室内于 20～24℃培养，株间及与其他植物间要留一定距离。

（5）观察　3～7 d 后逐日观察症状，植物叶片是否出现病毒症。

2. 酶联免疫吸附法

（1）试剂配制　所用试剂为分析纯，用水为蒸馏水。

①抗体免疫球蛋白和酶标记抗体:从某一马铃薯病毒抗血清提取的免疫球蛋白,将其浓度调为 1 mg/mL,作为包被微量滴定板的抗体。用辣根过氧化物酶标记的某一病毒的免疫球蛋白的酶标记抗体,一般使用浓度常在 1:1 000 以上。贮藏于 4℃ 条件下备用。

②包被缓冲液:pH 9.6,1.59 g 碳酸钠($NaCO_3$),2.93 g 碳酸氢钠($NaHCO_3$)加水到 1 L。

③PBST 缓冲液:pH 7.4,8 g 氯化钠($NaCl$),0.2 g 磷酸二氢钾(KH_2PO_4),2.2 g 磷酸氢二钠($Na_2HPO_4 \cdot 7H_2O$)(或 2.9 g $Na_2HPO_4 \cdot 12H_2O$),0.2 g 氯化钾(KCl),加水到 1 L,然后加 0.5 mL 吐温-20。洗涤微量滴定板用。

④样品缓冲液:取 PBST 缓冲液 100 mL,加聚乙烯吡咯烷酮(PVP)2 g。

⑤底物缓冲液:取 0.2 mol/L $Na_2HPO_4 \cdot 12H_2O$ 溶液 25.7 mL 加 0.1 mol/L 柠檬酸溶液 24.3 mL,加水 50 mL,pH 5.0(现用现配)。临用前加磷苯二胺 40 mg,30% 过氧化氢(H_2O_2)0.15 mL,混匀,避光放置。应为白色或微黄色溶液。

⑥终止液:为 0.2 mol/L 硫酸溶液。用 1 体积浓硫酸加 9 份水。

(2)包被滴定板 把免疫球蛋白用包被缓冲液按 1:1 000 稀释,用微量进样器向微量滴定板的每一样品孔内加入稀释的免疫球蛋白 200 μL。在 37℃ 条件下孵育 1 h,或在 4℃ 条件下过夜。

(3)洗板 甩掉微量滴定板中的免疫球蛋白稀释液,再在一叠吸水纸上敲打微量滴定板,以除尽残留的溶液。向微量滴定板的样品孔中加满洗涤缓冲液,停留 3 min,甩掉洗涤缓冲液,共洗涤 3 次,以除尽未被吸附的免疫球蛋白。

(4)取样 在无菌条件下,从试管苗上剪下长 2 cm 茎段,放在小研钵内,把取样的试管苗放回到试管中,封好管口。把样品编好号,以便按检测结果决定取舍。

(5)样品制备 向小研钵中加样品缓冲液,加入的液量依每个样品上样的孔数而定。例如,每个样品准备上样一个样品孔时,可加入 0.4 mL 样品缓冲液,研磨后可得 200 μL 清液,够上一个样品孔用。

(6)加检测样品 向编好号、洗涤完的微量滴定板的样品孔内,按样品编号、逐个加入提取的样品液 200 μL。每一块微量滴定板上,可设置两个阳性对照孔,两个阴性对照孔和两个空白对照孔。

(7)孵育 把加完样品的微量滴定板,在 37℃ 条件孵育 4～6 h,或在 4℃ 条件下过夜。

(8)洗板 向滴定板的样品孔中加满洗涤缓冲液,停留 3 min,甩掉洗涤缓冲液,共洗涤 3 次。

(9)加酶标记抗体 把酶标记抗体用样品缓冲液按 1:1 000 稀释,向每个样品孔中加入 200 μL 稀释的酶标记抗体。

(10)洗板 向滴定板的样品孔中加满洗涤缓冲液,停留 3 min,甩掉洗涤缓冲液,共洗涤 3 次,以除掉未结合的酶标记抗体。

(11)加底物 向每一样品孔内加底物缓冲液 100 μL 或 200 μL(使用国产酶标检测仪测定光密度时,如底物量多,常污染检测镜头,使测得的光密度值不准确,一般加 100 μL;如应用 Bio-Rad550 型等进口酶标检测仪时则可加入 200 μL 底物)。

(12)终止反应　当观察到阳性对照孔与阴性对照孔显现的颜色可以明确区分时(辣根过氧化物酶标记的酶标记抗体显现橘红色,碱性磷酸酶标记的抗体显现鲜黄色);或未设对照样品孔的微量滴定板的一些样品孔之间显现的颜色可以明确区分时,每孔加入 30 μL 终止液,如加入 200 μL 底物缓冲液时则可加入 50 μL 终止液(碱性磷酸酶标记的抗体一般可不加终止液)。

(13)目测观察　显现颜色的深浅与病毒相对浓度呈正比。显现白色表明为阴性反应,记录为"－";显现淡橘红色即为阳性反应,记录为"＋";依色泽的逐渐加深记录为"＋＋"和"＋＋＋"。

(14)测定 OD 值　将酶标板置于酶标仪中,于 405 nm 下测定光吸收值(OD_{405}),当 $\frac{检测样品 OD 值}{阴性对照 OD 值} \geq 2$ 时,可判定此样品阳性反应(阴性对照孔的 OD 值应≤ 0.1)。

三、马铃薯快繁技术

(一)离体快繁技术

1. 离体快繁

脱毒马铃薯苗离体条件下主要采取无菌短枝扦插进行繁殖。在无菌条件下,将脱毒苗切成带 1～2 个腋芽的茎段,腋芽向上插于 MS 培养基上。在 22～25℃,光照强度 1 000～2 000 lx,光照时间 16 h/d 条件下培养,25 d 左右即可长成具有 7～8 节的植株,再次进行剪切扦插即可达到快速增殖的目的。

马铃薯比较容易生根,MS 培养基或 1/2 MS 均能产生大量根,为了提高移栽成活率,一般在培养基中加 10 mg/L B9 或 CCC,降低温度至 15～18℃,提高光照强度到 3 000～4 000 lx,光照时间 16 h/d。

2. 炼苗移栽

移植前 7 d,将长有 3～5 片叶、高 2～3 cm 的组培苗移到温室,在不开瓶口的状态下炼苗,温室内的白天温度控制在 23～27℃,夜间不低于 14℃。为防止强光、高温灼伤组培苗,在温室顶上加盖一层黑色遮阳网。一般不能全遮,以使温室内仍保持一定光照和较高的温度,并在摆放组培苗的畦内浇上水,维持组培苗周围的湿度。经过炼苗可使组培苗的茎叶变硬,加上光照增强,茎秆变粗,叶片肥厚浓绿,有效地抑制土壤和真菌的浸染,从而提高了组培苗的抗逆性和对环境条件的适应能力,以及移植成活率。

移植时可用珍珠岩作为基质,将装好基质的营养钵紧密地排放在阳畦内,或者直接将基质铺在阳畦内,然后用喷壶浇透水,将组培苗从瓶内用镊子轻轻取出,放到 15℃ 的水中洗去培养基,放入盛水的容器中,随时取随时扦插,防止幼苗失水。大的幼苗可截为 2 段,每个营养钵插一个茎段,上部茎段和下部茎段分别扦插到不同的钵内,苗高不足 2.5 cm 的不再截段。扦插完后随之撒少量营养土,然后用细雾水喷浇,使扦插茎段同基质很好地接触,以免使茎段裸露土表不能成活。随后用旧报纸盖好,遮光保湿 2～3 d,茎段生出新根后将覆盖的报纸及时去掉。

移栽苗成活后,其水分、温度及养分管理应根据气候变化和苗情而定。一般情况下,扦插后最初几天,每天上午喷1次水,保持幼苗及基质湿润。但喷水量要少,避免因喷水过多造成地温偏低而影响幼苗生长和成活。切忌暴热时间凉水浇苗,为提高水温,可提前用桶存水于温室中。随幼苗生长逐渐减少浇水次数,但每次用水量逐渐加大。此外,为保持温室中有较高的湿度,防止幼苗茎皮硬化,在苗不需要浇水的时候应将温室内所有空地全都浇上水。在幼苗生长期,温室内的相对湿度保持在85%以上,气温白天控制在25~28℃,夜间保持在15℃以上。在苗切繁前和培育大田定植苗时,一般不追肥。脱毒苗开始切繁后2~3 d要喷1次营养液,此后每隔10 d喷1次,直至切繁终止。

(二)基础苗切繁技术

基础苗切繁主要是剪取顶部芽尖茎段(主茎芽尖和腋芽芽尖)直接扦插。正确的切繁原则是:保证每次剪切后,基础苗仍能保持较好的株型和营养面积以及较多的茎节,不仅苗生长正常,而且又能萌发出多个腋芽供下次剪切。具体方法是:扦插后15 d左右,当基础苗长有4~5片展出叶、苗高3.5~4.0 cm时进行首次切繁。从基础苗茎基部上数2~3个茎芽上方,用锋利刀片将上部茎芽切下(茎段不小于1 cm),扦插到浇透水的营养钵内。第1次剪切后10 d左右,基础苗上萌发的腋芽长大时进行第2次切繁,同第1次一样,将剪切腋芽基部的第1个叶片留下继续萌发腋芽,将上部茎尖芽段剪下扦插。如基础苗上除剪取的腋芽外,仍有多个未萌发或未长大的腋芽时,可将芽全部切下。如果是高位腋芽,要连同着生腋芽的茎段一起剪下,以便基础苗始终保持较好、有利于继续切繁的株型,延长切繁期,以后无论切繁多少次,其方法和原则相同。在生产需要时间允许,所有切繁培育成的脱毒苗均可作为基础苗进行切繁。基础苗最后一次进行切繁时,除最基础留下一个茎芽外,其余无论大小全部剪下扦插,并将多余的茎、叶清除,使其发育成一株正常的脱毒苗供大田定植。

四、脱毒马铃薯繁育体系

脱毒马铃薯的繁育分为原原种、原种、良种三级繁育体系,生产流程如图5-3所示。

脱毒苗→快速繁殖→原原种→一代原种→二代原种→一级种薯→二级种薯

图5-3 脱毒马铃薯繁育体系

(一)原原种生产

用脱毒苗在容器内生产的微型薯和在防虫网、温室条件下生产的符合质量标准的种薯或小薯为原原种。由于生产的马铃薯重量一般在1~30 g,通常称为微型薯。微型薯具有以下特点:①微型薯不带病毒、质量高,具有大种薯生长发育的特征特性,能保证马铃薯高产不退化;②微型薯经过4个月的黑暗条件后,仍可以通过试管或网棚进行繁殖,而组培苗在黑暗条件下3周就会死亡;③微型脱毒薯的休眠期比相同品种大中薯的休眠期长2~3倍,可以脱离培养基长期保存和长途运输,而且不需要复杂的贮藏设备,便于种薯的交流与保存;④微型薯可采用无土栽培技术,实行温室工厂化生产,一年可生产3~5茬,每平方米年产3 000~6 000粒。

脱毒马铃薯原原种生产技术如图5-4所示。

一个茎尖脱毒苗

↓ 生长28 d

切5段试管繁殖

↓ 生长20 d

切3段温室或网棚无土扦插繁殖

↓ 掰顶芽扩繁 3 次、生长60 d

每株平均产生3~5个（8 g）左右微型薯

↓

隔离田高密度生产原原种

图 5-4　脱毒马铃薯原原种生产技术

根据设备条件,微型薯生产方法有三种。

1. 试管生产

瓶内生产微型薯要求条件较严格,费用较高,但微型薯的质量好,整齐度好,一般只有1~5 g 左右(图 5-5)。由于是在瓶内培养,因此可作为不带病原菌的原原种使用,或作为基础研究材料和病原鉴定的实验材料。

图 5-5　马铃薯微型薯

（1）单茎节扩大繁殖　将脱毒种苗切成单芽茎段,接种到 MS＋3％蔗糖＋琼脂或 MS＋2％蔗糖培养基中,每个茎段带有 1~2 个叶片和腋芽,每个培养瓶中接5~8 个茎段。培养温度 22℃,光照 16 h/d,光强1 000 lx。当小植株长到 4~5 cm 时,就可以进行微型薯诱导(图 5-6)。

（2）微型薯诱导　微型薯诱导要求有一定量的激素,液体或固体 MS 培养基中添加50~100 mg/L 香豆素。微型诱导必须在黑暗条件下进行,否则只有植株生长,而没有小薯形成。培养的标准温度是 22℃。

2. 温室生产微型薯

通过温室多层架盘生产微型薯,可大幅度提高单位面积产量。根据温室高度采用 4~6 层架进行培养,脱毒苗以单茎节或双茎节扦插到育苗盘中。从扦插到成熟需 60~90 d,当植株变黄,停止浇水,拔除地上枯株,将基质倒入筛内,筛去基质,将小薯块按大小分级。

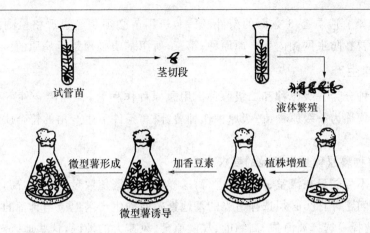

图 5-6 微型马铃薯的生产

在微型薯的生产过程中,苗龄、激素配比、基质和培养的光温条件都会影响产量和质量。

(1)苗龄 采用 35～50 d 苗龄的脱毒苗,进行育苗盘扦插,成活率、微型薯数和单薯重都较高,而且能够有效地利用瓶苗。

(2)激素配比 用 GA_3 3.0 mg/L＋NAA 5.0 mg/L 的激素浸泡茎段,扦插苗成活率可达 98％,结薯数量和产量比不经激素处理的高 214％。

(3)基质 基质采用 0.1～0.5 mm 的细沙最好,或采用蛭石粉末。这样的基质结构疏松,透水透气性好,持水量大,对幼苗生长和结薯有利。

(4)扦插方法 将经 3～5 d 锻炼的组培苗用镊子小心地取出,剪成每茎段带 2 个芽剪段。扦插时,插入基质一个,基质上面留出一个。这样扦插,既有利于生根,又有利于苗子尽早成活生长。扦插苗也可采用单芽节茎段,采用这种茎段最好经过激素处理。

(5)培养条件 采用纯蛭石或细沙作基质时,扦插苗生长和微型薯形成所需要的养分就要完全依靠营养液供给。在生产实践中,依靠营养液的方式生产微型薯成本太高,因此建议采用双层基质法,即在盘底部铺 1～2 cm 厚的消毒腐熟马粪或羊粪,再在其上铺 2 cm 厚的蛭石细沙,这样的植物的生长发育过程可不断从基质底部吸收营养。培养期间温度不应低于 14℃,最适温度是 25℃。每 3 天浇 1 次清水,约 6 天后扦插苗即可成活生长。

3. 阳畦栽植脱毒苗生产微型薯

于头年晚秋土地结冻前,选择背风向阳处,南北向挖深 33 cm、宽 1.2 m 的阳畦。畦底铺施 30～50 kg/m² 厩肥,深翻 20 cm,翻匀耙平、浇足底水,以备来年春季栽苗。

第 2 年播种前 15 d,畦内喷 800 倍乐果灭蚜,盖上塑料膜,增加畦温。播种时可揭膜移栽,也可打孔移栽,南北向栽苗,行距 40 cm,株距10～15 cm 双株,密度为 40～60 株/m²。

栽苗后不仅要将地膜重新覆盖或将孔用土封严,以保湿、保温,而且要在畦上搭架,再盖上 1 层塑料薄膜,遇到寒流天气,还要盖草帘防冻。栽后 20 d 除去地膜进行培土,然后将搭架上面的地膜换成 45～50 目防虫网,上面再盖一层薄膜(图 5-7)。气温升高到 10℃ 左右后,除去薄膜,只留防虫网到收获。

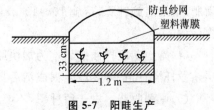

图 5-7 阳畦生产

原原种的繁育应具备 3 方面的条件:第一,所用苗必须是经过严格检测的无病毒试管苗;第二,必须要在防虫网棚内生产原原种;第三,所用基质必须是无病原的。

(二)原种生产

马铃薯原种分为一级原种和二级原种。用原原种作种薯,在隔离条件下生产出的符合质量标准的种薯称为一级原种;一级原种作种薯,隔离条件下生产出的符合质量标准的种薯称为二级原种。

1. 马铃薯种薯原种生产基地的要求

原种生产不可能只在温室、网室内进行,这样种薯的繁殖数量少,成本高,解决不了大面积生产的急需问题,因此,必须选择适当的基地繁殖原种生产基地应当具备的条件是:

(1)区域选择　选择高海拔、高纬度、气候凉爽、风速大的地区,这些地区对蚜虫繁殖、迁飞、取食和传毒都造成困难;选择昼夜温差大、生长周期内日照时间长、交通便利的地方。

(2)地块选择　原种田周围 5～10 km 内不能种植异品种马铃薯、桃树、茄科植物等,使蚜虫丧失可以生存的寄主;选择土层深厚、土质疏松、富含有机质、不易积水的沙壤土。

(3)茬口安排　繁种田至少 3 年以上没种过带毒马铃薯,前茬以禾本科植物和豆茬为好。繁种时每 15 天喷洒防蚜虫药剂,以防蚜虫传毒。

2. 原种生产技术

(1)微型薯的催芽处理　对于刚收获或未出芽的微型薯,临近播种时需要进行催芽处理,以打破休眠。催芽处理常用两种方法:一种是化学药剂浸泡催芽处理,另一种是物理方法催芽处理。化学药剂一般采用 30 mg/L 赤霉素水溶液浸泡微型薯 15～20 min 后捞出,也有采用 10 mg/L 赤霉素水溶液加多菌灵等杀菌剂进行喷雾后,放置于阴凉、通风、干燥处 1～3 d,除去多余水分,然后用半干河沙或半干珍珠岩粉覆盖,保持一定温度、湿度。1 周左右,微型薯开始出芽,10～15 d 芽基本出齐。待芽出齐后,把微型薯从覆盖的沙或珍珠岩中清理出来,放在通风、干燥、有散射光照射的地方壮芽,芽变绿后播种。物理催芽方法是将微型薯与略湿润的沙子混合后装入塑料袋中,塑料袋上穿几个空,放在散射光下,保持温度 25～30℃,经过 20 天左右即可发芽。

(2)微型薯的播种　微型薯由于个体较小,保存和种植不当易腐烂或干瘪,一般须出芽后方可种植。微型薯种植要求 30～50 cm 行距,15～20 cm 株距,然后覆盖 3～5 cm 的细土,并适当浇水,保持一定温、湿度。

(3)播后管理　微型薯播种后的管理主要是水肥、除草、病虫防治等。苗期追施少量氮磷肥,蕾期追施钾肥,亩施 10～15 kg,盛花期培土、打顶、去花蕾、去黄叶等,生长期注意防虫治病。

(4)露地茎段扦插扩繁　为加快原种繁殖速度,在种薯播种后的旺盛生长期,可切取上层茎段扦插育苗,待茎段生根成活后带土移栽到大田,一般能提高繁殖系数 10 倍以上。

(5)原种收获　对于原种田,不要求薯块大,产量高,只要求结薯数量多,生产中除加大播种密度外,还应提早收获,以提高土地利用率和防治病害传播侵染。收获的原种放在通风、干燥的地方,除去薯块内多余的水分。

(三)良种生产

良种生产包括一级种薯生产和二级种薯生产。一级种薯是用二级原种作种薯,在隔离条件下生产出的符合质量标准的种薯;二级种薯是用一级种薯作种薯,在隔离条件下生产出的符合质量标准的种薯。良种生产得到的种薯可以直接进行推广,作为栽培薯使用。良种生产应严格脱毒原种的技术规程执行。繁种时,除注意控蚜防虫外,其他措施同大田生产。

马铃薯良种生产体系参考图5-8,图5-9。

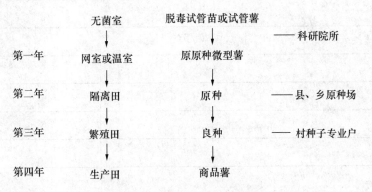

图5-8 马铃薯良种生产体系

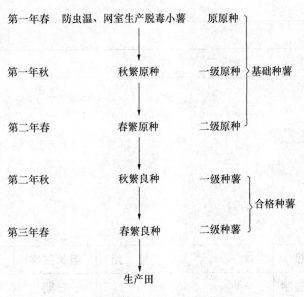

图5-9 中原地区马铃薯种薯繁育生产体系

计 划 单

学习领域	植物组织培养技术	
学习情境 5	马铃薯脱毒与快繁技术	
计划方式	小组讨论,小组成员之间团结合作,共同制订计划	
序号	实施步骤	使用资源
制订计划说明		

	班级		第　　组	组长签字	
	教师签字			日期	
计划评价	评语:				

决 策 单

学习领域	植物组织培养技术
学习情境5	马铃薯脱毒与快繁技术

方案讨论								
方案对比	组号	任务耗时	任务耗材	实现功能	实施难度	安全可靠性	环保性	综合评价
	1							
	2							
	3							
	4							
	5							
	6							
方案评价	评语：							

班级		组长签字		教师签字		月　日

材料工具清单

学习领域			植物组织培养技术				
学习情境5			马铃薯脱毒与快繁技术				
项目	序号	名称	作用	数量	型号	使用前	使用后
所用仪器	1	超净工作台	接种	12 台			
	2	无火焰灭菌器	灭菌	12 台			
	3	解剖镜	剥茎尖	12 台			
	4	多功能插板		12 个			
所用材料	1	马铃薯芽	茎尖剥离	若干			
	2	甘薯芽	茎尖剥离	若干			
	3	75%酒精	消毒	若干			
	4	95%酒精	消毒	若干			
	5	0.1%升汞	消毒	若干			
	6	无菌水	外植体消毒	若干			
	7	培养基	为材料提供营养	若干			
	8	无菌纸	无菌操作平台	若干			
所用工具	1	镊子	接种	12 把			
	2	接种针	剥茎尖	36 根			
	3	解剖刀	切割	36 把			
	4	接种架	放置接种工具	12 个			
	5	酒精灯	灭菌	24 盏			
	6	打火机	火源	24 个			
班级		第　组	组长签字			教师签字	

实 施 单

学习领域	植物组织培养技术	
学习情境5	马铃薯脱毒与快繁技术	
实施方式	小组合作;动手实践	
序号	实施步骤	使用资源

实施说明:

班级		第 组	组长签字	
教师签字			日期	

161

作 业 单

学习领域	植物组织培养技术
学习情境 5	马铃薯脱毒与快繁技术
作业方式	资料查询、现场操作
1	马铃薯病毒病有哪些？有什么危害？
作业解答：	
2	马铃薯茎尖培养脱毒的操作方法是什么？
作业解答：	
3	如何预防茎尖剥离过程中的交叉污染？
作业解答：	
4	什么是微型薯？在培育脱毒马铃薯过程中有何作用？
作业解答：	
5	马铃薯种薯繁育过程如何预防二次感染病毒？
作业解答：	
6	马铃薯种薯的繁育生产体系是什么？
作业解答：	

作业评价	班级		第　组		
	学号		姓名		
	教师签字		教师评分		日期
	评语：				

检 查 单

学习领域	植物组织培养技术			
学习情境5	马铃薯脱毒与快繁技术			
序号	检查项目	检查标准	学生自检	教师检查
1	咨询问题	回答认真准确		
2	接种室消毒	选择合适的消毒方法		
3	仪器设备	正确使用		
4	各种工具	知道作用		
5	解剖镜	准确快速调试		
6	无火焰灭菌器	准确快速设置		
7	接种工具	彻底灭菌,争取使用,防交叉污染		
8	茎尖剥离	快速、准确切取适宜大小的茎尖		
9	接种	切取的茎尖快速接种到培养基中		
10	安全操作	酒精灯、灭菌器使用正确		

检查评价	班级		第 组	组长签字	
	教师签字			日期	
	评语:				

评 价 单

学习领域		植物组织培养技术				
学习情境5		马铃薯脱毒与快繁技术				
评价类别	项目	子项目	个人评价	组内互评	教师评价	
专业知识 (60%)	资讯 (10%)	搜集信息(5%)				
		引导问题回答(5%)				
	计划 (10%)	计划可执行度(3%)				
		方案设计(4%)				
		合理程度(3%)				
	实施 (20%)	准确快速调试仪器设备(6%)				
		工具使用正确(6%)				
		操作熟练准确(6%)				
		所用时间(2%)				
	过程 (10%)	按方案顺利进行(5%)				
		无菌操作(5%)				
	结果 (10%)	在规定时间内完成接种数 (10%)				
社会能力 (20%)	团结协作 (10%)	小组成员合作良好(5%)				
		对小组的贡献(5%)				
	敬业精神 (10%)	学习纪律性(5%)				
		爱岗敬业、吃苦耐劳精神(5%)				
方法能力 (20%)	计划能力 (10%)	考虑全面、细致有序(10%)				
	决策能力 (10%)	决策果断、选择合理(10%)				
评价评语	班级		姓名		学号	总评
	教师签字		第　组	组长签字		日期
	评语:					

教学反馈单

学习领域		植物组织培养技术			
学习情境5		马铃薯脱毒与快繁技术			
序号	调查内容		是	否	理由陈述
1	你是否明确本学习情境的目标?				
2	你是否完成了本学习情境的学习任务?				
3	你是否达到了本学习情境对学生的要求?				
4	需咨询的问题,你都能回答吗?				
5	你知道植物脱毒的作用吗?				
6	你是否能够设计一种植物的脱毒方案?				
7	你是否喜欢这种上课方式?				
8	通过几天来的工作和学习,你对自己的表现是否满意?				
9	你对本小组成员之间的合作是否满意?				
10	你认为本学习情境对你将来的学习和工作有帮助吗?				
11	你认为本学习情境还应学习哪些方面的内容?(请在下面回答)				
12	本学习情境学习后,你还有哪些问题不明白?哪些问题需要解决?(请在下面回答)				

你的意见对改进教学非常重要,请写出你的建议和意见:

调查信息	被调查人签字		调查时间	

学习情境 6 兰花组培快繁技术

兰花历来被人们当做高洁、典雅的象征,具有很高的观赏价值,深受各国人民喜爱。兰花的传统繁殖方式为分株繁殖,繁殖系数低,速度慢,不能满足日益增长的市场需求,兰花的组织培养始于 20 世纪 60 年代,Morel 采用大花蕙兰的茎尖,将其分生组织诱导形成原球茎并分化成植株,为实现兰花生产的工厂化奠定了基础,目前已有数十个属的兰花进行了组织培养。我国于 1973 年利用组织培养技术繁殖建兰,获得成功。

通过组培快繁技术,可以在一年内产生数百万株优质种苗。现在组织培养已经成为兰花无性繁殖最常用的方法,因此,兰花组培快繁技术具有重要的经济价值和社会意义。

任 务 单

学习领域	植物组织培养技术
学习情境 6	兰花组培快繁技术
任务布置	
学习目标	1. 了解蝴蝶兰组织培养的意义。 2. 熟悉蝴蝶兰组织培养的操作流程。 3. 熟悉蝴蝶兰组织培养中的外植体类型,各自的特点。 4. 掌握外植体消毒流程。 5. 掌握无菌操作方法和注意事项。 6. 熟悉影响蝴蝶兰原球茎增殖的因素。 7. 了解外植体褐变原因及解决办法。 8. 了解大花蕙兰组织培养的意义。 9. 熟悉大花蕙兰组培快繁的工艺流程。 10. 熟悉大花蕙兰初代培养外植体的类型及特点。 11. 了解组培苗炼苗移栽的程序。 12. 了解影响大花蕙兰原球茎增殖的因素。 13. 培养学生吃苦耐劳、团结合作、开拓创新、务实严谨、诚实守信的职业素质。
任务描述	利用我们所学的知识,设计实验方案。具体任务要求如下: 1. 结合所学知识和参观组培工厂,设计兰花组培快繁方案。 2. 根据参观过程中发现的问题,同相关技术人员的交流,结合所学知识,写出兰花组培过程中可能出现的问题及解决办法。 3. 根据方案,写出所需要的材料,并按照操作程序实施方案。
参考资料	1. 曹孜义,刘国民.实用植物组织培养技术教程.兰州:甘肃科学技术出版社,2001. 2. 王家福.花卉组织培养与快繁技术.北京:中国林业出版社,2006. 3.伍成厚,卞阿娜,梁承邺,等.蝴蝶兰花梗培养的研究.漳州师范学院学报:自然科学版,2004,17(3). 4.林淦,刘法彬.蝴蝶兰叶片组织快速繁殖工艺和方法.化学与生物工程,2007,24(2). 5.王晓炜,米立刚,朱小虎.大花蕙兰组织培养与快繁技术.安徽农业科学,2007,35(33).

参考资料	6.杨玉珍,孙天洲,孙廷,等.大花蕙兰组织培养和快速繁殖技术研究.北京林业大学学报,2002,24(2). 7.朱根发,蒋明殿.大花蕙兰的组织培养和快速繁殖技术.广东农业科学,2004,4. 8.常美花,王莉.大花蕙兰组织培养的研究进展及应用.北方园艺,2011(7). 9.印芳,葛红,彭克勤,等.酚类物质与蝴蝶兰褐变关系初探.园艺学报,2006,33(5). 10.吴殿星,胡繁荣.植物组织培养.上海:上海交通大学出版社,2004. 11.陈菁英,蓝贺胜,陈雄鹰.兰花组织培养与快速繁殖技术.北京:中国农业出版社,2004. 12.程家胜.植物组织培养与工厂化育苗技术.北京:金盾出版社,2003. 13.王清连.植物组织培养.北京:中国农业出版社,2003. 14.王蒂.植物组织培养.北京:中国农业出版社,2004. 15.王振龙.植物组织培养.北京:中国农业大学出版社,2007. 16.陈世昌.植物组织培养.重庆:重庆大学出版社,2010. 17.王金刚.园林植物组织培养技术.北京:中国农业科学技术出版社,2010. 18.吴殿星.植物组织培养.上海:上海交通大学出版社,2010. 19.王水琦.植物组织培养.北京:中国轻工业出版社,2010. 20.http://www.zupei.com/.
对学生的要求	1.熟悉蝴蝶兰组织培养的操作流程。 2.掌握外植体消毒流程。 3.掌握无菌操作方法和注意事项。 4.熟悉影响蝴蝶兰原球茎增殖的因素。 5.了解外植体褐变原因及解决办法。 6.熟悉大花蕙兰组培快繁的工艺流程。 7.了解组培苗炼苗移栽的程序。 8.学会利用图书馆和网络知识。 9.熟悉大花蕙兰初代培养外植体的类型及特点。 10.了解影响大花蕙兰原球茎增殖的因素。 11.严格遵守纪律,不迟到,不早退,不旷课。 12.培养学生吃苦耐劳、团结合作、开拓创新、务实严谨、诚实守信的职业素质。 13.本情境工作任务完成后,需要提交学习体会报告。

资 讯 单

学习领域	植物组织培养技术
学习情境 6	兰花组培快繁技术
咨询方式	在图书馆、专业杂志、互联网及信息单上查询;咨询任课教师
咨询问题	1. 兰花工厂化生产的意义是什么? 2. 蝴蝶兰组织培养的操作流程是怎样的? 3. 蝴蝶兰组织培养中的外植体类型有哪些? 各有什么特点? 4. 不同外植体类型对消毒有何要求? 5. 影响蝴蝶兰原球茎增殖的因素有哪些? 6. 外植体褐变原因是什么? 如何解决? 7. 兰花组培苗驯化移栽的要点是什么? 8. 影响大花蕙兰原球茎增殖的因素有哪些?
资讯引导	1. 问题 1 可以在曹孜义的《实用植物组织培养技术教程》第四章中查询。 2. 问题 2 可以在王家福的《花卉组织培养与快繁技术》第八章中查询。 3. 问题 3~4 可以在陈世昌的《植物组织培养》第 7 章中查询。 4. 问题 5 可以在伍成厚,卞阿娜,梁承邺等的《蝴蝶兰花梗培养的研究》中查询。 5. 问题 6 可以在印芳,葛红,彭克勤等的《酚类物质与蝴蝶兰褐变关系初探》中查询。 6. 问题 7 可以在陈世昌的《植物组织培养》第 7 章中查询。 7. 问题 8 在杨玉珍,孙天洲,孙廷等的《大花蕙兰组织培养和快速繁殖技术研究》中查询。

信　息　单

学习领域	植物组织培养技术
学习情境 6	兰花组培快繁技术

信　息　内　容

一、蝴蝶兰组织培养

(一)培养意义

蝴蝶兰属热带气生兰,花形似蝴蝶,因而得名。其花形态美丽,色彩丰富,花期长,在热带兰中有"兰花皇后"之美称,是近年来最受欢迎的花卉之一,具有很高的观赏价值和经济价值。蝴蝶兰是单茎性气生兰,植株极少发育侧芽,且种子极难萌发,对其进行常规性的繁殖,增殖速度很慢,影响了它的推广和应用。20世纪60年代,Morel采用大花蕙兰的茎尖,将其分生组织诱导形成原球茎,并分化成植株,这为兰花工厂化生产奠定了基础。Morel建立的方法有巨大的使用价值,很快被兰花生产经营者采纳,并且表现出了巨大的经济效益,从而形成了风靡全球的"兰花工业"。利用组织培养方法繁殖兰花不仅能达到快速繁殖的目的,而且能保持母种的优良性状,避免了变异植株的产生。目前,在我国大多数兰花经营者都是采用植物组织培养的方法进行工厂化育苗(图6-1,图6-2)。

图 6-1　蝴蝶兰的组培苗培养车间

图 6-2　蝴蝶兰成品苗车间

(二)蝴蝶兰的组培快繁

1. 操作流程

蝴蝶兰组织培养工厂化育苗操作流程见图 6-3。

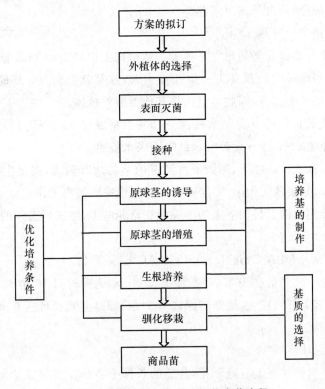

图 6-3　蝴蝶兰组织培养工厂化育苗流程

171

2. 原球茎诱导

(1)种子诱导原球茎

操作流程:蝴蝶兰种子→消毒→接种→诱导原球茎。

①种子收集　蝴蝶兰须经人工授粉才能获得种子,但种子发育不全,没有胚乳,在自然条件下播种不易成功,在人工合成培养基上无菌播种发芽率非常高,但种子培育蝴蝶兰存在变异问题。

取种子时间在授粉后 110～120 d 的未开裂的蒴果,用报纸包好,防止开裂。

②消毒　蒴果→自来水冲洗 30 min→75%酒精浸泡 60 s→2%次氯酸钠浸泡20 min→无菌水洗 4～5 次→无菌吸水纸吸干表水备用。

③接种　在无菌条件下,在无菌纸或无菌培养皿中用无菌解剖刀切开果皮使种子散出,用解剖刀轻轻刮去种子,均匀撒播在培养基中。解剖刀要保持干燥,因种子小,易粘到含水的刀片上而影响接种。

④培养基　MS+3.5%蔗糖、B5 或 MS+6-BA 0.5 mg/L+NAA 0.1 mg/L+2.5%蔗糖。

⑤原球茎诱导　接种后放入培养室内培养,温度 25℃左右,光照1 500 lx,光照时间 10～15 h/d。

约 1～2 周胚吸水膨大,逐渐撑破种皮,形成淡黄色的原球茎,30 d 后顶端分生组织突出,原球茎转变成绿色,可进行增殖培养。

(2)茎尖培养诱导原球茎

①取芽　细胞分裂最旺盛的地方是茎尖。从植株上切取 3～10 cm 长的茎,去掉苞片就露出茎尖和腋芽,当蝴蝶兰的顶芽失去生长能力时,腋芽就会萌发。蝴蝶兰植株只生一个茎,摘取茎尖就可能丧失母株,因此尽量选择其他类型外植体。

②消毒　茎尖去掉苞叶→自来水冲洗→75%酒精浸泡 30 s→0.1%升汞溶液浸泡5～10 min→无菌水冲洗 5～6 遍→无菌吸水纸吸干表水备用。

③茎尖剥取　在无菌条件下,用镊子将消毒的茎尖幼叶剥离,露出生长点,用解剖刀切取 1～2 mm 的芽。如果茎尖太小,则需要借助解剖镜完成剥离工作。

④接种　轻轻用解剖刀将切下来的茎尖放在培养基上,注意形态学的上下端,尽量不要伤到茎尖,否则难以生长。

⑤培养基　VW+6-BA 3 mg/L+0.15% AC+1%香蕉。

⑥原球茎诱导　培养温度 26℃,光照强度1 200 lx,光照时间 16 h/d。

接种 2 周后,茎尖开始膨大,逐渐转绿,3 个月后,原球茎直径可达 6 mm,即可转入增殖培养阶段。

(3)花梗诱导原球茎

①取材　蝴蝶兰的花梗上有隐形芽,合适的条件下会萌发出芽或丛生芽。取具有休眠芽的蝴蝶兰幼嫩花梗,将其横切成 1.5～2.0 cm 带一个花芽的茎段(图 6-4)。

幼嫩花茎

成熟花茎

图 6-4 蝴蝶兰的花茎

②消毒 先用 75% 酒精棉球擦去材料表面的灰尘,然后用洗洁精水浸泡 10~15 min,期间不停地摇晃,在用自来水冲洗 20~30 min。在无菌条件下消毒:75 酒精浸泡 20~30 s→0.1% 升汞溶液浸泡 10~15 min(滴加 2 滴吐温-20)→无菌水冲洗 5~6 次→无菌吸水纸吸干花梗表面水分备用。

③接种 将消毒的花梗用剪刀剪成 1.0~1.5 cm 长的小段,每个茎段带 1 个花芽,茎段两端和消毒剂接触的部分要剪去,接种在培养基中。

④培养基 1/2 MS+6-BA 2 mg/L+NAA 0.2 mg/L+0.14% AC。

⑤原球茎诱导 培养温度为 25℃ 左右,光照强度为 2 000~2 500 lx,光照周期 14 h/d。

接种 3 d 后,就出现萌动膨大现象,20 d 后膨大部分逐渐长大形成原球茎,有的花梗腋芽在 35 d 左右就长出小叶,有的在腋芽周围形成突起,以后逐渐发育成几个不定芽(图 6-5)。

图 6-5 蝴蝶兰花茎隐形芽萌发成苗

173

(4)叶片培养诱导原球茎

①叶片的选取 蝴蝶兰叶片大,数量多,取叶片对植株伤害小,因此可作为理想的外植体,且取材不受季节限制。长出来的嫩叶、叶片基部、由带腋芽的花梗离体培养产生的叶片以及组培苗的叶片等都是理想的外植体。

②叶片消毒 将蝴蝶兰的幼嫩叶片在自来水下冲洗 30 min,在无菌条件下进行消毒:70%酒精浸泡 40 s→0.1%升汞浸泡 15～20 min→无菌水冲洗 6 次→无菌吸水纸吸取叶片表面水分→备用。

如果外植体选择无菌组培苗(图 6-6),可直接接种,成功率更高。

③接种 将叶片伤口部位剪去少许(因消毒剂渗入),切割成 1 cm×1 cm 大小的生长叶片接种到诱导培养基上。

④培养基 MS+6-BA 1.8 mg/L+NAA 1.5 mg/L+1%香蕉+0.3% AC。

⑤培养 培养温度(25±1)℃,光照强度 1 600 lx,每天光照时间 12 h。

培养 7 d 后,叶片边缘逐渐膨大,并形成原球茎,即可进行增殖培养。

褐变在组织培养过程中经常会发生褐变而是外植体褐变死亡,因此可以在培养基中加入吸附剂(AC)或抗氧化剂(抗坏血酸、聚乙烯吡咯烷酮等)等预防褐变(图 6-7)。

图 6-6 蝴蝶兰组培苗

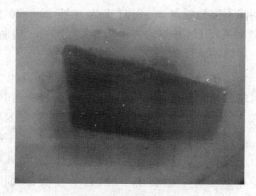

图 6-7 叶片培养褐变

3. 继代增殖培养

不同部位诱导所产生的原球茎,通过继代增殖培养多大繁殖,实现蝴蝶兰的工厂生产。

(1)增殖培养基

①VW+6-BA 3.0 mg/L+NAA 0.2 mg/L+15%椰子乳;

②1/3 MS+6-BA 2.5 mg/L+NAA 0.2 mg/L+10%椰子乳;

③1/2 MS+6-BA 2.0 mg/L+NAA 0.5 mg/L+10%香蕉+0.1% AC。

(2)增殖方法 将分化出来的原球茎切割成小块,转入新的继代培养基中进行培养,培养一段时间后,在进行切割转移(图 6-8)。切割原球茎团块时不可过小,每块应在 0.5 cm² 以上,过小的接种块生长缓慢,容易死亡。不需要继代的原球茎在继代培养基或生根培养基上培养分化芽体,并发育成小植株(图 6-9)。

蝴蝶兰也可以采用丛生芽的方式进行增殖,将无根组培苗接种在 MS+6-BA 3.0 mg/L+10%香蕉汁的培养基中,45 d 左右可获得大量丛生芽,将产生的芽体切割转入新的培养基中培养。

图 6-8 原球茎增殖

图 6-9 蝴蝶兰芽体增殖

4. 生根培养

(1)生根培养基 1/2 MS＋NAA 0.5 mg/L。

(2)方法 将 2～3 cm 的健壮芽接种到生根培养基上,20 d 后芽基部长出根,40 d 后根变粗壮,生根率可达 95％以上(图 6-10)。

图 6-10 生根培养

5. 驯化移栽

当小植株长至 5 cm 左右,叶 3～4 片,根 3～4 条时,即可移栽(图 6-11)。将小植株带瓶移入温室 2 周左右,然后打开瓶塞炼苗 3～5 d,取出苗后,用水冲洗掉植株根部的培养基,将根部放于 1 500 倍的甲基托布津溶液中浸泡 4 h。将苗吸干水分后阴晾 1 h,然后移栽到疏松、保水性好的苔藓(图 6-12)或松树皮基质的苗盘中。刚定植的植株应遮光 50％左右,温度控制在 18～28℃,相对湿度以 80％～90％为宜,以后逐渐保持在 70％左右。缓苗 2 周左右,以后逐步提高光照强度至 6 000～8 000 lx。

蝴蝶兰根部忌积水,喜通风和干燥,水分过多,易引起根系腐烂。刚出瓶的小苗应勤补水,中苗或大苗根据干湿程度浇水,一般 7～10 d 左右,基质变干、盆面发白时,宜浇水,浇水时要让整个基质湿透。

图 6-11 出瓶移栽

图 6-12 苔藓

（三）影响原球茎增殖的因素

1. 基本培养基对原球茎增殖的影响

不同的基本培养基对原球茎增殖影响比较大，用改良的 VW 作为蝴蝶兰原球茎增殖培养的基本培养基有明显优势，培养 2 个月后基本长满瓶，其次是 1/3 MS 和 1/3 MS，培养 4 个月后长满瓶。以 MS 为基本培养基增殖速度慢，在其他同等条件下，需培养半年才能长满瓶。

2. 植物生长调节物质对原球茎增殖的影响

刘晓燕等在研究蝴蝶兰原球茎增殖培养中发现，采用不同浓度的 6-BA、NAA 培养原球茎，其增殖速率差异较大，最理想的浓度是 6-BA 3.0 mg/L，NAA 0.2 mg/L，不加生长调节物质增值率最低。可见，生长调节物质的种类和浓度对原球茎增殖的影响较大。

3. 有机添加物对原球茎增殖的影响

不同的有机添加物对原球茎的增殖影响比较大，从目前的研究看，椰子乳是最理想的有机附加物，增殖率最高，其次是马铃薯汁和香蕉泥。

4. 培养时间对原球茎增殖的影响

刘晓燕等在对蝴蝶兰原球茎增殖培养影响因素的研究中发现，原球茎培养 30 d 后，开始产生新的原球茎，增加量为 1.7，增殖倍率为 1.2。培养 60 d 后，平均增殖量为 5.48，平均增殖倍率 6.48，90 d 后达到最大增殖量，平均增殖量 6.4，平均增殖倍率 8.21。超过 90 d 后，虽有继续增殖的趋势，但增殖速率缓慢。培养 60 d 后，虽增殖量不及 90 d 后，但已达有效倍率，此时转瓶再继续增殖，更有利于提高增殖效率。120 d 后原球茎有变淡黄、半透明状倾向，细胞增殖活力降低。因此原球茎以 60 d 为一个周期较为合理。

二、大花蕙兰的组织培养

大花蕙兰是兰科兰属中的一部分大花附生种类及其杂交种，是世界上栽培最普及的洋兰之一。大花蕙兰花大，花形规整，花朵优美，色彩艳丽丰富，花茎直立挺拔，深受兰花爱好者的欢迎,有较大的市场潜力。大花蕙兰传统繁殖方式是分株繁殖,繁殖系数低,易引起退化,新品种少。通过组织培养繁殖,可大大提高繁殖率,且生产的同一批苗易控制花期,能较好地占有市场;因而,加强对大花蕙兰的离体培养快速繁殖的技术研究,对解决市场需求,实现大花蕙兰的工厂化生产,具有重要意义。

(一)大花蕙兰的组培快繁流程

大花蕙兰组培快繁工艺流程如图 6-13 所示。

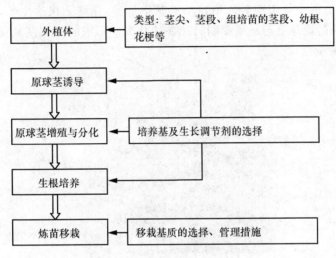

图 6-13 大花蕙兰组培快繁工艺流程

(二)外植体的选择与消毒

1. 外植体选择

能够诱导原球茎的外植体种类很多,茎尖、茎段、组培苗的茎段、幼根、花梗、叶基(有报道叶基 0.5～1.0 cm 以内的叶基才能诱导出原球茎)以及种子等。由于种子繁殖会产生变异,因此在组培快繁中往往不选用种子作为外植体。

芽作外植体,通常取 8.0～10.0 cm 新芽,切取茎尖 0.2～0.5 cm 接种;叶片作外植体,取距叶基部 0.5～1.0 cm 初接种;根作外植体,用新芽的幼根,剪切 0.5～0.8 cm 根段接种。

2. 外植体消毒

以芽作外植体操作流程:外植体→流水冲洗 30 min→70%酒精浸泡 15～30 s→2%次氯酸钠溶液浸泡 20 min→无菌水冲洗 3～4 次→接种。

(三)原球茎的诱导

1. 培养基

培养基成分为 MS+6-BA 3.0 mg/L+NAA 2.0 mg/L+1%椰子乳。

2. 方法

将消毒的顶芽剥去外苞片,切取 0.2～0.5 cm 的茎尖,接种到诱导培养上培养,注意形态学下端向下。接种 2 周后,开始膨大,1 个月后,膨大部分出现颗粒状物及原球茎,部分外植体长出小芽。

(四)原球茎增殖与分化

1. 培养基

培养基成分为 MS＋6-BA 1.0～5.0 mg/L＋NAA 0.2～1.0 mg/L。

香蕉汁、酵母提取物、精氨酸、天冬氨酸等对大花蕙兰原球茎和植株的生长有促进作用，可适当添加。

2. 方法

将原球茎和形成的小芽切割转入增殖培养基中培养，原球茎快速生长，同时分化出小芽，形成组培中常见的原球茎与丛生芽同时存在的状况。形成的原球茎如果培养时间过长就会分化出芽体(图 6-14)。

图 6-14　原球茎的形成和芽的分化

3. 影响增殖与分化的因素

(1)生长调节物质的种类和浓度对原球茎增殖与分化的影响　大多数研究认为大花蕙兰组织培养使用的细胞分裂素为 6-BA，较高浓度的 6-BA 能促进大花蕙兰原球茎增殖，较低浓度的 6-BA 则能促进原球茎分化，但过高浓度的 6-BA 会抑制原球茎的生长。NAA 对原球茎的诱导作用也比较强，可以同 6-BA 配合使用，效果更好。

(2)不同添加物的影响　不同添加物对大花蕙兰原球茎增殖和分化的影响不同，在培养基中添加香蕉汁能明显促进大花蕙兰的增殖与分化，且使原球茎生长健壮，色泽深绿。马铃薯均浆汁、酵母提取物、胰蛋白胨作用效果要弱于香蕉汁。培养基中添加 15 mg/L 硝酸镧对外植体的增殖和分化也有一定的作用。

朱艳等发现蔗糖浓度对大花蕙兰茎尖诱导原球茎有明显的影响，原球茎诱导过程中所需的蔗糖浓度相对较低。当蔗糖浓度为 0 时，基本上不能分化原球茎，附加 1%～5% 的蔗糖均能分化原球茎，其中以附加 2% 蔗糖时的原球茎数目最多，附加 3% 蔗糖时的原球茎最粗，蔗糖浓度为 5% 以上时则会出现畸形，发红的原球。但刘明志等研究认为蔗糖浓度的高低对原球茎增殖作用不大，却对幼苗的分化率有显著影响，其中以蔗糖浓度为 20 g/L 的效果最好。

(3)不同切割方式对原球茎增殖的影响　谢为龙采用随机分切、纵切、碾压、井字形切割法试验后发现，随机分切法虽操作快捷，但有大量切割过于碎小的培养块死亡；纵切法操作需细致,费时,但原球茎增殖数多,大小一致;碾压和井字形切割(底部不分开)原球茎增殖时间可缩短,可加快继代,但单个继代原球茎增殖倍数减少。

(4)不同培养方式对原球茎增值影响 杨玉珍等采用固体培养、半固体培养和液体培养三种方式,发现对原球茎增殖有明显差异。用固体培养基培养最差,增殖速度慢,且易导致原球茎块死亡,继代不及时易分化出芽,但适合芽和根的分化培养;液体培养增殖较快,但生长不够健壮,色黄绿,质地较疏松;半固体培养基培养最佳,原球茎增殖量大,色深绿,健壮,且培养过程中每隔 4~5 d 对半固体培养基的培养瓶震荡,摇动一次,生长增殖效果更好。

(五)生根培养

1. 培养基

培养基的成分为 1/2 MS＋IBA 1.5 mg/L＋肌醇 100 mg/L＋CH 1 000 mg/L＋AC 0.2%。

2. 方法

将芽转移到生根培养基上培养,经过一段时间后,出现幼叶并长出根。可适当增强光照度,有利于根的形成,且组培苗壮。

(六)炼苗移栽

当组培苗生长到 8~10 cm,长出 2~3 条根时就可移栽(图 6-15)。将组培苗移入温室培养 5~7 d,打开瓶盖(塞)炼苗 3 d,取出苗用清水冲掉培养基,吸干表面水分阴凉 1 h 后定植。栽培基质选择松针、苔藓、粗砂混合基质。移栽后,遮光 50%,温度保持在 20℃左右,保湿,加强通风。为增加营养和增湿,可用稀薄的营养液喷雾,每隔 1 周喷 1 次 800 倍的多菌灵溶液(可加入营养液),防止植株霉变腐烂。

图 6-15　出瓶移栽

计　划　单

学习领域	植物组织培养技术
学习情境 6	兰花组培快繁技术
计划方式	小组讨论,小组成员之间团结合作,共同制订计划

序号	实施步骤	使用资源

制订计划说明	

计划评价	班级		第　组	组长签字	
	教师签字			日期	
	评语:				

决 策 单

学习领域	植物组织培养技术
学习情境 6	兰花组培快繁技术

<table>
<tr><td colspan="10" align="center">方案讨论</td></tr>
<tr><td rowspan="8">方案对比</td><td>组号</td><td>任务
耗时</td><td>任务
耗材</td><td>实现
功能</td><td>实施
难度</td><td>安全
可靠性</td><td>环保性</td><td colspan="2">综合
评价</td></tr>
<tr><td>1</td><td></td><td></td><td></td><td></td><td></td><td></td><td colspan="2"></td></tr>
<tr><td>2</td><td></td><td></td><td></td><td></td><td></td><td></td><td colspan="2"></td></tr>
<tr><td>3</td><td></td><td></td><td></td><td></td><td></td><td></td><td colspan="2"></td></tr>
<tr><td>4</td><td></td><td></td><td></td><td></td><td></td><td></td><td colspan="2"></td></tr>
<tr><td>5</td><td></td><td></td><td></td><td></td><td></td><td></td><td colspan="2"></td></tr>
<tr><td>6</td><td></td><td></td><td></td><td></td><td></td><td></td><td colspan="2"></td></tr>
<tr><td rowspan="2">方案评价</td><td colspan="8">评语：</td></tr>
<tr><td colspan="8"></td></tr>
</table>

班级		组长签字		教师签字		月　日

材料工具清单

学习领域	植物组织培养技术					
学习情境 6	兰花组培快繁技术					
项目	序号	名称	作用	数量	型号	使用前	使用后
所用仪器	1	高压锅	制作培养基	5 台			
	2	电磁炉	制作培养基	8 台			
	3	天平	做培养基	8 台			
	4	超净工作台	接种	12 台			
	5	无火焰灭菌器	灭菌	12 台			
所用材料	1	盆栽蝴蝶兰	外植体来源	5 盆			
	2	蝴蝶兰组培苗	外植体来源	若干			
	3	大花蕙兰实生苗	外植体来源	若干			
	4	大花蕙兰组培苗	外植体来源	若干			
	5	75%酒精	消毒	若干			
	6	95%酒精	消毒	若干			
	7	0.1%升汞	消毒	若干			
	8	无菌水	外植体消毒	若干			
	9	培养基	为材料提供营养	若干			
	10	无菌纸	无菌操作平台	若干			
所用工具	1	镊子	接种	24 把			
	2	解剖刀	切割	24 把			
	3	剪刀	剪材料	24 把			
	4	酒精灯	灭菌	24 盏			
	5	接种架	放置接种工具	24 个			
	6	打火机	火源	24 个			
班级		第　组	组长签字			教师签字	

实 施 单

学习领域	植物组织培养技术	
学习情境 6	兰花组培快繁技术	
实施方式	小组合作；动手实践	
序号	实施步骤	使用资源

实施说明：

班级		第 组		组长签字	
教师签字				日期	

作 业 单

学习领域	植物组织培养技术
学习情境 6	兰花组培快繁技术
作业方式	资料查询、现场操作
1	简述蝴蝶兰组培快繁流程。
作业解答：	
2	蝴蝶兰组培快繁过程中的影响因素有哪些？
作业解答：	
3	简述大花蕙兰组织培养快繁流程。
作业解答：	
4	大花蕙兰组织培养过程中的影响因素有哪些？
作业解答：	
5	褐变是多数兰科植物组织培养中的大难题,用哪些方法可以解决？
作业解答：	

作业评价	班级		第　组		
	学号		姓名		
	教师签字		教师评分		日期	
	评语：				

检 查 单

学习领域		植物组织培养技术		
学习情境6		兰花组培快繁技术		
序号	检查项目	检查标准	学生自检	教师检查
1	咨询问题	回答认真准确		
2	接种室消毒	选择合适的消毒方法		
3	仪器设备	正确使用		
4	各种工具	知道作用		
5	无火焰灭菌器	准确快速设置		
6	接种工具	彻底灭菌,争取使用,防交叉污染		
7	接种	无交叉污染,接种速度快		
8	化学药品安全使用	酒精防火、升汞防毒,结束时要注意回收处理和正确存放		
9	安全操作	酒精灯、灭菌器使用正确		

班级		第 组	组长签字	
教师签字			日期	
检查评价	评语:			

评 价 单

学习领域		植物组织培养技术			
学习情境 6		兰花组培快繁技术			
评价类别	项目	子项目	个人评价	组内互评	教师评价
专业知识 (60%)	资讯 (10%)	搜集信息(5%)			
		引导问题回答(5%)			
	计划 (10%)	计划可执行度(3%)			
		方案设计(4%)			
		合理程度(3%)			
	实施 (20%)	准确快速调试仪器设备(6%)			
		工具使用正确(6%)			
		操作熟练准确(6%)			
		所用时间(2%)			
	过程 (10%)	按方案顺利进行(5%)			
		无菌操作(5%)			
	结果 (10%)	培养出组培苗(10%)			
社会能力 (20%)	团结协作 (10%)	小组成员合作良好(5%)			
		对小组的贡献(5%)			
	敬业精神 (10%)	学习纪律性(5%)			
		爱岗敬业、吃苦耐劳精神(5%)			
方法能力 (20%)	计划能力 (10%)	考虑全面、细致有序(10%)			
	决策能力 (10%)	决策果断、选择合理(10%)			
评价评语	班级		姓名	学号	总评
	教师签字		第 组	组长签字	日期
	评语:				

教学反馈单

学习领域	植物组织培养技术			
学习情境 6	兰花组培快繁技术			
序号	调查内容	是	否	理由陈述
1	你是否明确本学习情境的目标？			
2	你是否完成了本学习情境的学习任务？			
3	你是否达到了本学习情境对学生的要求？			
4	需咨询的问题，你都能回答吗？			
5	你是否知道兰花产业在我国的发展情况？			
6	你是否能够设计一种兰花的快繁方案？			
7	你是否喜欢这种上课方式？			
8	通过几天来的工作和学习，你对自己的表现是否满意？			
9	你对本小组成员之间的合作是否满意？			
10	你认为本学习情境对你将来的学习和工作有帮助吗？			
11	你认为本学习情境还应学习哪些方面的内容？（请在下面回答）			
12	本学习情境学习后，你还有哪些问题不明白？哪些问题需要解决？（请在下面回答）			

你的意见对改进教学非常重要，请写出你的建议和意见：

调查信息	被调查人签字		调查时间	

学习情境 7　植物组织培养与植物育种

目前,植物组织培养已广泛应用于植物育种,为植物优良品种的培育开辟了新途径。与传统的育种方式相比,植物组织培养育种具有高速、高效率、基因型一次纯合等优势,同时还具有能克服远缘杂交不实和有性杂交不亲和的优点,尤其当植物组织培养与基因工程相结合时能克服植物育种的盲目性。由此可见,植物组织培养在植物育种工作中具有重要作用。

任 务 单

学习领域	植物组织培养技术
学习情境 7	植物组织培养与植物育种
任务布置	
学习目标	1. 熟悉植物组织培养的育种方法。 2. 了解花药和花粉培养的概念。 3. 知道花药培养的意义。 4. 掌握花药培养的方法。 5. 掌握影响花药培养的因素。 6. 掌握花粉培养的意义。 7. 掌握花粉培养的技术。 8. 熟悉影响花粉培养的因素。 9. 掌握单倍体植株的鉴定方法。 10. 知道单倍体植株的染色体加倍的途径。 11. 熟悉单倍体植株在育种中的作用。 12. 熟悉胚培养的意义。 13. 掌握胚培养的方法及影响因素。 14. 熟悉离体受精的意义及方法。 15. 熟悉无性系变异与突变体筛选。
任务描述	利用我们所学的知识,设计实验方案。具体任务要求如下: 1. 结合所学知识,在大田适时收集相应植物的花粉、花药及子房。 2. 根据调查资料,设计该种植物组织培养生殖器官培养的方案。 3. 根据方案,按照操作程序实施方案。

参考资料	1. 曹孜义,刘国民.实用植物组织培养技术教程.兰州:甘肃科学技术出版社,2001. 2. 熊丽,吴丽芳.观赏花卉的组织培养与大规模生产.北京:化学工业出版社,2003. 3. 刘庆昌,吴国良.植物细胞组织培养.北京:中国农业大学出版社,2003. 4. 吴殿星,胡繁荣.植物组织培养.上海:上海交通大学出版社,2004. 5. 陈菁英,蓝贺胜,陈雄鹰.兰花组织培养与快速繁殖技术.北京:中国农业出版社,2004. 6. 程家胜.植物组织培养与工厂化育苗技术.北京:金盾出版社,2003. 7. 王清连.植物组织培养.北京:中国农业出版社,2003. 8. 王振龙.植物组织培养.北京:中国农业大学出版社,2007. 9. 沈海龙.植物组织培养.北京:中国林业出版社,2010. 10. 彭星元.植物组织培养技术.北京:高等教育出版社,2010. 11. 陈世昌.植物组织培养.重庆:重庆大学出版社,2010. 12. 王金刚.园林植物组织培养技术.北京:农业科技出版社,2010. 13. 吴殿星.植物组织培养.上海:上海交通大学出版社,2010. 14. 王水琦.植物组织培养.北京:中国轻工业出版社,2010. 15. http://www.zupei.com/. 16. http://blog.sina.com.cn/s/blog_505c5b570100c9ep.html. 17. http://www.xyszsy.com/gdfhs/. 18. 刘振伟,植物脱毒技术.中国果菜,2005(01):23-24. 19. 曹春英.植物组织培养.北京:中国农业出版社,2007. 20. 林顺权.园艺植物生物技术.北京:高等教育出版社,2005.
对学生 的要求	1. 熟悉植物组织培养的育种知识。 2. 知道花粉、花药、胚的培养及单倍体育种知识。 3. 学会观察分析。 4. 掌握植物组织培养育种原理和操作方法。 5. 掌握单倍体的鉴定及染色体加倍的方法。 6. 学会利用图书馆和网络知识。 7. 严格遵守纪律,不迟到,不早退,不旷课。 8. 本情境工作任务完成后,需要提交学习体会报告。

资 讯 单

学习领域	植物组织培养技术
学习情境7	植物组织培养与植物育种
咨询方式	在图书馆、专业杂志、互联网及信息单上查询问题;咨询任课教师
咨询问题	1. 植物组织培养的育种方法都有哪些? 2. 什么是花药培养和花粉培养? 3. 花药培养的意义是什么? 4. 花药培养的方法有哪些? 5. 影响花药培养的因素有哪些? 6. 花粉培养的意义是什么? 7. 花粉培养的技术操作过程是什么? 8. 影响花粉培养的因素有哪些? 9. 单倍体植株的鉴定方法有哪些? 10. 单倍体植株的染色体加倍的途径有哪些? 11. 单倍体植株在育种中的作用是什么? 12. 胚培养的意义是什么? 13. 胚培养的方法及影响因素是什么? 14. 离体受精的意义及方法是什么? 15. 无性系变异与突变体筛选意义是什么?
资讯引导	1. 问题1~8可以在曹春英的《植物组织培养》第9章中查询。 2. 问题9~11可以在王清连的《植物组织培养》第5、6章中查询。 3. 问题12~15可以在林顺权的《园艺植物生物技术》第5章中查询。

信　息　单

学习领域	植物组织培养技术
学习情境 7	植物组织培养与植物育种

信 息 内 容

一、花药、花粉培养与单倍体育种

(一)花药和花粉培养概念及意义

1. 花药和花粉培养的概念

花药培养是用植物组织培养技术,把发育到一定阶段的花药,通过无菌操作技术,接种在人工培养基上,以改变花药内花粉粒的发育程序,诱导其分化,并连续进行有丝分裂,形成细胞团,进而形成一团无分化的薄壁组织——愈伤组织,或分化成胚状体,随后使愈伤组织分化成完整的植株。花药培养的外植体是植物雄性生殖器官的一部分,实际上,由此再产生的小植株,多数是由花药内处于一定发育阶段的花粉发育来的。经过减数分裂的花粉粒(小孢子),可以看做是处于特定阶段的雄性生殖细胞。因此,花药培养亦可看作为广义的花粉培养或孤雌生殖。

花粉培养又叫小孢子培养,是将花粉粒从花药中分离出来,成为分散的或游离的状态,然后通过培养使花粉粒脱分化,进而发育成完整植株的过程。在花药培养时,由于花药壁、药隔及花丝断口的细胞都很可能脱分化形成愈伤组织,这样就给诱导花粉分裂启动造成干扰。花粉培养排除了花药壁和绒毡层细胞的影响,避免花药培养中倍性混乱,便于研究和分析结果。另外,花粉培养需要的空间很小,花粉粒密度大,因而培养的效率高。但花粉培养比花药培养难度大,成功率低,所以只能作为单倍体育种的辅助方法。

2. 花药和花粉培养意义

花药和花粉培养的主要目的是获得纯系育种材料和进行单倍体育种,缩短育种年限和提高育种效率。花药和花粉培养育种已与常规杂交育种、远缘杂交育种、诱变育种以及转基因技术相结合,是生物技术在农作物育种中应用最广泛、最有成效的方法之一。

(二)花药培养

1. 花药培养的流程

(1)材料的选择与预处理　通过花药培养成功获得单倍体植株最多的是茄科植物,其次是十字花科、禾本科和百合科植物等。即使是在这些植物中,不同植物类型和同一类型的不同品种对花药培养的反应也是不同的。在花药培养中,花粉的发育时期对于培养的成功与否是至关重要的。一般而言,单核后期的花药对培养的反应较好,比较容易诱导成功。选择合适的花粉发育时期,是提高花粉植株诱导成功率的重要因素。被子植物的花粉发育可分为四分体期、单核期(小孢子期)、二核期和三核期(雄配子期)4个时期。单核期和二核期又可分为前、中、晚期。对大多数植物来说,花粉发育的适宜时期是单核期,尤其单核中、晚期。花粉中形成的大液泡已将核挤向一侧,又叫单核靠边期。花粉发育时期的检测方法:一般将植物的花药置于载玻片上压碎,加 1～2 滴醋酸洋红染色,再进行镜检,以确定花粉发育时期。水稻等植物的花粉,处于单核期时尚未积累淀粉,在进入三核期后的花粉开始积累淀粉,因此可用碘-碘化钾染色鉴定。花的结构如图 7-1 所示。

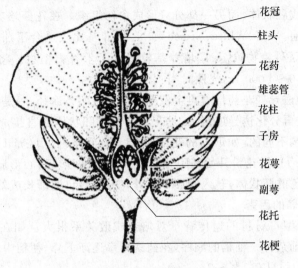

图 7-1 花的结构

此外,花粉发育时期与花蕾或幼穗大小、颜色等特征之间有一定的对应关系,可供田间采样时参照。如白菜单核期的花蕾 0.3～0.4 cm,茄子单核靠边期的花蕾 1.2～1.5 cm。

将采集的花蕾或花序进行适当的预处理能提高花粉植株诱导频率。主要处理方法有低温、离心、低剂量辐射、化学试剂(如乙烯剂)处理等。其中低温处理是最常用的方法,将禾谷类植物带叶鞘的穗子或其他植物的花蕾用湿纱布包裹放入塑料袋中,置冰箱冷藏。例如,烟草在 7～9℃放置 7～14 d,小麦、大麦在 7℃放置 7～14 d,水稻在 10℃放置 14～21 d 可大幅度提高诱导率。

(2)材料的消毒 花药培养时,一般消毒程序比较简便。由于花蕾未开放时,花药处于无菌状态之中,常以 70%酒精棉球擦拭材料外表或浸润片刻即可。不同植物消毒方法有些不同,在禾本科植物,适宜的穗子取来后,剪去剑叶,用 70%～90%乙醇擦洗表面,剥开叶鞘取出幼穗,剪去芒,再用 0.1% HgCl$_2$ 或 1%的次氯酸钠消毒,而对棉花、油菜等作物,应先去掉苞片,用肥皂水洗后冲干净,在 70%乙醇中浸泡 1 min,然后再用 0.1% HgCl$_2$ 或其他消毒液消毒,最后用无菌水冲洗材料 3～5 次备用。

(3)材料的接种 在超净工作台上用镊子剥去部分花冠,露出花药,夹住花丝,取出花药接种到培养基上。注意不要直接夹花药,以免损伤。因为花药受损后可能刺激花药壁细胞形成二倍体的愈伤组织,受损的花药应去掉,同时也要把花丝去掉,因为花丝也是二倍体组织。对于花器很小的植物,可能需要借助解剖镜夹取花药。花药的接种密度因培养方式而异,接种密度宜高,以促进"集体效应"的发挥,有利于提高诱导率。固体培养时 50～100 mL 三角瓶一般接种 10～20 个/瓶,9 cm 平皿一般接种 20～40 个/皿。若为液体培养,一般 10 mL 液体培养基中接种 50 个左右的花药。

(4)花药的培养 一种植物的花药可以在一种培养基上长幼苗,而在另一种培养基上则形成愈伤组织。如水稻通常在含有生长素的培养基上诱导出愈伤组织,而在不含任何激素的 N_6 培养基上长出胚状体。但在辣椒的花药培养中,只要培养基合适,甚至可以在同一花药上一部分花粉形成胚状体,而另一部分只形成愈伤组织。在花药培养中,总的来说以 MS 培养基应用最为普遍。MS、White、Nitsch 和 N_6 培养基比较适合于茄科植物;B_5 培养基比较适合于芸薹属和豆科植物;B_5、N_6 培养基较适合于禾谷类植物。将培养材料置于 25～28℃,光照强度 1 000～4 000 lx,光照时间 12～18 h/d。

(5)植株再生的诱导 花药培养再生植株的形成有两条途径,一是花药中的花粉形成愈伤组织,愈伤组织经再分化诱导成苗;二是花粉分化成胚状体而直接成苗。不同的植物,花粉植株诱导的情况是不同的,如烟草的花药在 25～28℃条件下培养 1 周,就可看到部分花粉粒开始膨大,2 周后这类花粉开始细胞分裂,相继形成球形胚、心形胚等,3 周后即可在花药裂口处看到淡黄色的胚状体,转入光照下培养,变成绿色,逐渐长成幼苗。

2. 影响花药培养的因素

(1)材料的基因型 材料的遗传背景对培养成败关系很大。如在水稻中,依糯稻—粳稻—粳籼杂种—籼籼杂种—籼稻的顺序,花药诱导率逐渐下降,粳稻中花粉愈伤组织诱导率平均可达 10%,而籼稻只有 1%～2%。

(2)材料的生理状况 亲本植株的生理状况,对诱导频率有直接影响。烟草开花早期的花药比后期的更易于产生花粉植株,开花后期的花药不易培养的原因可能是花粉的可育性有所下降。花粉植株的诱导频率还与亲本植株的生长条件密切有关。

(3)培养基 培养基的种类影响培养效果:基本培养基的组成对花药的培养成功率有明显的影响。

不同的蔗糖浓度影响培养效果,培养基中蔗糖不仅是最好的碳源,而且还起到调节渗透压的作用。对于烟草 2% 的蔗糖效果最好,花粉可经胚状体途径直接发育为花粉植株,小麦由花药诱导花粉愈伤组织用 5%～10% 较为适宜,愈伤组织分化成苗则用 5%～8% 为好。

激素对于绝大多数植物的离体花粉的发育常常起着关键作用。在实验过的植物种类中,只有烟草、水稻和小麦花药可在无激素的培养基上能产生花粉胚和植株。而大多数非茄科植物,小孢子(花粉)先形成愈伤组织,然后进一步分化成单倍体植株,对这类植物,外源激素是不可少的。特别是 2,4-D 促使禾谷类的花粉发育成愈伤组织。在含有高浓度的生长素的培养基上,茄科植物的花粉胚也会转化成愈伤组织。要使花粉愈伤组织分化为植株,需将它们转移到含低浓度生长素和较高细胞分裂素的分化培养基上。

培养基中添加活性炭,对花粉雄性发育可能有促进作用,如培养基中添加 2% 活性炭,使烟草雄核发育的花药数由 41% 增加到 91%,每个花药形成的植株数也增加,玉米花药培养中加 0.5% 活性炭,使花粉愈伤组织或花粉胚的诱导频率提高 1 倍左右。

(4)培养条件 培养条件中最主要的是温度,实验结果表明离体培养的花药对温度比较敏感,曼陀罗、小麦和油菜都是要求较高的植物,在 30～32℃下花粉胚的生成率或花粉诱导组织的诱导率较在 26～28℃下高得多。对大多数植物而言,培养室温度控制在 28～30℃是适宜的,但随着培养温度的提高,水稻花粉愈伤组织分化白化苗的频率也随之增加,因此,培养温度最好控制在 26～28℃。禾谷类植物的花药培养,其花粉愈伤组织的诱导频率黑暗下高于光照下。但当愈伤组织转移到分化培养基上之后,光照则有利于愈伤组织的分化和胚状体的发育。当植株分化后,光照对再生植株的健壮生长则更为重要。至于光质的研究很少,据报道,蓝光和紫光对芽的分化有促进作用,红光有抑制曼陀罗花粉胚胎发生的效应。

3. 花药培养的应用实例

(1)水稻的花药培养流程如图 7-2 所示。

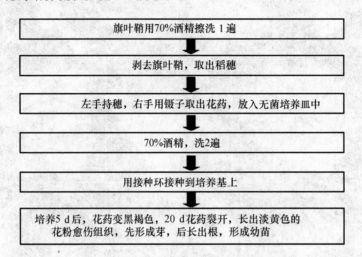

图 7-2　水稻的花药培养流程

(2)小麦的花药培养流程如图 7-3 所示。

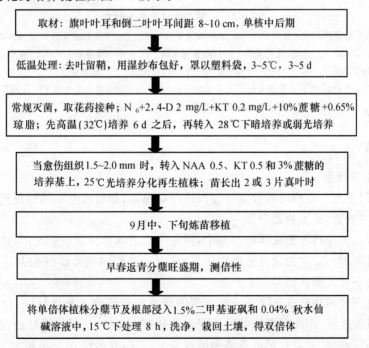

图 7-3　小麦花药培养流程

小麦花药培养的各个时期如图 7-4 所示。

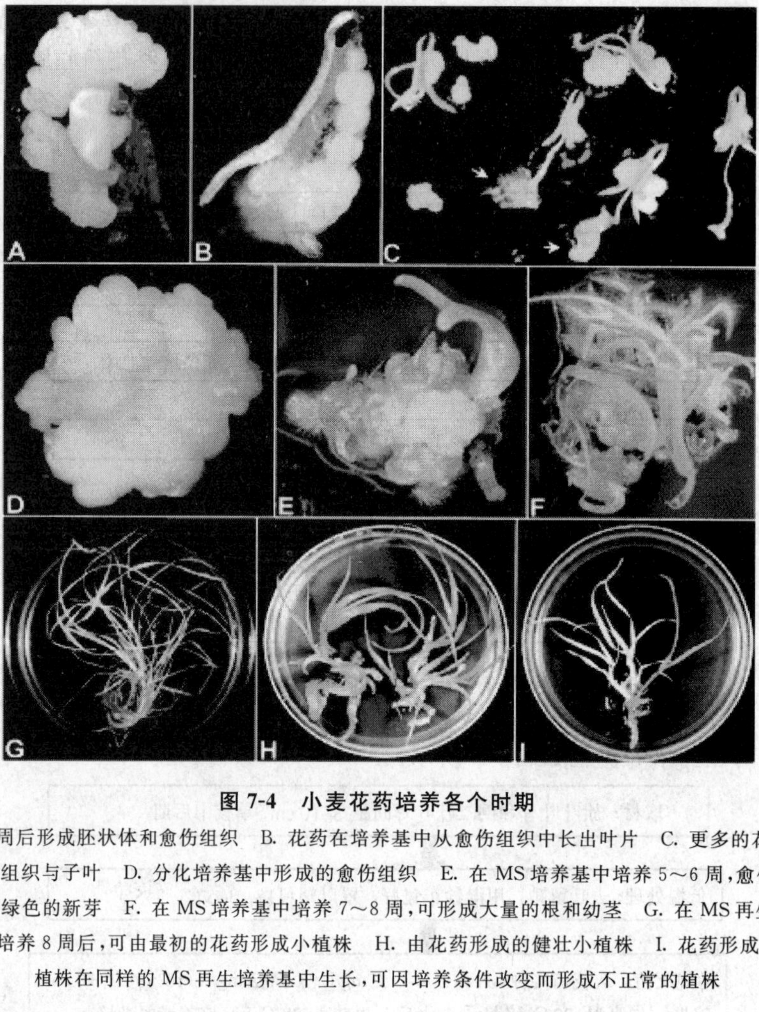

图 7-4　小麦花药培养各个时期

A. 花药诱导 3 周后形成胚状体和愈伤组织　B. 花药在培养基中从愈伤组织中长出叶片　C. 更多的花药在培养基上诱导出愈伤组织与子叶　D. 分化培养基中形成的愈伤组织　E. 在 MS 培养基中培养 5～6 周,愈伤组织开始分化根和绿色的新芽　F. 在 MS 培养基中培养 7～8 周,可形成大量的根和幼茎　G. 在 MS 再生培养基中培养 8 周后,可由最初的花药形成小植株　H. 由花药形成的健壮小植株　I. 花药形成的植株在同样的 MS 再生培养基中生长,可因培养条件改变而形成不正常的植株

(三)花粉培养

1. 花粉培养流程

(1)花粉的分离　花粉培养首先要分离出单花粉粒,在分离花粉时要做到花粉发育时期整齐,有一定的数量,要无菌无杂质。

①压挤法　将花药置于液体培养基中,用平头的玻璃棒反复挤压花药,挤出花粉后用镊子将花药空壳取出。此法的优点是操作简便,缺点是花粉中混有体细胞并且所得的悬浮液中花粉密度也不易控制。

将经预培育过的花药或从刚采下的花蕾中取出的花药放入小烧杯中,加入一定浓度的蔗糖溶液或甘露醇液,用注射器内管轻压研磨花药挤出花粉,然后将得到的花粉与花药壁残渣的混合液通过网筛(一定孔径的不锈钢筛或尼龙布筛,孔径应比花粉粒大 10 μm 左右)收集到离心管内,于是大块花药壁残渣被留在网上,离心管中含有花粉与小块花药壁残渣。离心管经 500～1 000 r/min,花粉粒沉淀,小块花药壁残渣留在上清液中,弃去上清液,再重复加悬浮液离心洗涤两次,最后再用培养液离心纯化一次。加入花粉液体培养基,用血球计数器计数调整密度后进行培养,接种密度一般为 $10^4 \sim 10^5$ 个/mL。此方法的优点是操作简便,缺点是花粉中会混杂有体细胞。该方法对双子叶植物较为适用,但对禾谷类作物不太适用,并且容易损伤花粉粒。

②漂浮法 利用一些植物的花药漂浮在液体培养基能自行开裂,脱落出花粉的特性建立了脱落花粉系列收集法。将花粉发育处于单核中、晚期的花药,经一定时间的低温处理后,按每升 $60 \sim 100$ 枚的花药密度接种在适宜的液体培养基上,培养一定天数后,漂浮的花药自动裂开,花粉脱落在液体培养基中,其间转移花药到相同的新鲜液体培养基中,供再脱落,连续收集之用。合并收集脱落花粉悬浮液于离心管中,通过离心重复清洗两次($1\,000$ r/min,$1 \sim 2$ min),再悬浮于液体培养基,用血球计数板计数,使花粉密度达 10^5 个/mL 左右。此法操作简便。

③磁拌法 该法是将花药接种于盛有培养液和渗透压稳定剂的三角瓶中,再放入一根磁棒,为提高其分离速度,可另加入几颗玻璃珠,置于磁力搅拌仪上,低速转至花药呈透明。此法分离花粉比较彻底,但对花粉有不同程度的损伤。

(2)花粉培养

①预培养 将花药在液体培养基中先培养 $2 \sim 4$ d,然后挤出花粉,经离心洗涤纯化后悬浮于液体培养基中培养,密度可调整为 $10^4 \sim 10^5$ 个/mL。培养液的厚度以能盖过培养皿底部为宜,使花粉粒不会浸入培养基太深,待愈伤组织或胚状体形成后,转入分化或胚发育培养基上生长。

②直接培养 从未经任何预培养或预处理的新鲜的花药中分离花粉粒,直接接种到合成培养基中进行培养。这个方法在 20 世纪 50 年代就能诱导某些裸子植物如银杏等的花粉形成愈伤组织,但在很长时间里没有取得进展。后来在普通烟草花粉直接培养上,经胚状体途径获得成功。其关键是取花粉处于二核期阶段的花药在水中分离花粉粒,并在水中培养 $5 \sim 7$ d,再转到加有蔗糖和谷氨酰胺的培养基中培养,即可通过形成花粉胚而长成花粉植株。在烟草花粉直接培养上,40%花粉粒经胚状体途径获得植株成功。统计表明,花粉在水或无糖培养基上培养存活率高。含糖培养基上培养存活力迅速下降,此点可能是由于离体花粉不能获得胚状体发育的主要原因之一。更有可能是无糖饥饿效应促进了存活的离体花粉发育途径的改变。

③看护培养 有些植物细胞,一旦分离出来,不仅不能分裂、增殖,还可能死亡。如果用花药或一块愈伤组织来哺育单细胞,从而使其正常分裂、增殖的方法,称"看护培养"(图7-5)。

看护培养是 Sharp 等(1972)建立的一种培养方法,成功地从番茄花粉中得到细胞无性系,具体做法是将完整花药接种在琼脂培养基上,将一片无菌滤纸放在花药上,再将花粉粒接种在滤纸上,培养 1 个月后,在滤纸上形成细胞群落。

2. 影响花粉植株培养的因素

(1)基因型 和花药培养一样,基因型会影响花粉植株诱导成功率。

(2)花粉的发育时期 花粉植株的培养成功率与花粉发育时期有很大关系。这和花药培养一样,花粉培养中花粉发育时期要求比花药培养的花粉发育时期略晚一些。如烟草的花药

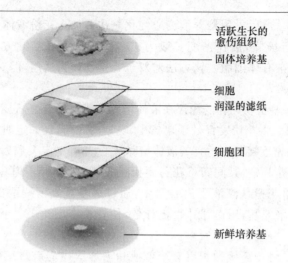

活跃生长的
愈伤组织
固体培养基

细胞
润湿的滤纸

细胞团

新鲜培养基

图 7-5 看护培养方法

培养选用花粉粒单核晚期的花药进行培养,但同品种在进行花粉培养时以双核中期的花粉粒为宜。玉米花粉培养是先将花粉粒发育期为单核中期的雄穗放入低温下进行预处理,在分离花粉粒进行培养时,雄穗中的花粉粒已发育到单核晚期至双核早期,这是合适的时期。十字花科植物的花粉培养选用发育时期更晚的花粉粒为宜。

3. 花粉培养应用实例

(1)甘蓝花粉培养过程

①取蕾(花蕾长度 3~5 mm)。

②消毒(70%乙醇 30 s,0.1%升汞 10 min,无菌水冲洗 3 次)。

③分离小孢子(花蕾放入试管,加 1 mL B_5,玻璃棒碾磨,用漏斗过滤)。

④B_5 悬浮(小孢子过滤到离心管中,用 B_5 洗液定容到 10 mL)。

⑤离心(800~1 000 r/min,5 min,重新悬浮后重复离心两次弃上清,加入 NLN 培养基重悬)。

⑥封装(7.5 cm 培养皿,密度 1 蕾/mL)。

⑦热激处理(暗培,32℃,48 h)。

⑧胚诱导(25℃暗培养 2~3 周,有可见胚后转至摇床上 25℃、60 r/min 振荡培养 1~2 周)。

⑨再生株诱导(B_5 或 MS 培养基,生芽、生根、继代多次)。

⑩移栽(室内锻炼 2~3 d,取出小苗,洗净培养基,移栽到塑料杯中浇足水,用塑料袋遮盖保湿,注意水分管理,室温放置 1 周,试管苗缓活,去掉覆盖物,此时移栽到大田)。

(2)七叶茄花粉培养的操作程序 取花粉处于合适时期的花蕾,置于冰箱中,在 5~8℃低温中预处理 48 h。

去花萼,用 70%乙醇消毒 5~8 s,用 10%次氯酸钠消毒 7~8 min,最后用无菌水冲洗 3 次。

将消毒过的花蕾剥开,取出花药,接种到 MS+2,4-D 2 mg/L+KT 1 mg/L+蔗糖 30 g/L+琼脂 7 g/L 培养基上,在 28℃弱光下预培养。

4 d 后取出花药,放在 10 mL 的小烧杯中。用液体培养基作为清洗液,用注射器将花药挤出。液体培养基为 MS 大量元素＋谷氨酰胺 800 mg/L＋丝氨酸 100 mg/L＋肌醇 5 g/L＋蔗糖 30 g/L＋2,4-D 2 mg/L＋KT 1 mg/L,pH 5.8。用 0.45 μm 孔径的过滤膜过滤。以上培养液装入 20 mL 的培养瓶中,每瓶装入 1.5 mL 液体培养基,花粉密度达 4×10^5 个/mL,置于温度 28℃左右条件下进行静止液体培养。

培养 20 d 后把培养瓶放在 4 r/min 的转床上进行旋转培养。

花粉愈伤组织长到 3～5 mm 大小时,就可以转到 MS＋NAA 0.05 mg/L＋KT 1 mg/L＋蔗糖 20 g/L 固体培养基上继代培养。

培养 15 d 后,愈伤组织较紧密且呈浅绿色。然后再转入 MS＋NAA 0.005 mg/L＋6-BA 1 mg/L＋水解酪蛋白 500 mg/L＋蔗糖 10 g/L＋AC 2 g/L 培养基上。15 d 后长出绿色芽点,继续培养 10 d 后长成具有 2 片叶子的小植株,再转入 MS＋IAA 0.2 mg/L＋蔗糖 20 g/L 生根培养基中。15 d 后分化出 3～4 条根,20 d 后发育成完整的植株。

(四)单倍体植株的鉴定及染色体加倍

由于细胞来源不同和雄核发育途径的差异,花粉植株的染色体数的变化是很大的,因此,需要进行鉴定。

1. 花粉植株的倍性

由花药培养产生的花粉植株不仅有单倍体,还有二倍体、三倍体及非整倍体。不同倍性花粉植株的来源是:①花粉细胞核内发生有丝分裂,或畸变产生二倍体、四倍体;②花粉细胞核分裂并出现核融合,可产生三倍体、五倍体;③花药壁或花药内部组织(浓毡层)细胞同时发育,产生二倍体。植物种类、接种花药的花粉发育时期、培养基中生长调节剂种类与浓度均可影响花粉植株的倍性。而花粉植株的发生途径、愈伤组织继代培养时间长短的影响尤为显著。一般由花粉胚状体直接成苗或由第二代愈伤组织分化成苗,单倍体频率高,如在烟草中单倍体几乎为 100%。此外,随着愈伤组织继代次数、继代时间的增加,二倍体的比例也会增加。

2. 单倍体植株的鉴定

通过各种途径获得的单倍体后代常是混倍体,各个体间的染色体数目并不完全相同,有的植物在试管培养中其再生植株的染色体数目也常发生变异,所以必须对其后代进行鉴定。鉴定方法既可以根据形态特征进行间接鉴定,也可以镜检体细胞中的染色体数或花粉母细胞中染色体数以及染色体配对的情况进行直接鉴定。

(1)形态鉴定 单倍体植株在植物形态上与二倍体、多倍体是有较明显区别的。首先在植株外貌特征上,单倍体植株瘦弱、叶片窄小、花小柱头长;二倍体或多倍体植株健壮高大、叶片宽大、花大柱头短;在开花及花粉特征上,单倍体植株虽能开花,但不能结实,花粉败育,不着色,花粉粒小;二倍体植株开花结实正常,花粉粒大、着色好、育性正常;在气孔大小上也有差别,单倍体气孔小,倍性越高气孔越大,单位面积气孔数目越少。

(2)细胞学鉴定 这是确定倍性最基本和最可靠的方法。通过对根尖细胞或花粉母细胞减数分裂中期的染色体,从数目和形态上利用细胞学显微技术鉴定,以最后确定是单倍体、二倍体、多倍体或非整倍体。

3. 单倍体植株的染色体加倍

单倍体植株营养体瘦小,高度不育,只有将其加倍成为纯合二倍体植株,在育种上才有利用价值。常用的加倍方法有:

(1)自然加倍 通过花粉细胞核有丝分裂或核融合染色体可自然加倍,从而获得一定数量的纯合二倍体。

(2)人工加倍 诱导染色体加倍的传统方法是用秋水仙素处理。处理方法有小苗浸泡、芽处理、浸根或浸泡分蘖节等。

以双子叶植物烟草为例,把具有 3~4 片真叶的花粉植株浸于过滤消毒的 0.4% 秋水仙素溶液中 24~28 h,然后转到生根培养基(T 培养基)上,使其进一步生长。也可将含有秋水仙素 0.2%~0.4% 的羊毛脂涂在顶芽或上部叶片的腋芽上,去掉主茎的顶芽,促进侧芽长成二倍体的可育枝条。禾本科植物染色体加倍,一般要在秋水仙素溶液中加有助渗剂二甲亚砜(1%~2%)浸泡分蘖节。具体方法是:在分蘖盛期,将花粉植株从土中挖出,洗净根部的泥土,浸泡在秋水仙素溶液中,要注意一定要将分蘖节浸入药液中。由于不同植物对秋水仙素的耐受能力不同,所以不同作物用秋水仙素处理的浓度和时间不同。小麦一般采用 0.04% 秋水仙素溶液处理 8 h,水稻宜用 0.2% 秋水仙素处理 24 h。

(3)从愈伤组织再生 将单倍体植株的茎段、叶柄等作为材料,在适宜的培养基上诱导愈伤组织产生,经反复继代后再将其转移到分化培养基,可以得到较多的二倍体植株。但在分化出的植株中,常有较多的多倍体或非整倍体植株存在,故需进行倍性鉴定后,方可利用。

4. 单倍体植株在育种中的作用

(1)缩短育种年限:获得单倍体植株后,经染色体加倍即得纯合二倍体,排除显隐性的干扰,提高了选择的准确性;只要选得符合育种目标要求的二倍体植株,即可繁殖推广,这样从杂交到纯合品种的获得只需 3~4 年,而常规杂交育种一般需要 7~8 年,这样单倍体育种大大缩短了育种年限。

(2)克服远缘杂交的困难。

(3)提高诱变育种的效率:单倍体较易发生突变,变异当代便可表现,便于早期识别选择。

(4)合成育种新材料:远缘杂交 F_1 代加倍后可产生由双亲部分遗传物质组成的崭新材料。

(5)有利于隐性基因控制性状的选择:杂交育种中常因等位基因中隐性基因被显性基因掩盖,而使隐性基因控制的性状不表现,要连续种植数代,直至隐性基因纯合才出现该基因的性状。

二、胚培养与离体受精

(一)胚培养

胚培养是在无菌条件下,把植物成熟胚或未成熟胚从种子中分离出来,接种人工培养基上培养,使其发育成正常幼苗的过程。

胚胎培养已有近百年,1904 年 Haning 首次培养了萝卜和辣椒的胚,并萌发形成小苗。20 世纪 30 年代把兰科植物的胚培养成小植株。40 年代进行苹果、桃、柑橘、梨、葡萄、山楂、马铃薯、甘蓝与大白菜的种间杂种的胚胎培养、胚乳培养及子房与胚珠培养。

1. 胚培养的意义

（1）克服远缘杂种的不育性　在高等植物的种间和属间远缘杂交中，往往遇到花粉不能在异种植物上萌发，或虽萌发但花粉管不能正常伸入子房，或受精后胚乳发育不良，致使杂种胚败育，得不到杂种种子。1983年中国农科院棉花研究生，用陆地棉与中棉进行种间杂交，在传粉15～18 d取出幼胚培养，获得了杂种后代，从而使中棉早熟、抗逆性强等优良性状转移到陆地棉，由此获得了早熟、丰产、优质、抗病强的新品种。

（2）使胚发育不全的植物获得后代　如兰花、天麻的种子成熟时，胚只有6～7个细胞，多数胚不能成活。如在种子接近成熟时，把胚分离出来进行培养，就能生长发育成正常植物。许多落叶果树的种子多是早熟的，种子往往不育。用胚胎培养可以将不正常萌发的种子培养出第二代植物。这在杏、桃、李、梨等多种果树上获得成功，并用于生产。

（3）缩短育种年限　通过幼胚培养打破种子休眠，缩短育种周期。如通过胚培养可使鸢尾的生活周期由2～3年缩短到1年以下；从菖蒲的成熟种子中取出的胚，在琼脂培养基上培养，能使其开花期由原来2～3年缩短至1年以内。具有高芒种子的鸢尾，其种子休眠期长达几个月至几年。现经培养，2～3个月内，这些种子就能在试管中发育成具有良好的根和叶的实生苗。利用胚胎培养这一技术，已可使鸢尾从种到开花的周期至少缩短1年。

2. 胚培养的方法

离体胚培养根据胚胎发生过程中不同发育程度的胚，一般可分为成熟胚培养和幼胚培养。

（1）成熟胚培养　成熟胚一般指子叶期后至发育完全的胚。它培养较易成功，在含有无机大量元素和糖的培养基上，就能正常生长成幼苗。由于种子外部有较厚的种皮包裹，不易造成损伤，易于进行消毒，因此，将成熟或未成熟种子用70％酒精进行几秒钟的表面消毒，再用无菌水冲洗3～4次，然后在无菌条件下进行解剖，取出胚并接种在适当的培养基上培养。

（2）幼胚培养　幼胚是指子叶期以前的幼小胚，由于幼胚培养在远缘杂交育种上有极大的利用价值，因此，其研究和应用越来越深入和广泛。随着组织培养技术的不断完善，幼胚培养技术也在进步，现在可使心形期胚或更早期的长度仅0.1～0.2 mm的胚生长发育成植株。由于胚越小就越难培养，所以，尽可能采用较大的胚进行培养。现在幼胚培养成功的有大麦、荠菜、甘蔗、甜菜、胡萝卜等。幼胚培养培养方法如下。

①表面消毒：取大田或温室里种植的杂交植株的授粉后的子房，用70％乙醇进行表面消毒，接着用饱和漂白粉或0.1％升汞浸泡10～30 min，再用无菌水冲洗3～4次，去除残留的药物。

②胚的剥离：幼胚是一种半透明、高黏稠状组织，剥离过程中极易失水干缩，因此在剥离时一定要注意保湿，且操作要迅速。在高倍解剖镜下进行解剖，用刀片沿子房纵轴切开子房壁，再用镊子夹出胚珠，剥去珠被，取出完整的幼胚（图7-6）。

③接种培养：剥离出来的幼胚要立即接种到培养基上，放在培养室中进行培养。培养室温度20～30℃，光照强度2 000 lx，光照10～14 h/d。培养一段时间后，观察幼胚的发育。

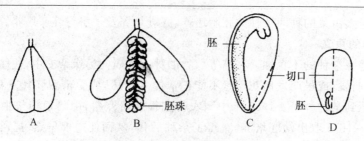

图 7-6 荠菜胚的剥取方法

A. 蒴果　B. 剥开蒴果,露出胚珠　C. 含有拐杖形胚的胚珠　D. 含有球形胚的胚珠

幼胚离体培养的生长发育方式有 3 种。

①胚性发育。幼胚接种到培养基上以后,仍然按照在活体内的发育方式发育,最后形成成熟胚(有时可能类似种子)然后再按种子萌发途径出苗形成完整植株,通过这种途径发育的幼胚一般情况下一个幼胚形成一个植株。

②早熟萌发。幼胚接种后,离体胚不继续进行胚性生长,而是在培养基上迅速萌发成苗,通常称之为早熟萌发。

③形成愈伤组织。在许多情况下,幼胚在离体培养中首先发生细胞增殖,形成愈伤组织。由胚形成的愈伤组织大多为胚性愈伤组织,且很容易分化形成植株。

3. 影响胚培养的因素

(1)培养基　成熟胚是一个充分发育的两极结构,即含有根原基和茎原基以及一个或两个次生附属子叶。一般成熟胚是自养的,而且其在以后的发育很大程度上受它们固有因素的控制,成熟胚进一步发育,产生根和茎,形成幼苗。

①碳源:碳源不仅作为有机碳源和能源,而且是为了保持培养基适当的渗透压,以防止胚的早熟萌发现象发生,保持胚性生长。蔗糖是最为适宜的碳源,一般处于发育早期的幼胚需要较高的蔗糖浓度,随着胚的不断发育,则要求逐步降低蔗糖浓度。如曼陀罗前心形胚蔗糖浓度为 8%,后心形胚期为 4%,鱼雷形胚需 0.5%~1%,成熟胚在无蔗糖的培养基上就能生长得很好。

②培养基 pH:不同植物胚生长要求的最适 pH 也不同,一般在 5.2~6.3,如番茄为 6.5、水稻为 5.0、柑橘为 5.8、苹果为 5.8~6.2。

③维生素:维生素对培养幼胚是必需的,常用维生素包括盐酸硫胺素、烟酸、泛酸、盐酸吡哆醇、抗坏血酸等。维生素及其衍生物对胚生长的促进作用不同,例如,盐酸硫胺素对几种植物胚的培养表现出促进根的伸长,而烟酸和泛酸对茎生长的促进作用比对根更为显著。

④附加成分:天然植物提取液如水解酪蛋白、椰子汁、酵母提取物、麦芽提取物以及天然胚乳提取物等,对幼胚的生长都有不同程度的影响,如椰子汁可促进幼胚生长和分化。

(2)培养条件

①光照:通常在黑暗或弱光下培养幼胚比较适宜,光照对幼胚发育有轻微抑制作用,离体培养条件下,幼胚正常胚性发育对光的要求,还应根据植物种类来决定。

如棉花,胚先在黑暗中培养,然后转入光照下培养,子叶的叶绿素生成很慢;而转入弱光下培养的幼胚,子叶很容易产生叶绿素。荠菜幼胚培养时,每天以 12 h 光照比全暗条件好。

②温度：大多数植物胚的培养在25℃是适宜的，但有些则需要较低或较高的温度。如禾本科植物成熟胚的萌发温度在15～18℃，马铃薯在20℃较好，柑橘、苹果和梨在25～30℃是合适的。有一些植物的胚培养需要在变温条件下进行，如进行桃胚培养时必须将接种在培养基上的胚放在2～5℃低温下处理60～70 d，然后转入白天24～26℃、夜间16～18℃的变温条件下培养，桃胚才能萌发。

(二)离体受精

1. 离体受精的意义

离体受精是指将未授粉的胚珠或子房从母体上分离下来，进行无菌培养，并以一定的方法授以无菌花粉，使之在试管内实现受精的技术称为离体受精。离体受精是常规育种的一个主要手段，通过这个手段，植物育种家不仅能把同一物种不同品种的性状结合在一起，而且还能把同一属不同种的性状结合在一起(远缘杂交)，从而创造出优良的植物新品种或新类型。离体受精技术可克服植物自交不亲和性和远缘杂交不亲和性，特别是克服花粉在柱头上不萌发或萌发后花粉管不能伸入花柱，或在花柱中生长缓慢，使配子不能如期融合的障碍有着极其重要的意义。

2. 离体受精的方法

(1)子房内受精　将不同发育阶段的子房连同一段花梗，经表面灭菌后接种到琼脂培养基上，然后将无菌的花粉人工授到子房的柱头上。花粉管发芽后，花粉管长入胚珠内受精，受精后的胚珠进一步发育形成种子。

子房的受精技术是一种接近自然界授粉情况的试管受精技术，在小麦子房离体授粉中获得了89.1%结实率，并培养出试管幼苗和成年植株。具体做法是早上在田间将开花前约2 d的母本麦穗连同带1～2片叶的茎秆取下，将整个麦穗进行表面消毒，在无菌条件下，把每个小花的外稃剥除，只留1片内稃，并去掉雄蕊，再从穗轴上切下雌蕊接种于培养基上。培养2 d后，子房上柱头呈羽毛状，此时进行授粉。培养子房的培养基用MS＋蔗糖5%＋琼脂0.8%。在培养基中附加酪蛋白水解物200～500 mg/L、GA_3 0.1～0.5 mg/L，以及KT 0.2～0.5 mg/L，能提高授粉后子房成活率和有效的结实率。离体授粉和胚的培养所需温度条件最好和自然界该种植物受精季节的温度相一致。

(2)离体胚珠受精　将胚珠从子房中剥离出来进行培养，然后将花粉授在胚珠珠孔处，也可以实现双受精，获得健康的种子。这种方法可以避免花粉和柱头之间的不亲和性，在远缘杂交上使用具有重要的意义。具体操作方法是在开花之后1～2 d，将花蕾取下，拿到实验室将花萼和花瓣去掉，以与胚培养相同的灭菌方法进行表面灭菌，然后去掉柱头和花柱，剥去子房壁，使胚珠暴露出来。一般是将这个长着胚珠的整个胎座连同一小段花柄插于培养基上，作为花粉的受体。也可以把胎座切成两半或数块，每块带有若干胚珠，或将胎座纵向切成两半，然后以各自的切口和培养基接触，在培养基上进行培养。授粉时将无菌的花粉撒在胚珠的珠孔附近，也可以将花粉撒在培养基上，使花粉萌发后再将带有胎座的胚珠接种在撒播的花粉中。

无菌花粉的获得，可将即将开裂的花药从花蕾中夹出，置于无菌培养皿内，在紫外光灯下照射5～10 min，使其表面杀菌。同时，在温度较高时花药可自动开裂，在无菌条件下从花药中取出花粉粒进行授粉，也可以在无菌的含有0.1%硼酸的10%蔗糖溶液中，使花粉管先萌发而后将萌发的花粉进行授粉。胚珠培养一般用 Nitsch＋甘氨酸 1 mg/L＋盐酸 1 mg/L＋维生素 B₆ 1 mg/L,也可加酪蛋白水解物 500 mg/L＋蔗糖 2％＋琼脂 0.6％。培养温度在 15～25℃,不同植物有一定差别。培养基的作用是保证花粉粒的萌发和维持受精胚珠的正常发育。已广泛应用于离体受精的培养基是 Nitschhe 和 White 培养基,MS 也是广泛采用的培养基之一。

(三)胚培养技术操作实例

1. 苹果成熟胚培养

(1)取材与消毒　将经层积处理成熟饱满的苹果种子在蒸馏水中浸泡 12 h,用 70％乙醇浸泡消毒 10 s,然后用 12％次氯酸钠灭菌 15 min,经无菌水冲洗 3 次后,接种列 1％琼脂上,70 d 后剔除生根的种子,剩下的种子消毒后分离胚组织。

(2)种胚剥离培养　将种子放在无菌培养皿中,用镊子夹住,用解剖刀先将种皮划破,再用镊子轻轻把种皮剥去,用解剖刀沿胚胎的边缘小心剥离胚乳。分离出胚后,用无菌水将每一个胚冲洗 3 次,然后移入装有 MS 培养基的三角瓶中,放入黑暗中培养,保持温度 25℃。培养 3～4 d 后,转入光下继续培养即可形成完整植株。

2. 柿幼胚培养

(1)从开花后 70 d 的罗田甜柿(*Diospytos kaki* L. f.)取出幼果。

(2)先用自来水冲洗柿子幼果,再用 70％乙醇浸泡 30 s,然后用 1％次氯酸钠(加吐温-20)浸泡 10 min,无菌水冲洗 3～4 次。

(3)剥取幼胚接种于 MS＋IBA 0.3 mg/L＋ZT 0.44 mg/L＋蔗糖 7 g/L＋AC 3 g/L 的培养基上。在恒温 28℃、光照 14 h/d 条件下培养。

(4)在生根培养基 MS＋IAA 1.0 mg/L 上暗处理 4 d,生根率达 77.9％。

三、体细胞无性系变异与突变体的筛选

(一)体细胞无性系变异

1981 年,Larkin 和 Scowcroft 深入分析了前人有关植物组织培养再生植株中出现变异现象的研究成果,提出通过任何形式细胞培养所获得的再生植株统称为体细胞无性系,而将植物外植体经组织、细胞培养的脱分化和再分化过程,在再生植株中所表现出来的各种变异称为体细胞无性系变异。

1. 体细胞无性系变异的分类

植物体细胞无性系变异大体上有两种来源:

(1)外植体中预先存在的变异　外植体中预存的变异指外植体中已经存在的、于再生植株中表达出来的变异。多细胞外植体一般来源于不同组织,并且由多种类型的细胞组成,其染色体倍性水平也并不一致。像薄壁细胞、韧皮部细胞、木质部细胞等均属于多细胞,这些细胞在不同组织内的分化和生长是非同步的,当在外来因素(如激素水平、培养时间)影响下,这些细胞的发育方向就会发生改变,从而产生变异。嵌合体是上述变异的一个重要来源。Harmann(1983)认为,由于嵌合体中构成组织的细胞遗传背景不同,或者是分生组织

中存在变异细胞,组织培养中的嵌合体能够发生高频率的变异。McPheeters 和 Skirvin 发现,来源于有刺黑梅的无刺嵌合体,在组织培养后获得再生植株中几乎有半数为短刺或者无刺的黑莓。导致嵌合体分离最普遍的原因是不定芽的发生,因为不定芽被认为是从单细胞或特定组织的少数细胞起源的。

(2)组织培养过程中产生的变异 组织培养过程中产生的变异,即在细胞脱分化至再分化过程中所产生的变异。1989 年 Karp 把由愈伤组织产生的变异称之为"愈伤组织无性系变异",即经过愈伤组织或细胞悬浮培养,而不是经过分生组织的茎尖培养或微繁殖所产生的变异。

2. 植物体细胞无性系变异的应用

(1)改良作物品种、拓宽种质资源 据统计,诱导突变已被用来改良诸如小麦、水稻、大麦、棉花、花生和菜豆这些种子繁殖的重要作物。在全世界 50 多个国家中已发放了 1 000 多个由直接突变获得的或由这些突变相互杂交而衍生的品种。在各国现有通过体细胞诱变选育的谷类作物品种中,品质得到不同程度改良的占 34.3%。在水稻方面,国外至少育成了 12 个米质优良的品种。如法国选育的 Delta,以其良好的籽粒品质占该国水稻总面积的 20%。此外,还有丹麦无花青素原大麦 Galant。据不完全统计,诱变品种中大约有 1/4 是抗病品种,其中 80% 左右为抗真菌品种。耐盐、抗旱、抗寒变异也已筛选出众多中间材料,有的已进入区域试验,有的已用于生产。

(2)加强外源基因向栽培种的渐渗 对远缘杂交的体细胞杂种、单体异附加系和异代换系等材料进行组织培养,能使它们发生遗传交换,提高外源基因向栽培种渐渗。

(3)遗传学研究突变体直接用于基因功能鉴定 突变 DNA 序列用作分子标记进行遗传研究。利用突变体策略已分离出一些功能基因和抗病基因,如玉米乙醇脱氢酶基因 ADH,赤霉素合成相关基因、生长素敏感性基因等。

(二)突变体的筛选

对无性系常规筛选工作主要在田间进行,和杂交育种一样,对杂交的后代要进行几年的筛选工作。利用组织培养技术进行筛选,是用分子生物学的知识,微生物学的研究方法,以植物细胞作为实验系统,大量筛选拟定目标的突变体,来改变植物遗传性状的一种方法。也就是说,把植物细胞培养在附加一定化学物质的培养基上,用生物化学的方法,从细胞水平上大量筛选拟定目标的突变体。

1. 突变体筛选的意义

与传统的育种方法相比,体细胞突变体筛选具有突出的优点:一是诱变数量大、诱变几率高。1 mL 单细胞可有十几万至几十万个细胞;二是与种子、苗木、插条比较,从细胞水平上诱发突变,重复性好,稳定性好。突变体的应用主要有 3 个方面:①为细胞杂交和基因导入提供选择记号,如携带标记基因 Gus 的细胞系;②用于遗传和代谢研究;③对农作物性状进行遗传改良。

2. 突变体筛选目标

(1)改良农作物品质 作物品质实际是指食品的营养价值,食品的营养价值主要取决于蛋白质和氨基酸的含量,特别是氨基酸的组成。谷类作物中的多数作物赖氨酸、苏氨酸、异亮氨酸含量偏低;豆类作物中蛋氨酸偏低。如果能够提高谷类作物和豆类作物必备的氨基酸含量,那么就提高了食品的营养价值,也就等于提高了农作物产量。如对高赖氨酸水稻突变体筛选的研究,诱变剂为甲基磺酸乙酯,用 S-(2-氨乙基)-半胱氨酸为选择因子,所得突变株经测定,蛋氨酸含量增加 14%;游离天门冬氨酸增加 17%,而且比野生种增加 3%;游离异亮氨酸和亮氨酸比野生种增加 4~8 倍。

(2)抗病突变体筛选 抗病细胞突变体的筛选原理是在培养基中加入一定量的致病毒素,对于毒素敏感的细胞则被淘汰,对于毒素有抵抗力的细胞就存活和繁殖起来,这些抗病的愈伤组织细胞分化形成的植株具有抗病性。如烟草抗野火病突变体筛选,以烟草野火病类似物,蛋氨酸磺基肟为选择因子。并获得烟草抗野火病突变体。目前已知的至少有 83 种真菌病和 19 种细菌病有病源毒素,根据目的不同,可在培养基中加入某种毒素从生存的植株中选出抗病个体。

(3)抗性突变体筛选 在含有 NaCl 液体培养基中培养辣椒和烟草,可筛选出能在 1%~2% NaCl 条件下生存的抗盐突变细胞株,培养几代后再回到含盐培养基中,仍具有抗盐性。

在辣椒愈伤组织悬浮培养时,用甲基磺酸乙酯(EMS)作为诱变剂,得到抗低温的突变株。

(4)高光效突变体筛选 自然界具有高光效、低光呼吸植物,也就是 C4 植物。如小麦、高粱、甘蔗、苋菜。自然界还具有低光效、高光呼吸植物,即 C3 植物。如小麦、水稻、大豆、番茄。如何将 C3 植物变为 C4 植物,使 C3 植物具有高光效、低光呼吸的特点,将会大大提高作物产量和品质。

3. 突变体筛选应用实例

下面以抗稻瘟病突变体的筛选为例,介绍抗病细胞突变体的筛选方法:

(1)获得水稻花粉愈伤组织 取花粉粒处于单核后期的花药,接种在已准备好的培养基上。诱导出的花粉愈伤组织,继代培养 1~2 次(每 3 周 1 次)。

(2)细胞诱变 将甲基磺酸乙酯溶解于 N_6 液体培养基中,药剂先要用少量乙醇溶解,而后再溶于 N_6 培养基中,浓度为 0.1%。将水稻花粉愈伤组织转入以上培养基中 24 h,促进愈伤组织细胞产生突变。而后用无诱变剂的继代培养液冲洗 3 次,再转入固体继代培养基中缓冲培养 3~5 d 即可用于突变体筛选。

(3)稻瘟菌培养与毒素提取液的制备 稻瘟菌在液体培养基中需进行振荡培养,振荡速度 300 r/min,培养温度 28℃,然后培养 40 h 再滤去液体培养基中的菌丝,用细菌过滤膜抽滤制成毒素粗提取液。也可用熟大麦粒繁殖菌种,于 28℃培养箱中培养,使熟大麦粒上长满菌丝和孢子,而后用 1~2 倍蒸馏水溶解接菌的大麦粒,振荡 10 min,静止培养 8 d,用滤纸过滤毒素提取液,使用细菌过滤膜抽滤,可制成无菌毒素的粗提取液,此粗提取液可用于筛选。

计 划 单

学习领域	植物组织培养技术	
学习情境7	植物组织培养技术与植物育种	
计划方式	小组讨论,小组成员之间团结合作,共同制订计划	
序号	实施步骤	使用资源
制订计划说明		

计划评价	班级		第 组	组长签字	
	教师签字			日期	
	评语:				

决 策 单

学习领域	植物组织培养技术
学习情境 7	植物组织培养技术与植物育种

方案讨论								
方案对比	组号	任务耗时	任务耗材	实现功能	实施难度	安全可靠性	环保性	综合评价
	1							
	2							
	3							
	4							
	5							
	6							

方案评价	评语:

班级		组长签字		教师签字		月　　日

材料工具清单

学习领域			植物组织培养技术				
学习情境 7			植物组织培养技术与植物育种				
项目	序号	名称	作用	数量	型号	使用前	使用后
所用仪器	1	超净工作台	接种	12 台			
	2	无火焰灭菌器	灭菌	12 台			
	3	解剖镜	剥茎尖	12 台			
	4	冰箱	存放材料	1 台			
	5	天平	做培养基	8 台			
所用材料	1	稻穗或麦穗	外植体来源	若干			
	2	甘蓝花蕾	外植体来源	若干			
	3	75%酒精	消毒	若干			
	4	次氯酸钠	消毒	若干			
	5	0.1%升汞	消毒	若干			
	6	无菌水	外植体消毒	若干			
	7	培养基	为材料提供营养	若干			
	8	无菌纸	无菌操作平台	若干			
所用工具	1	镊子	接种	12 把			
	2	接种针	接种	36 根			
	3	解剖刀	切割	36 把			
	4	接种架	放置接种工具	12 个			
	5	酒精灯	灭菌	24 盏			
	6	打火机	火源	24 个			
班级		第 组	组长签字			教师签字	

实 施 单

学习领域	植物组织培养技术	
学习情境 7	植物组织培养技术与植物育种	
实施方式	小组合作;动手实践	
序号	实施步骤	使用资源

实施说明:

班级		第　　组	组长签字	
教师签字			日期	

作 业 单

学习领域	植物组织培养技术
学习情境 7	植物组织培养技术与植物育种
作业方式	资料查询、现场操作
1	花粉培养的意义是什么？花粉培养的操作流程是什么？
作业解答：	
2	花药培养的操作流程是什么？
作业解答：	
3	胚培养的意义是什么？
作业解答：	
4	胚培养的操作流程是什么？
作业解答：	

作业评价	班级		第 组		
	学号		姓名		
	教师签字		教师评分		日期
	评语：				

检 查 单

学习领域	植物组织培养技术			
学习情境 7	植物组织培养技术与植物育种			
序号	检查项目	检查标准	学生自检	教师检查
1	咨询问题	回答认真准确		
2	接种室消毒	选择合适的消毒方法		
3	仪器设备	正确使用		
4	各种工具	知道作用		
5	解剖镜	准确快速调试		
6	无火焰灭菌器	准确快速设置		
7	接种工具	彻底灭菌,争取使用,防交叉污染		
8	种胚剥离	快速、准确切取适宜大小的胚		
9	接种	切取的胚快速接种到培养基中		
10	安全操作	酒精灯、灭菌器使用正确		

班级		第　　组	组长签字	
教师签字			日期	

检查评价	评语:

评 价 单

学习领域		植物组织培养技术			
学习情境7		植物组织培养技术与植物育种			
评价类别	项目	子项目	个人评价	组内互评	教师评价
专业知识 (60%)	资讯 (10%)	搜集信息(5%)			
		引导问题回答(5%)			
	计划 (10%)	计划可执行度(3%)			
		方案设计(4%)			
		合理程度(3%)			
	实施 (20%)	准确快速调试仪器设备(6%)			
		工具使用正确(6%)			
		操作熟练准确(6%)			
		所用时间(2%)			
	过程 (10%)	按方案顺利进行(5%)			
		无菌操作(5%)			
	结果 (10%)	在规定时间内完成接种数 (10%)			
社会能力 (20%)	团结协作 (10%)	小组成员合作良好(5%)			
		对小组的贡献(5%)			
	敬业精神 (10%)	学习纪律性(5%)			
		爱岗敬业、吃苦耐劳精神(5%)			
方法能力 (20%)	计划能力 (10%)	考虑全面、细致有序(10%)			
	决策能力 (10%)	决策果断、选择合理(10%)			

评价评语	班级		姓名		学号		总评	
	教师签字		第 组	组长签字			日期	
	评语:							

教学反馈单

学习领域	植物组织培养技术			
学习情境 7	植物组织培养技术与植物育种			
序号	调查内容	是	否	理由陈述
1	你是否明确本学习情境的目标？			
2	你是否完成了本学习情境的学习任务？			
3	你是否达到了本学习情境对学生的要求？			
4	需咨询的问题，你都能回答吗？			
5	你知道植物植物组织培养与植物育种的关系吗？			
6	你是否能够设计一种植物的育种方案？			
7	你是否喜欢这种上课方式？			
8	通过几天来的工作和学习，你对自己的表现是否满意？			
9	你对本小组成员之间的合作是否满意？			
10	你认为本学习情境对你将来的学习和工作有帮助吗？			
11	你认为本学习情境还应学习哪些方面的内容？（请在下面回答）			
12	本学习情境学习后，你还有哪些问题不明白？哪些问题需要解决？（请在下面回答）			

你的意见对改进教学非常重要，请写出你的建议和意见：

调查信息	被调查人签名		调查时间	

学习情境 8　植物细胞培养与次生代谢产物生产

植物细胞培养是指在离体条件下,将愈伤组织或其他易分散的组织置于液体培养基中,进行振荡培养,得到分散成游离的悬浮细胞,通过继代培养使细胞增殖,从而获得大量的细胞群体的一种技术。目前植物细胞培养已生产出过去只能从植物中提取的一系列次生代谢产物,如重要药用植物的有效成分、香料、调味品、蛋白酶抑制剂、肿瘤抑制剂以及色素等重要产品。与整株植物栽培相比,细胞培养技术的优点是:

(1)代谢产物的生产是在控制条件下进行,通过选择优良细胞系和优良培养条件等方法,得到大量的代谢产物,不受季节、地域的限制。

(2)细胞培养是在无菌条件下进行,因此可以排除病菌和害虫的影响。

(3)可以通过特定的生物转化获得均一的有效成分。

(4)可以探索新的合成路线,获得新的有用物质。

总之,植物细胞培养技术是生产具有生理活性的次生代谢产物的一个重要应用生物技术。

任 务 单

学习领域	植物组织培养技术
学习情境 8	植物细胞培养与次生代谢产物生产
任务布置	
学习目标	1. 熟悉植物细胞培养的概念及意义。 2. 了解单细胞培养的概念。 3. 知道单细胞培养的意义。 4. 掌握单细胞分离的方法。 5. 掌握单细胞培养的方法。 6. 掌握单细胞培养的影响因素。 7. 掌握细胞悬浮培养的概念及意义。 8. 熟悉影响细胞悬浮培养的因素。 9. 掌握细胞悬浮培养的特点及原理。 10. 知道细胞悬浮培养的方式。 11. 熟悉细胞悬浮培养的反应器类型。 12. 熟悉细胞悬浮培养操作技术。 13. 了解次生代谢产物生产的应用。 14. 了解次生代谢产物在药物生产上的应用。 15. 了解次生代谢产物在食品添加剂中的应用。
任务描述	利用我们所学的知识,设计实验方案。具体任务要求如下: 1. 结合所学知识,选择一种植物作为细胞培养材料。 2. 根据调查资料,设计该种植物材料培养的方案。 3. 根据方案,按照操作程序实施方案。

参考资料	1. 曹孜义,刘国民.实用植物组织培养技术教程.兰州:甘肃科学技术出版社,2002. 2. 熊丽,吴丽芳.观赏花卉的组织培养与大规模生产.北京:化学工业出版社,2003. 3. 刘庆昌,吴国良.植物细胞组织培养.北京:中国农业大学出版社,2003. 4. 吴殿星,胡繁荣.植物组织培养.上海:上海交通大学出版社,2004. 5. 陈菁英,蓝贺胜,陈雄鹰.兰花组织培养与快速繁殖技术.北京:中国农业出版社,2004. 6. 程家胜.植物组织培养与工厂化育苗技术.北京:金盾出版社,2003. 7. 王清连.植物组织培养.北京:中国农业出版社,2003. 8. 王蒂.植物组织培养.北京:中国农业出版社,2004. 9. 王振龙.植物组织培养.北京:中国农业大学出版社,2007. 10. 沈海龙.植物组织培养.北京:中国林业出版社,2010. 11. 彭星元.植物组织培养技术.北京:高等教育出版社,2010. 12. 陈世昌.植物组织培养.重庆:重庆大学出版社,2010. 13. 林顺权.园艺植物生物技术.北京:高等教育出版社,2005. 14. 吴殿星.植物组织培养.上海:上海交通大学出版社,2010. 15. 王水琦.植物组织培养.北京:中国轻工业出版社,2010. 16. http://www.zupei.com/. 17. http://blog.sina.com.cn/s/blog_505c5b570100c9ep.html. 18. http://www.xyszsy.com/gdfhs/. 19. 刘振伟.植物脱毒技术.中国果菜,2005(01):23-24.
对学生的要求	1. 熟悉植物细胞培养的基础知识。 2. 知道单细胞培养、细胞悬浮培养的知识。 3. 学会观察分析。 4. 掌握植物细胞分离培养原理和操作方法。 5. 掌握细胞悬浮培养的方法。 6. 学会利用图书馆和网络知识。 7. 严格遵守纪律,不迟到,不早退,不旷课。 8. 本情境工作任务完成后,需要提交学习体会报告。

资 讯 单

学习领域	植物组织培养技术
学习情境 8	植物细胞培养与次生代谢产物生产
咨询方式	在图书馆、专业杂志、互联网及信息单上查询;咨询任课教师
咨询问题	1. 什么是细胞培养?有什么特点? 2. 获取单细胞的途径都有哪些? 3. 单细胞培养的方法都有哪些? 4. 简述平板培养单细胞的基本技术。 5. 简述看护培养与看护培养的基本技术。 6. 试论述影响单细胞培养的因素都有哪些。 7. 什么是细胞悬浮培养?有什么优点? 8. 细胞悬浮培养的影响因素都有哪些? 9. 悬浮培养的方式都有哪些? 10. 悬浮培养的同步化是什么?如何保证同步化? 11. 什么是次生代谢产物? 12. 次生代谢产物有哪些方面的应用?
资讯引导	1. 问题 1~6 可以在王清连的《植物组织培养》第 6 章中查询。 2. 问题 7~10 可以在林顺权的《园艺植物生物技术》第 3 章中查询。 3. 问题 11~12 可以在陈世昌的《植物组织培养》第 10 章中查询。

信 息 单

学习领域	植物组织培养技术
学习情境4	植物细胞培养与次生代谢产物生产

信 息 内 容

一、单细胞培养

(一)单细胞培养概念及意义

单细胞培养是从外植体、愈伤组织、群体细胞或者细胞团中获得单细胞,然后在一定条件下进行培养,不仅能够得到大量游离的细胞,从而获得人类所需的细胞次生代谢产物,而且还能够培养在完全隔离环境中的单个细胞进行分裂,进而植株再生。所以单细胞培养有极其重要的应用价值。

(1)有利于获得纯细胞系,悬浮培养细胞间在遗传、生理和生化上存在差异,这些差异反映在它们的产量、品质、抗病虫性和抗逆性等方面。如果能将高抗、高产、高品质的细胞株筛选出来,无疑会带来巨大的经济效益。

(2)有利于排除体细胞的干扰,进行细胞特性、细胞生长规律、细胞代谢过程及其调节控制规律等方面的研究。

(3)有利于对细胞活动跟踪观察,观察细胞个体的分裂、分化、生长和繁殖情况。

(4)有利于生物转化和天然化合物的生产。

(二)单细胞的分离

植物单细胞的来源主要有两条途径,即从外植体或愈伤组织分离单细胞。

1. 从外植体直接分离植物细胞

外植体经过切割、捣碎或酶解,然后经过一定孔径的不锈钢筛网过滤,得到细胞悬浮液。悬浮液中所含的完整细胞数量较少,但分散性好。要直接从植物器官中分离单细胞,通常采用机械法和酶解法。叶片是由从外植体分离单细胞的最好材料。

(1)机械法 指通过机械磨碎、切割植物体从而获得游离的单细胞。常用的有切割、离心两种方法。

①切割法 如图 8-1 所示。

②离心法 如图 8-2 所示。

Rossini(1969)介绍了一种由篱天剑(*Calystegia sepium*)叶片中分离叶肉细胞的机械方法,Harada 等(1972)利用此方法成功进行了石刁柏等植物的叶片细胞分离。其方法如图 8-3 所示。

机械法分离植物细胞的优点是细胞没有经过酶的作用,不会受到伤害;不需要经过质壁分离,有利于进行生理和生化研究。其缺点是获得完整的细胞团或细胞数量少,使用不普遍。只有在薄壁组织排列松散、细胞间接触点很少时,用机械法分离细胞才容易取得成功。

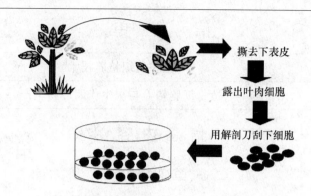

图 8-1 切割法分离单细胞示意图

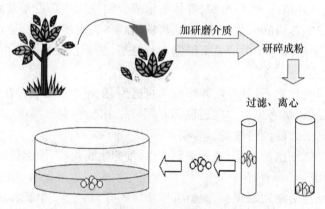

图 8-2 离心法分离单细胞示意图

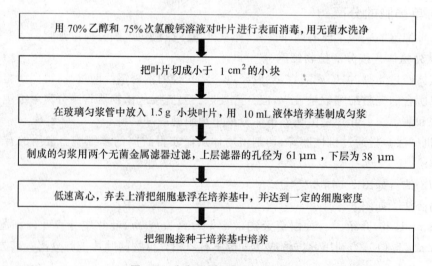

图 8-3 分离植物细胞的一种方法

（2）酶解法 酶解法分离细胞是利用果胶酶、纤维素酶处理材料,分离出具有代谢活性的细胞,该法不仅能降解中胶层,而且还能软化细胞壁。所以在用酶解法分解细胞的时候,必须对细胞给予渗透压保护。常用的渗透压保护剂是甘露醇。

Takebe 等(1968)用果胶酶处理烟草叶片,从中获得大量具有代谢活性的叶肉细胞。其方法如图 8-4 所示。

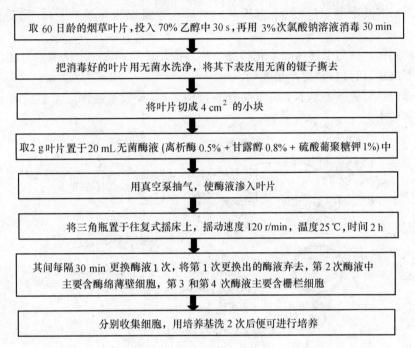

取 60 日龄的烟草叶片,投入 70% 乙醇中 30 s,再用 3%次氯酸钠溶液消毒 30 min

↓

把消毒好的叶片用无菌水洗净,将其下表皮用无菌的镊子撕去

↓

将叶片切成 4 cm² 的小块

↓

取 2 g 叶片置于 20 mL 无菌酶液 (离析酶 0.5% + 甘露醇 0.8% + 硫酸葡聚糖钾 1%)中

↓

用真空泵抽气,使酶液渗入叶片

↓

将三角瓶置于往复式摇床上,摇动速度 120 r/min,温度 25℃,时间 2 h

↓

其间每隔 30 min 更换酶液 1 次,将第 1 次更换出的酶液弃去,第 2 次酶液中主要含酶绵薄壁细胞,第 3 和第 4 次酶液主要含栅栏细胞

↓

分别收集细胞,用培养基洗 2 次后便可进行培养

图 8-4 酶解法

酶解法分离细胞的优点是:细胞结构一般不会受到大的伤害;比机械法获得完整的细胞或细胞团的数量多;可以得到海绵薄壁细胞或栅栏薄壁细胞的纯材料。其缺点是:对酶的用量要求比较严格,否则容易造成细胞损伤。

2. 由愈伤组织分离单细胞

从愈伤组织中分离单细胞不仅方法简便,而且应用普遍。其基本步骤为:

(1)诱导产生愈伤组织。

(2)愈伤组织反复继代,使组织不断增殖,提高愈伤组织的松散性。

(3)将愈伤组织在液体培养基中培养,建立悬浮培养系。

(三)单细胞培养的方法

1. 平板培养法

平板培养法(图 8-5)是将单个细胞与融化的琼脂培养基均匀混合后平铺一薄层在培养皿底上的培养方法。该方法是 Bergmann(1960)首创。用于分离单细胞无性系,研究其生理、生化、遗传上的差异而设计的一种单细胞培养技术。广泛应用于细胞、原生质体及融合产物的培养。该法的特点为:可以定点观察;分离单细胞系容易;但培养细胞气体交换不畅。平板培养的基本技术如下。

(1)单细胞悬浮液的制备。

(2)悬浮细胞密度的调制。平板培养要求最初细胞密度(即初始植板密度)为 $1\times10^3 \sim 100\times10^3$ 个/mL。初始植板密度是单细胞固体平板培养时,细胞悬浮液接种到琼脂培养基上最初细胞密度。若悬浮液与培养基以 1∶4 混合,则应把悬浮液的细胞密度调到 $5×10^3 \sim 500×10^3$ 个/mL。

(3)琼脂培养基配制。1.4%琼脂基本培养基+等量细胞培养液=0.7%琼脂条件培养基。

(4)平板制作。细胞悬浮液与融化状态(35℃)条件培养基按一定比例均匀混合,倒成平板,盖上培养皿盖,用封口膜封严培养皿。

(5)培养。26℃置暗处培养 21 d。低倍显微镜观察,计数单细胞或小细胞团,计算植板效率(也称植板率)。

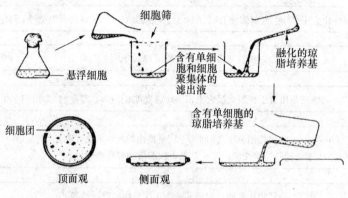

图 8-5 平板培养法

2. 看护培养法

指用一块活跃生长的愈伤组织来看护单个细胞,并使其生长和增殖的方法。可诱导形成单细胞培养系。Muir(1954)首先用此法培养出烟草单细胞株。Sharp(1972)成功将此法用于番茄的花粉培养,诱导花粉形成单倍体细胞系。基本操作步骤为:

(1)在一个培养瓶中加入一定量厚的固体培养基,灭菌后备用。

(2)在无菌的条件下,先将一小块(1 cm)活跃生长的愈伤组织接种到培养基上,再在愈伤组织块上放一片(1 cm²)已灭菌的滤纸,然后放置一个晚上。

(3)将分离出的单个细胞接种到培养基的滤纸上。

(4)恒温培养。此法简便易行,效果好,易于成功。但是不能在显微镜下直接观察细胞的生长过程。

3. 微室培养法

人工制造一个小室,将单细胞培养在小室中的少量培养基上,使其分裂增殖形成细胞团的方法,称微室培养。在培养过程中可以连续进行显微观察,将一个细胞的生长、分裂和形成细胞团的全部过程记录下来(图 8-6)。基本操作步骤为:

(1)从悬浮培养物中取出一滴只含有一个单细胞的条件培养液,置于无菌的载玻片中央。

(2)在这滴培养液周围并与之隔一定距离加上一圈液状石蜡,构成微室的"围墙"。

(3)在"围墙"左右两侧各滴加一滴液状石蜡,在每滴液状石蜡上放上一张盖玻片,作为微室的"支柱",然后将第三张盖玻片架于两个支柱之间,这样就构成了一个微室,单细胞的条件培养液就在此微室中培养。

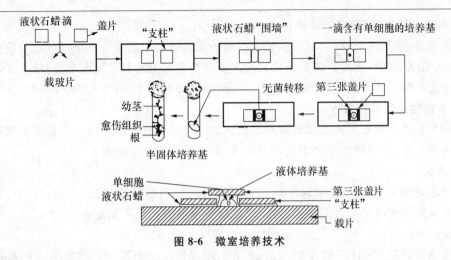

图 8-6　微室培养技术

（4）把筑成了微室的整张载玻片置于培养皿中培养。

（5）当单细胞分裂成一定大小的细胞团后，将其转接到新鲜的液体或半固体培养基上继代培养。

微室培养法的优点：能在显微镜下观察单细胞分裂增殖形成细胞团的全过程；缺点：培养基少，营养和水分难以保持，pH 变动幅度大，培养的单细胞仅能短期分裂。

4. 条件培养法

条件培养法是将单细胞接种于条件培养基中进行培养，使单细胞生长繁殖，而获得由单细胞形成的细胞系的培养方法。条件培养基是指含有植物细胞培养的上清液或静止细胞的培养基。条件培养由条件培养基提供单细胞生长繁殖所需的条件，具有看护培养和平板培养的特点，在植物单细胞培养中经常采用。条件培养法的基本技术是：

（1）植物细胞培养上清液或静止细胞悬浮液的配制　首先将群体细胞或者细胞团接种于液体培养基中进行细胞悬浮培养，在一定条件下培养若干天以后，在无菌条件下，将培养液移入无菌的离心管中进行离心分离，分别得到植物细胞培养上清液和细胞沉淀。得到的细胞沉淀在 60℃条件下处理 30 min，或者采用 X 射线等照射处理，得到没有生长繁殖能力的细胞，即为静止细胞或称为灭活细胞。将静止细胞悬浮于一定量的无菌水中，得到静止细胞悬浮液。

（2）条件培养基的配制　将植物细胞培养上清液或者静止细胞悬浮液与 50℃左右含有 1.5％琼脂的固体培养基等体积混合均匀，分装于无菌培养皿中，水平放置冷却，即为条件培养基。

（3）接种　将单细胞接种到条件培养基上进行培养。

（4）培养　将上述已经接种的条件培养基置于培养箱中，在适宜的条件下进行培养，单细胞生长繁殖，形成细胞团。

（5）继代培养　选取生长良好的细胞团，转接于新鲜的固体培养基中，在适宜的条件下进行继代培养，获得由单细胞形成的细胞系。

（四）单细胞培养的影响因素

1. 培养基成分

植板密度较高时，与悬浮培养中或愈伤组织中相似的培养基即可；较低时，则成分非常复杂，可加入椰子汁、水解酪蛋白或酵母浸出液等化学不明确物质。

2. 初始细胞植板密度(>临界密度)

临界密度:单细胞培养时,初始植板密度低于某值培养细胞就不能进行分裂和发育成细胞团,则该值就是临界密度。初始植板密度应根据培养基的营养状况而改变,培养基越复杂则植板细胞的临界密度越低,反之则相反。一般要求每毫升有 1 000 个细胞以上。

3. 植物生长调节物质

植物生长调节物质的种类和浓度对单细胞的生长繁殖有重要作用。尤其在单细胞的密度较低的情况下,适当附加植物生长调节物质,可以显著提高植板率。

4. 温度

单细胞培养的温度与细胞悬浮培养和愈伤组织培养的温度相似,一般控制在 25℃左右。在许可的范围内适当提高培养温度,可以加快单细胞的生长速度。

5. pH

单细胞培养基的 pH 一般控制在 5.2~6.0,根据情况适当调节培养基的 pH,也有利于植板率的提高。

6. CO_2 含量

植物细胞培养系统中 CO_2 含量对细胞生长繁殖有一定的影响。植物细胞可以在通常的空气中(CO_2 的含量约占 0.03%)生长繁殖;若人为地降低培养系统中 CO_2 的含量,细胞分裂就会减慢或停止;若将培养系统中的 CO_2 含量提高到 1% 左右,则对细胞的生长有促进作用;再提高 CO_2 的含量至 2%,则对细胞生长有抑制作用。

二、细胞悬浮培养

植物细胞悬浮培养是指植物细胞或小的细胞聚集体在液体培养基中,于摇床上进行悬浮培养。这些细胞或小的聚集体来自愈伤组织,某个器官或组织,甚至幼嫩的植株,通过物理或化学的方法进行分离而获得。与传统的整株材料相比,植物细胞悬浮体系由于其分散性好、细胞形状及细胞团大小大致相同,而且生长迅速、重复性好、易于控制等有利因素,被广泛用于生理学、细胞学、生物化学、发育生物学及遗传学、分子生物学的研究。它不仅可直接用于原生质体分离、培养、杂交、基因转移、生产次生代谢物等,还可在短期内在细胞水平筛选出预期突变体,因此,悬浮细胞培养已成为植物生物技术中一个最有用的手段之一。

(一)影响植物细胞悬浮培养的因素

在悬浮培养中,一个成功的细胞悬浮培养体系必须满足 3 个基本条件,一是悬浮细胞培养物分散性好,细胞团较小,一般由几十个以下的细胞组成,但很少有完全由单细胞组成的悬浮细胞系;二是均一性好,细胞形状和细胞团大小大致相同,悬浮系外观为大小均一的小颗粒,在倒置显微镜下观察为体积和形状大致相同的细胞团;三是生长速度,悬浮细胞的量一般 2~3 d 甚至更短时间便可增加 1 倍。因此,在进行大规模生产之前,必须先使愈伤化的细胞能最大程度地分散,再从中筛选出增殖速度快和含有用成分高的细胞株。为了从愈伤组织获得单细胞和小的细胞集合体,必须首先获得疏松的愈伤组织。从继代培养的愈伤组织中挑选质地疏松、色泽淡黄、表面呈现颗粒状的愈伤组织,接种于含有培养液的三角瓶中(通常溶液占培养瓶体积 1/3 左右),用镊子夹碎至比较均匀的小颗粒,置于摇床内进行悬浮培养,1 周后用 200 目不锈钢滤网过滤,除去大的细胞团,加入新鲜培养基开始继代培养。

1. 初始接种量对悬浮细胞生长的影响

悬浮细胞的生长具有群聚效应,细胞密度太低,悬浮细胞生长缓慢;细胞密度过高时,细胞生长速度过快,细胞液泡变大,悬浮细胞容易积累有害物质,不利于悬浮细胞系的建立。只有密度合适,才能促进细胞生长,利于培养物的分散,形成细微的细胞团颗粒,建成胚性细胞系。小麦的细胞系在继代培养过程中,初始接种量在0.5~1.5 g,细胞鲜重和干重的增殖倍数随接种量的增加而增加,在0.5 g时达到最大值,而且此时的悬浮细胞培养体系中颗粒均匀,颜色鲜艳,分散性好;如继续增加接种量,细胞鲜重和干重的增殖倍数呈下降趋势,悬浮培养液也变得浑浊。所以悬浮细胞系在继代培养过程中,初始接种量以40 mL的液体培养基加入1.5 g左右的培养物为宜。周春江等对草莓悬浮细胞培养的研究表明,当草莓悬浮细胞培养液的体积为40 mL时,适宜的接种量为4~6 mL/L。从俄罗斯杨稳定悬浮系中分别吸取密实体积为0.1、0.5、1.0、2.0、3.0、4.0 mL的细胞进行培养,7 d继代1次。第3次继代后7 d,分别测定其鲜重和干重的增殖数量,结果表明,初始接种量为1 mL的悬浮细胞增殖倍数最高,7 d内细胞的鲜重和干重均增加超过5倍,而且悬浮培养物分散均匀、色泽鲜艳、内含物丰富。随着初始接种量的增加,鲜重、干重的增殖倍数均明显下降,悬浮培养液也越来越浑浊,细胞液泡化,内含物少。

2. 不同激素浓度对悬浮细胞生长的影响

悬浮细胞系的建立过程中,激素是影响细胞状态的重要调控因素。不含2,4-D的培养液完全不能建立悬浮细胞系。过低浓度的2,4-D则不利于悬浮细胞系的分散,高浓度2,4-D虽然能促进悬浮细胞的分裂,但是细胞液泡化,内含物少,不利于体细胞胚胎的发育。杨树悬浮培养液中2,4-D浓度为2~3 mg/L时,最适于悬浮细胞的生长。张喜春等在软枣猕猴桃的悬浮细胞系的建立过程中发现,高的2,4-D浓度会降低其单细胞收获率。柑橘上,2,4-D极易诱导悬浮细胞染色体倍性的变异。在禾本科植物中2,4-D浓度过低会导致生根,而浓度过高不仅不利于悬浮细胞培养物的生长,还导致其胚性的迅速丧失。小麦在悬浮细胞系的继代培养基中2,4-D的浓度以1.00~2.00 mg/L为宜,而KT的浓度以0.05~1.00 mg/L为宜。当KT浓度超过0.10 mg/L时,愈伤组织的鲜重和干重呈迅速下降趋势,细胞的颜色也变得黯淡,直至出现褐化现象。

3. 蔗糖浓度对悬浮细胞生长的影响

在组织培养中,蔗糖不仅是植物赖以生长的重要碳源,而且也是渗透压调节剂,因而起着十分重要的作用。张洁在草莓的悬浮培养过程中发现,在0~30 g/L时,随着蔗糖浓度的增加,细胞增殖倍数呈上升趋势,30 L时,细胞的增殖倍数最大;蔗糖浓度超过60 L,细胞增殖倍数呈明显的下降趋势。陈琰根据试验得出小麦的悬浮培养液体培养基中蔗糖含量以30 L为宜。镜检时发现,蔗糖含量超过30 L时,悬浮培养细胞中含圆球体状颗粒的大细胞随蔗糖含量的增加而增加;而体积小、形状规则的细胞逐渐减少。在蔗糖浓度为120 g/L时整个细胞系中几乎都是含圆球体的大细胞。

4. 不同附加物对悬浮细胞生长的影响

人们早就认识到水解酪蛋白、酵母提取物、椰乳、麦芽提取物等有机附加物有利于离体培养的植物组织和细胞的生长,而且比加入单一的氨基酸更好。

在建立禾本科植物胚性细胞悬浮系的尝试中,人们对水解酪蛋白、酵母提取物、椰乳等的作用进行了研究,多数结果表明这些有机添加物的确可以促进胚性细胞悬浮培养物的生长、增殖,并可以提高其胚胎发生能力。但陈克贵等在试验中发现谷氨酰胺和水解酪蛋白同时加入并未促进细胞的生长速率。王海波认为在培养基中加入水解酪蛋白、谷氨酰胺、天冬酰胺、精氨酸有利于保持培养物鲜艳的色泽,细胞壁薄而质浓。

5. 细胞悬浮培养与 pH

培养过程中悬浮系有最适的 pH。丛林晔等通过对 pH 分别为 5.8、6.0 培养的水稻悬浮细胞进行比较,结果在 pH 为 6.0 的培养基中生长的细胞,其密度增长较快,并且,其鲜重增加了 4.4 倍。培养过程中悬浮细胞系的生长速率及 pH 常发生变化。草莓悬浮培养的细胞从培养基的 pH 变化来看,继代培养 1 d 后,培养基的 pH 由 5.75 迅速下降至 4.94,此时细胞处于缓慢增殖时期,生长相对迟缓。在随后的几天内,细胞干重和 pH 都呈缓慢增加趋势。5~9 d 时,培养基的 pH 由 5.12 显著升高至 5.56,细胞的增殖也随之明显加快,正是细胞对数生长期。继续培养时,悬浮细胞干重增加不显著,而 pH 则缓慢下降并保持相对稳定。

6. 悬浮细胞系的继代周期

悬浮培养细胞的生长曲线能为细胞继代周期的确定提供重要的参考数据:洛夫林在小麦中的试验表明,悬浮细胞的生长曲线基本呈 S 形,在开始培养的 0~3 d,愈伤组织的鲜重和干重增长缓慢,为生长延迟期;5~9 d 愈伤组织生长速度最快,为指数增长期,细胞鲜重、干重迅速增加,说明细胞分裂和细胞内含物质累积处于协调一致的发展过程中;9 d 以后细胞的鲜重有少量增加、干重基本稳定,且此后培养变混浊,在瓶壁上开始出现衰败细胞,不利于悬浮细胞系的生长。从第 11 d 开始细胞干重的增殖倍数有所下降但渐趋平稳,鲜重也基本不再增长。另外,瓶壁上的衰败细胞也增多。杨树试验中,在继代后 6 d 内,细胞的密实体积、鲜重和干重增长量表现出高度同步性。至 8 d 时,悬浮细胞系的鲜重增加 56 倍,干重增加也都在 5 倍以上。8 d 后,培养物的鲜重、干重依然有所增长,10 d 则几乎没有增长,甚至俄罗斯杨悬浮细胞系的干重还有所下降。徐林林等在水稻品种中的悬浮细胞系继代培养过程中,以细胞密实体积、干重增长率和悬浮细胞存活率为指标,分析得出较好的继代周期为 4 d。因此,可以根据悬浮培养细胞的生长曲线来判定继代培养的周期,得以及时更换悬浮培养液,稳定悬浮系。

(二)植物细胞悬浮培养的方式

悬浮培养系统是将游离植物细胞在液体培养基中进行培养,通常分为分批培养、半连续培养、连续培养 3 种操作方式。

1. 分批培养

分批培养又称为间歇培养,是一种较为早期的细胞悬浮培养方式,是其他操作方式的基础。该方式采用机械搅拌式生物反应器,将细胞扩大培养后,一次性转入生物反应器内进行培养,在培养过程中其体积不变,不添加其他成分,待细胞增长和产物形成积累到适当的时间,一次性收获细胞和产物。分批培养的主要特点如下:

(1)操作简单,培养周期短,染菌和细胞突变率低　培养系统属于封闭式,在培养过程中与外界环境没有物料交换,除了控制温度、pH 和通气外,不进行其他任何控制。

(2)直观反映细胞生长代谢的过程　细胞培养期间的生长代谢是在一个相对固定的营养

条件中,不添加任何营养成分,所以可直观地反映细胞生长代谢的过程。

(3)可以直接放大 由于反应器参数的放大原理和过程控制比其他培养系统更易理解和掌握,因此,分批培养在工业化生产过程中其工业反应器规模可达 12 000 L。

分批培养过程中,植物细胞的生长分为 5 个阶段:滞后期、对数生长期、直线生长期、减慢期和静止期,其生长曲线呈 S 形(图 8-7)。分批培养的周期 3～5 d,细胞生长动力学表现为细胞先经历对数生长期(48～72 h),当细胞密度达到最高值后,因营养物质的耗尽或代谢毒副产物的积累,细胞生长进入减慢期进而死亡,表现出典型的生长周期。收获产物通常是在细胞快要死亡或死亡后进行。

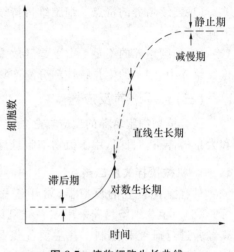

图 8-7 植物细胞生长曲线

2. 半连续培养

半连续培养又称为重复分批培养或换液培养。采用机械搅拌式生物反应器系统的悬浮培养形式。它是在细胞增长和产物形成过程中,每间隔一段时间,从中取出部分培养物,再用新的培养液补足到原有体积,使反应器内的总体积不变。

半连续培养可以提高设备利用率,可以适当提高单位体积反应器的产量,但在添新鲜培养基的时候,要注意防止微生物的污染。在半连续式操作中因细胞适应了生物反应器的培养环境和相当高的接种量,经过数次的稀释、换液培养过程,细胞密度常常会提高。

半连续培养特点是:①培养物的体积逐步增加;②可进行多次收获;③细胞可持续指数生长,并可保持产物和细胞在一较高浓度水平,培养过程可延续到很长时间;④操作简便,生产效率高,可长期进行生产,反复收获产品。

3. 连续培养

连续培养是一种较为常见的悬浮培养方式,采用机械搅拌式生物反应器系统。该模式是将细胞接种于一定体积的培养基后,为了防止衰退的出现,在细胞达到最大密度之前,以一定速度向生物反应器连续添加新鲜培养基,同时,含有细胞的培养物以相同的速度连续从反应器中流出,以保证培养体积的恒定。连续培养有封闭型和开放型之分。封闭型操作方式是指新鲜培养基和旧培养基以等量进出,并把排出的细胞收集起来,放入培养系统继续培养,因此,培养系统中的细胞数目不断增加。

开放型的操作方式是在连续培养期间,新鲜培养基的注入速度等于细胞悬浮液的排出速度,细胞也随悬浮液一起排出,当细胞生长达到稳定状态时,流出的细胞数目相当于培养系统中新细胞的增加数目,所以培养系统中的细胞密度保持恒定。

开放型连续培养又可分为化学恒定式和浊度恒定式两种类型。在化学恒定式培养中,以固定速度注入的新鲜培养基内的某种选定营养成分(如氮、磷或葡萄糖)的浓度被调节为一种限制生长浓度,从而使细胞的增殖保持在一定的稳定状态之中。

在浊度恒定式培养中,新鲜培养基是间断注入,受由细胞密度增长所引起的培养液浑浊度的增加所控制,可以预先选定一种细胞密度,当超过此密度时细胞随培养液一起排出,从而保证细胞密度的恒定。

(1)连续培养的特点　细胞维持持续的指数增长;产物体积不断增大;可控制衰退期与下降期。

(2)连续培养的不足　由于是开放式操作,加上培养周期长,容易造成污染;在长周期的连续培养中,细胞的生长特性和分泌产物容易变异;对设备、仪器的控制技术要求较高。

(三)悬浮培养反应器

适合植物细胞培养的反应器必须能在非破坏性剪切力下,使植物细胞达到适当的混合和大量的传质。目前,用于植物细胞悬浮培养的反应器主要有机械搅拌式与非机械搅拌式。

1. 机械搅拌式反应器

具有搅拌装置的反应器,常用于微生物发酵(图 8-8)。植物细胞培养采用该系统可以直接借鉴其经验进行研究和控制。其主要优点是混合效果好,并能够避免细胞团沉降,提高悬浮效果,适用于对剪切力耐受能力较强的植物细胞系。剪切力是指反应器内流体运动对细胞和细胞团的切割与破损力。由于细胞个体大,细胞壁僵硬且有较大的液泡,使得大多数植物细胞对剪切力比较敏感。若将搅拌器的桨叶由叶轮式改为螺旋式,既保持了较好的搅拌效果,又能防止剪切力对细胞的破坏。此外,细胞通过在搅拌式反应器中进行长期的驯化,也可以提高细胞对剪切效应的耐受能力。

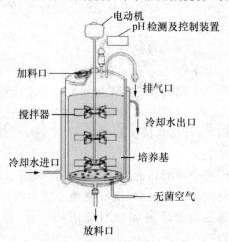

图 8-8　机械搅拌式反应器

2. 非机械搅拌式反应器

针对机械搅拌式反应器对植物细胞的剪切力作用较大的问题,发展了利用气流和气泡进行搅拌的非机械式反应器。气升式反应器利用充入反应器的无菌空气形成的上升气流来进行供氧和搅拌,包括导筒气升式和外环气升式两种。它们均无搅拌装置,优点是降低了剪切力,对细胞的伤害较小;缺点是搅拌不均匀,尤其是在细胞密度较高时混合效率下降,并且过量通气对细胞的生长有阻碍作用。

(四)植物细胞悬浮培养的操作技术

1. 悬浮系的制备

(1)选择恰当的外植体　外植体的选择对以后诱导出疏松易碎的愈伤组织至关重要。在双子叶植物中,通常用的外植体为幼胚、成熟胚、下胚轴、子叶、叶片、根等;在单子叶植物中为幼胚、成熟胚、幼穗、花药等。无论双子叶植物还是单子叶植物,以幼胚诱导愈伤组织为最佳。

(2)诱导高质量的愈伤组织　质地疏松易碎、颗粒细小,色泽湿润鲜艳、白色或淡黄色的愈伤组织为高质量的愈伤组织,其分散程度大,适合用作悬浮培养的起始材料。

（3）悬浮培养 一般色泽新鲜、生长旺盛、质地疏松且增殖率高的淡黄色愈伤组织可以用来获得悬浮细胞系。处于这种状态下的愈伤组织生长迅速、易于分散、在悬浮培养基中分散程度好，单细胞多，细胞分裂旺盛，细胞体积较小，适合进行悬浮培养以获得悬浮细胞系。取愈伤组织 $0.5 \sim 1.0$ g，在无菌操作条件下，破碎成小块之后接种于装有液体培养基的锥形瓶中，在 (25 ± 2)℃散射光或黑暗的培养室中，置于 120 r/min 旋转式摇床上震荡培养。悬浮细胞一般的生长周期为 $1 \sim 2$ 周，每 $5 \sim 7$ 天需要继代一次。植物悬浮细胞系生长曲线呈典型的 S 形。在一个生长周期中包括了延迟期、对数生长期、减慢期和静止期这几个时期。经过短暂的延迟期后，细胞进入为期 1 周左右的对数生长期，在这一时期细胞数量急剧增加，当生长进行到第 9 天的时候达到峰值，之后细胞数量的变化不太明显为减慢期，最后进入生长的静止期，大约 3 d 后由于瓶内培养液中的营养成分已在细胞代谢的过程中被大量消耗，导致细胞数量呈现缓慢下降的趋势，至第 13 天时，培养液中的细胞数量与最后一次继代后的细胞悬浮液中细胞数基本持平。

悬浮培养物继代的方法有多种，如吸取法、静止法和瓶壁法等。吸取法通过吸取培养瓶中不同层次的培养物获得生长状态不同的悬浮细胞。吸取中间培养物进行继代培养可以获得均一性好的单细胞或细胞团的悬浮细胞系，但这些细胞增殖较慢，因此在培养的初期不适宜使用此方法。而吸取底部培养物继代，细胞团较大，悬浮细胞团生长较快，往往接种后 $2 \sim 3$ d 就进入对数生长期，容易产生较大的细胞团。静止法相对于吸取法来讲，接种的悬浮细胞团小，生长速度也较快，接种后第 $4 \sim 5$ 天便进入生长期，细胞团数目明显地多于吸取法。但悬浮培养物颗粒不如吸取法均匀。

在植物细胞悬浮振荡培养过程中，植物细胞也具有贴壁生长的现象，瓶壁法是利用植物细胞培养这一现象的继代方法。有人认为瓶壁上的细胞生活力旺盛，还有人认为瓶壁细胞分散性程度好，单细胞频率高，因此，瓶壁法可获得高频率的、均一性好的单细胞悬浮细胞系。

在悬浮细胞培养体系中，接种初期的细胞起始密度对细胞的生长非常重要。悬浮细胞的起始密度一般在 $(0.5 \sim 2.5) \times 10^5$ 个/mL。只有当起始细胞密度超过细胞生长的某一临界密度时培养细胞才能生长。

继代培养时不同稀释倍数对培养物的生物量有很大影响，低稀释倍数（即高接种量）能获得更大的生物量，而高稀释倍数（即低接种量）不利于培养物生长。当稀释倍数高至 1/20（2.5 mL/50 mL）时，悬浮细胞生物量增长十分缓慢，基本处于生长停滞状态。在液体培养条件下，细胞间仍然存在物质及信号的交换，起始培养的细胞密度过低，即使前期有一定生长，但由于生长代谢积累的有害物质，将会抑制细胞的进一步生长，甚至会出现细胞死亡。

（4）悬浮培养细胞的同步化 细胞同步化是指同一悬浮培养体系的所有细胞都同时通过细胞周期的某一特定时期。由于植物细胞在悬浮培养中的游离性较差，容易团聚并进入不同程度的分化状态，因此，要达到完全同步化对于植物细胞培养来讲是十分困难的。但通过一些物理和化学处理，可以使细胞同步化状态获得一定程度的改善，实现部分同步化。

1）物理方法

①体积选择法。通过细胞体积大小分级，直接将处于相同周期的细胞进行分选，然后将同一状态的细胞继代培养于同一培养体系中，从而可能保持相同培养体系中的细胞具有较好

的一致性。这种方法的优点是操作简单,分选细胞维持了自然生长状态,因而不会有其他处理所带来的对细胞活力的影响。

②低温处理法。冷处理也可以提高培养体系中细胞同步化的程度。收集细胞,在 4℃ 温度下处理数天,添加新鲜培养液。

2)化学方化学

①饥饿法。饥饿也是调整细胞同步化的方法之一。在一个培养体系中,如果细胞生长的基本成分丧失,而导致细胞因饥饿而分裂受阻,从而停留在某一分裂时期。当在培养基中加入所缺乏的成分或者将饥饿细胞转入完整培养基中继代培养时,细胞分裂又可以重新恢复。饥饿导致的细胞分裂受阻,常常使细胞不能合成 DNA,即不能进入 S 期;或细胞分裂不能进行,即不能进入 M 期。

②抑制剂法。细胞在 DNA 合成抑制剂(5-氟脱氧尿苷、5-氨基尿嘧啶、羟基尿等)的处理时,细胞都停留在 DNA 合成前期,当解除抑制后,即可获得处于同一细胞周期的细胞。

③有丝分裂阻抑法。秋水仙素能将细胞分裂抑制在分裂中期。用 0.2 g/L 的秋水仙素处理对数生长期的悬浮细胞 4~8 h,可获得理想的细胞同步化效果。

2. 细胞悬浮培养的培养基

在植物的组织培养中,MS(1/2 MS)培养基和 B_5 液体培养基是研究人员常使用的基本培养基。基本培养基可以提供细胞生长所需的大量和微量元素以及碳源,能用来培养生长快、易散碎的愈伤组织,一般来说,也同样可以用于该物种的悬浮培养。除基本培养基外,添加适当的外源激素可以促使细胞启动细胞分裂、促使愈伤组织生长以及根、芽的分化等。用于组织培养的激素主要分为两大类:生长素和细胞分裂素。生长素类激素萘乙酸(NAA)促进细胞的分裂和扩大,二氯苯氧乙酸(2,4-D)能够十分有效地促进愈伤组织的增殖。细胞分裂素如激动素(KT)、6-苄基嘌呤(6-BA)可以启动有丝分裂,诱导细胞的增殖和愈伤组织的分化。为了提高细胞的分散程度,生长素和细胞分裂素的浓度和比例需要进行一些调节。以下是几种植物悬浮细胞的常用的培养基组分:

拟南芥的悬浮细胞的培养,常利用 30 g/L 蔗糖,添加 0.2 mg/L NAA 或 1 mg/L 2,4-D 的 B_5 培养基。添加激素 NAA 0.25~0.5 mg/L 及 KT 0.05 mg/L B_5 培养基,最适于拟南芥悬浮细胞的生长。蔗糖浓度对拟南芥悬浮细胞生长有明显的影响,以 30 g/L 蔗糖浓度表现最好。

烟草的悬浮细胞培养可以利用 15 g/L 蔗糖浓度,添加 0.2 mg/L 2,4-D 的 MS 培养基,也可以以 LS 为基本培养基,附加 15 g/L 酵母膏和 3 g/L 的蔗糖。最新的研究结果表明用 MS 培养基,加入 30 g/L 的蔗糖,200 mg/L KH_2PO_4,2.5 mg/L 硫胺素,50 mg/L 肌醇和 0.2 mg/L 2,4-D 也适于烟草悬浮细胞的生长。

水稻的悬浮细胞培养基也有很多种。MS 培养基加入 2 mg/L 2,4-D、0.1 mg/L 6-BA 和 5 mg/L 维生素 C。N_6 培养基也可以作为水稻悬浮细胞的基本成分,需要添加 1 mg/L 2,4-D,0.1 mg/LKT;而添加 NAA 1.5 mg/L 和 KT 0.4 mg/L 的 N_6 培养基也可作为培养水稻悬浮细胞的最佳培养基。

3. 细胞悬浮培养的应用

依据悬浮细胞系的特点,它的应用主要有以下几点:

(1)选择突变体 离体的单倍体细胞可以提供一种突变体选择系统,在很小的空间就可以操作大量潜在的植株。通过单细胞的培养,可以在细胞水平上筛选出合乎需要的突变细胞系,然后再生成具备理想特性的植株。

王小军等对八倍体小黑麦进行了耐盐细胞系的筛选,他们将八倍体小黑麦成对的单倍体和双倍体细胞系,在1%、1.5%和2%NaCl水平上逐级筛选,最后获得了耐2%NaCl的稳定的耐盐系。林定波等曾以羟脯氨酸作为选择压,筛选得了抗寒的柑橘植株。迄今在经过诱变处理和未经诱变处理的选择实验中,都已经分离出了大量的突变细胞系。

(2)生产天然的植物成分　悬浮培养物的某些次生化合物含量往往比植物体高出2~5倍。人们通过植物细胞的离体培养来生产这些化合物。或是利用培养细胞对外供的前体化合物或中间产物进行生物转化。长春花的细胞和愈伤组织培养物能合成高浓度的利血平和阿吗灵。洋紫苏的悬浮培养物能累积一种数量可高达细胞干重的15%的生物碱。悬浮细胞中的这种生物碱的浓度比植株中的含量高出5倍。生物转化是利用细胞培养物给细胞提供一般情况下植物所不具备的底物化合物,或者提供植物天然产物的中间体,以期提高天然化合物产量。

(3)原生质体分离、培养与杂交　悬浮细胞是分离原生质体较理想的材料。将悬浮细胞放入含有纤维素酶、果胶酶以及$CaCl_2$、KH_2PO_4、甘露醇的酶混合液中,置于摇床上进行消化,而后进行过滤离心即可获得原生质体。据报道,较为松散的悬浮细胞系能分离到较多有活力的原生质体,进而能得到较多的原生质体植株。原生质体经过诱导可形成愈伤组织,分化培养愈伤组织就可得到再生植株了。原生质体的融合又称体细胞杂交,是将分离得到的不同亲本的原生质体,在人工控制下,像性细胞受精作用那样互相融合成一体。这种方法可以培育出人们所期望的、性状优异的新品种,对于植物的遗传改良具有重要的意义。

(4)细胞生物学研究的工具　目前,人们利用悬浮细胞进行多方面的细胞生物学方面的研究。如可以在烟草悬浮细胞中表达一种可以避免移植排斥的lgG抗体,研究这种抗体在悬浮细胞中的亚细胞定位和糖基化。

三、次生代谢产物生产及应用

植物细胞能合成许多具有重要价值的次生代谢产物,它们可作为农药、杀虫剂、调味剂及香精等。这些产物传统上是从天然植物中直接提取,但天然植物生长周期较长,而且生长还受地域和环境因素的限制,所以采用直接提取具有较大的局限性。化学合成法已用于多种产品的生产,但是有些物质不能通过化学法合成或虽能合成却比较困难。植物细胞培养可大规模生产次生代谢产物,现已成为生产某些高价值产品的重要途径。一般情况下,培养细胞中的次生代谢物含量明显高于原来植物细胞中的含量,而且这种方法还能避免地域和环境的影响。

(一)在药物生产方面的应用

药用植物次生代谢物种类繁多,化学结构迥异。现在已知大约有10 000种次生代谢产物,包括酚类、黄酮类、香豆素、木脂素、生物碱、糖苷、萜类、甾类、皂苷、多炔类、有机物等。组织培养技术应用在药学方面的工作虽然历史不长,但发展很迅速,它具有如下一些优点:利用组织培养代替原植物的栽培以获得所需的有效成分,达到产量高、成本低的目的,还可节约土地。

1. 紫杉醇

紫杉醇是用于治疗卵巢癌、乳腺癌、肺癌的高效、低毒、广普而且作用机理独特的抗癌药物。近年来，临床研究还表明，紫杉醇对其他病症也有一定疗效，如关节炎、先天性多囊肾病、早老性痴呆等。日本从短叶红豆杉和东北红豆杉中进行组织细胞培养获得较高含量的紫杉醇细胞系植株。我国的研究人员经过多年研究，利用细胞悬浮培养对多种红豆杉不同外植体进行愈伤组织的诱导、培养、筛选出了紫杉醇高产细胞株，并经生物反应器扩大培养，细胞生长和紫杉醇含量都相当理想，通过细胞培养技术规模化商业化生产紫杉醇的研究已取得了重大的进展。

2. 紫草宁

紫草宁可以用作创伤、烧伤以及痔疮的治疗药物。1974 年，Tabata 等研究了在哪一种培养基上可使培养细胞产生紫草宁衍生物。1981 年 Tabata 和 Fujita 等进行悬浮培养，并得到紫草宁衍生物。日本在 1983 年用大规模紫草细胞培养来生产紫草宁。国内南京大学生物系从 1986 年开始研究，得出在适当的培养条件下，培养的紫草细胞悬浮物中紫草宁含量占干重的 14%，比紫草根中含量高几倍。

3. 药物次生代谢产物生产实例

长春花生物碱是从长春花中提取的生物碱的总称，主要包括长春碱、长春质碱、去甲长春碱等 100 余种，具有抗肿瘤、降血糖、抗病毒等功效。

（1）培养基

①基本培养基。长春花的毛状根可以在不含激素的 MS 固体或液体培养基中保持稳定且生长迅速，若在以蔗糖为碳源的 1/2 MS 培养基上则会生长得更好，且利于生物碱的合成；在培养基中加入铵盐或磷酸盐，能促进毛状根生产，却抑制长春碱的积累，只有当培养液中磷的浓度低于某一值时，生物碱才会大量合成；在培养基中添加硝酸盐，则既利于毛状根的生长，又能促进长春碱的生产。

②植物生长调节物质。向长春花的细胞悬浮培养系统中添加 1 mg/L ABA 有利于阿玛碱积累，添加 2 mg/L ABA 则有利于长春碱积累；添加 6-BA 时，可促进生物碱的合成，但不利于细胞的生长；加入 2,4-D 和 NAA 能促进细胞生长，却强烈地抑制生物碱的合成；当加入 NAA 时，细胞生长和生物碱合成都有促进作用。

③诱导剂与前体物质。用 2.98 mg/L 的硝普钠处理长春花细胞，可以使阿玛碱、长春质碱和总碱产量分别提高 1.6 倍、2.9 倍和 1.8 倍；在培养基中添加不同的真菌抽提取物作诱导剂可以分别将阿玛碱、利舍平（蛇根碱）、长春质碱等生物碱的产量提高 2～5 倍；加入 500 mg/L 的生物碱合成前体 L-色氨酸能促进发状根生长和生物碱的合成。

（2）培养条件　培养液的 pH 变化对长春花细胞的生长影响不大，但能影响生物碱的合成。光照能抑制阿玛碱的积累，而提高蛇根碱和长春质碱的产量。培养温度在 27～35℃ 时，细胞生长保持恒定，35℃ 时，细胞生长最快。

（3）培养方式　长春花细胞的大规模培养可采用悬浮培养，反应器可使用搅拌式反应器和气升式反应器。在悬浮培养过程中，通气状况和剪切力是影响生物碱生成的主要因素。

(二)在食品添加剂方面的应用

食品添加剂是食品工业的"灵魂",食用色素、香精香料、稳定剂、防腐剂、抗氧化剂等既赋予了食品宜人的外观、口感和滋味,又使其在销售期内保持了新鲜状态。

1. 薄荷油

目前已经开始采用胡椒薄荷细胞培养技术生产工业薄荷油,但产量很低,这主要是因为菇烯单体的不稳定性及植物毒素的毒性作用而影响到薄荷油的合成。如今,胡椒薄荷中菇烯单体的合成途径已经基本确定。此外,在采用经根癌农杆菌 T37 转化后的薄荷顶芽培养物,发现薄荷油物质的生物合成与菇烯类物质有关,已测出菇烯类物质是由叶部的油腺所分泌。这些发现必将促进工业薄荷油的生产。

2. 花青素

花青素广泛存在于各种植物物种中,主要集中于花,花萼及果实部分,呈现粉红、红、紫及蓝色,用作食品添加剂可获得诱人的自然的红色。随着国际社会对健康的重视,很多合成色素因使用安全问题被禁用,低毒性的天然花青素就有着巨大的应用潜力。在 1987 年与 1989 年将植物细胞培养的天然花青素产品制品作为合成花青素的替代产品。有许多厂家和研究机构从事从各种植物细胞中生产天然色素的生产研究,并取得很大的进展。Harigae Yasushi 用选择可见高产细胞团的方法,在 MS 培养基上挑选出繁殖快的高产花青素葡萄细胞系,在 30 L 的小型发酵罐中培养,粗花青素产率达到 0.3%;Kobayashi,Yashinori 等在光照条件下悬浮培养花青素的土当归细胞,在 500 L 发酵罐中培养 16 d 收获细胞,细胞重量增加 26 倍,花青素产量 5 倍,占细胞干重的 17.2%。随着研究工作的进一步深入,植物细胞培养花青素将进入工业化阶段。目前已有报道的能生产花青素的植物有:大戟属、翠菊属、甜生豆、矢车菊属、玫瑰花、紫菊属、苹果、葡萄、胡萝卜、野生胡萝卜、葡萄藤、土当归、商陆、筋骨草属、靶苔属等。报道过的能用植物细胞培养生产的色素有胡萝卜素、叶黄素、单黄酮体等。

3. 香兰素

香兰素(4-羟基-3-甲基苯甲醛)又称香草酚,是香荚兰制品中的重要组成成分,香兰素是世界上使用最广的增香剂,已被广泛应用于冰淇淋、饮料、巧克力、糖果、布丁、焙烤食品以及酒类、香烟等食品工业中。目前主要用于香兰素生产的化学合成法存在许多弊端,采用植物组织培养生产香兰素受到了广泛的关注。研究表明,在香荚兰中的香味成分主要是内源糖苷前体在成熟过程中通过氧化酶的作用而形成的,在组织细胞产香成分的培养过程中,一些关键的酶,如葡萄糖苷酶、多酚氧化酶、过氧化酶的活性都在培养末期达到最高,而且,不同组织器官的细胞培养产生次生代谢物的合成能力有所不同。在香荚兰胚部组织中香兰素生物合成能力最强。通过建立细胞悬浮培养及采用吸附剂如极性(亲水性)树脂或木炭,能够促进产量的提高。美国已经开始采用植物愈伤组织培养技术生产香兰素添加剂,生产成本比化学合成低很多。它是通过建立细胞悬浮培养物以及采取吸附剂来促进产量的提高。香兰素的生产过程如下。

(1)培养基

①基本培养基。香荚兰的细胞培养以 MS 作为基本培养基,以 5% 蔗糖为碳源有助于细胞生长和香兰素生产;以 KNO_3 作氮源能促进细胞生长和香兰素生产,但以 NH_4NO_3 为氮源则二者都受到抑制。

②植物生长调节物质。2,4-D 能抑制香兰素的产生,而 NAA 则能促进香兰素的产生,细胞分裂素能部分缓解 2,4-D 对香兰素产生的抑制作用。

③诱导剂与前体物质。向培养基中附加未经高温处理的黑曲霉能促进香兰素的产生,附加苯丙氨酸也能促进细胞生长,但对香兰素的合成无明显作用;添加阿魏酸能减缓细胞生长,但能促进香兰素的合成;附加前体物质苯丙烯酸也可以提高香兰素的产量。

(2)培养方式　香荚兰细胞的大规模培养可以采用分批培养。在培养系统中加入活性炭、树脂等吸附剂及时移走香兰素,可以减少其对反应过程的反馈抑制作用,明显提高香兰素的产量。活性炭用量与香兰素的产量呈正相关。

计 划 单

学习领域	植物组织培养技术	
学习情境 8	植物细胞培养与次生代谢产物生产	
计划方式	小组讨论,小组成员之间团结合作,共同制订计划	
序号	实施步骤	使用资源
制订计划 说明		

计划评价	班级		第 组	组长签字	
	教师签字			日期	
	评语:				

决 策 单

学习领域	植物组织培养技术
学习情境 8	植物细胞培养与次生代谢产物生产

方案讨论								
方案对比	组号	任务耗时	任务耗材	实现功能	实施难度	安全可靠性	环保性	综合评价
	1							
	2							
	3							
	4							
	5							
	6							

方案评价	评语：

班级		组长签字		教师签字		月　日

材料工具清单

学习领域			植物组织培养技术				
学习情境8			植物细胞培养与次生代谢产物生产				
项目	序号	名称	作用	数量	型号	使用前	使用后
所用仪器	1	超净工作台	接种	12 台			
	2	无火焰灭菌器	灭菌	12 台			
	3	血细胞计数板	计数	12 个			
	4	旋转式摇床	培养	2 台			
	5	离心机	离心	2 台			
所用材料	1	胡萝卜愈伤组织	接种	若干			
	2	2,4-D	药品	若干			
	3	75%酒精	消毒	若干			
	4	95%酒精	消毒	若干			
	5	肌醇	药品	若干			
	6	无菌水	外植体消毒	若干			
	7	培养基	为材料提供营养	若干			
	8	无菌纸	无菌操作平台	若干			
所用工具	1	镊子	接种	12 把			
	2	接种针	接种	36 根			
	3	解剖刀	切割	36 把			
	4	接种架	放置接种工具	12 个			
	5	酒精灯	灭菌	24 盏			
	6	打火机	火源	24 个			
	7	无菌注射器	接种	12 个			
班级		第 组	组长签字			教师签字	

实 施 单

学习领域	植物组织培养技术	
学习情境 8	植物细胞培养与次生代谢产物生产	
实施方式	小组合作;动手实践	
序号	实施步骤	使用资源

实施说明:

班级		第 组	组长签字	
教师签字			日期	

作 业 单

学习领域	植物组织培养技术
学习情境8	植物细胞培养与次生代谢产物生产
作业方式	资料查询、现场操作
1	植物细胞培养的意义是什么？
作业解答：	
2	细胞培养的方法有哪些？
作业解答：	
3	怎样大规模培养细胞？
作业解答：	
4	植物细胞悬浮培养的影响因素有哪些？
作业解答：	
5	次生代谢产物的生产有哪些方面的应用？
作业解答：	

作业评价	班级		第 组		
	学号		姓名		
	教师签字		教师评分		日期	
	评语：				

检 查 单

学习领域	植物组织培养技术			
学习情境 8	植物细胞培养与次生代谢产物生产			
序号	检查项目	检查标准	学生自检	教师检查
1	咨询问题	回答认真准确		
2	接种室消毒	选择合适的消毒方法		
3	仪器设备	正确使用		
4	各种工具	知道作用		
5	血细胞计数板	准确快速计数		
6	无火焰灭菌器	准确快速设置		
7	接种工具	彻底灭菌,争取使用,防交叉污染		
8	安全操作	酒精灯、灭菌器使用正确		

	班级		第 组	组长签字	
	教师签字			日期	
检查评价	评语:				

评 价 单

学习领域	植物组织培养技术				
学习情境8	植物细胞培养与次生代谢产物生产				
评价类别	项目	子项目	个人评价	组内互评	教师评价
专业能力 (60%)	资讯 (10%)	搜集信息(5%)			
		引导问题回答(5%)			
	计划 (10%)	计划可执行度(3%)			
		方案设计(4%)			
		合理程度(3%)			
	实施 (20%)	准确快速调试仪器设备(6%)			
		工具使用正确(6%)			
		操作熟练准确(6%)			
		所用时间(2%)			
	过程 (10%)	按方案顺利进行(5%)			
		无菌操作(5%)			
	结果 (10%)	在规定时间内完成接种数(10%)			
社会能力 (20%)	团结协作 (10%)	小组成员合作良好(5%)			
		对小组的贡献(5%)			
	敬业精神 (10%)	学习纪律性(5%)			
		爱岗敬业、吃苦耐劳精神(5%)			
方法能力 (20%)	计划能力 (10%)	考虑全面、细致有序(10%)			
	决策能力 (10%)	决策果断、选择合理(10%)			

班级		姓名		学号		总评	
教师签字		第 组		组长签字		日期	

评价评语	评语:

教学反馈单

学习领域	植物组织培养技术			
学习情境 8	植物细胞培养与次生代谢产物生产			
序号	调查内容	是	否	理由陈述
1	你是否明确本学习情境的目标？			
2	你是否完成了本学习情境的学习任务？			
3	你是否达到了本学习情境对学生的要求？			
4	咨询的问题,你都能回答吗？			
5	你知道植物细胞培养的用途吗？			
6	你是否能够设计一种植物细胞培养方案？			
7	你是否喜欢这种上课方式？			
8	通过几天来的工作和学习,你对自己的表现是否满意？			
9	你对本小组成员之间的合作是否满意？			
10	你认为本学习情境对你将来的学习和工作有帮助吗？			
11	你认为本学习情境还应学习哪些方面的内容？（请在下面回答）			
12	本学习情境学习后,你还有哪些问题不明白？哪些问题需要解决？（请在下面回答）			
你的意见对改进教学非常重要,请写出你的建议和意见：				
调查信息	被调查人签字		调查时间	

学习情境 9　植物组培苗工厂化生产与经营

植物组培苗工厂化生产是在人工控制的最佳环境条件下充分利用自然资源和社会资源，采用标准化、机械化、自动化技术，高效优质地按计划批量生产健康植物苗木。组织培养工厂化生产主要应用在快速繁殖、生产脱毒苗木。目前已有不少花卉、果树、蔬菜等经济作物逐步采用组织培养技术，利用具有规模生产条件的组培苗生产线进行大规模的工厂化生产。对于植物组培快繁企业来说，经济效益是它的生命线。企业应用先进的管理经验树立企业的形象和信誉。通过生产管理和经营管理，建立市场，培育市场，使企业获得更高的经济效益。

任 务 单

学习领域	植物组织培养技术
学习情境 9	植物组培苗工厂化生产与经营
任务布置	
学习目标	1. 理解工厂化育苗的含义。 2. 掌握植物组培苗工厂生产的流程。 3. 会对组培苗进行质量鉴定。 4. 会设计组培苗生产工厂。 5. 会制订生产计划。 6. 会核算组培苗的生产成本。 7. 培养学生吃苦耐劳、团结合作、开拓创新、务实严谨、诚实守信的职业素质。
任务描述	设计一个年产 200 万株组培苗的工厂,并配备相应的仪器设备,并进行企业化管理。具体任务要求如下: 1. 设计一个组培苗的生产工厂。 2. 配备植物组织培养各实验室所需要的实验仪器。调查了解市场,选择一种植物或几种植物作为快繁对象。 3. 核算生产成本,研判市场行情。 4. 制订生产、管理计划。
参考资料	1. 曹孜义,刘国民. 实用植物组织培养技术教程. 兰州:甘肃科学技术出版社,2001. 2. 熊丽,吴丽芳. 观赏花卉的组织培养与大规模生产. 北京:化学工业出版社,2003. 3. 刘庆昌,吴国良. 植物细胞组织培养. 北京:中国农业大学出版社,2003.

参考资料	4. 吴殿星,胡繁荣.植物组织培养.上海:上海交通大学出版社,2004. 5. 陈菁英,蓝贺胜,陈雄鹰.兰花组织培养与快速繁殖技术.北京:中国农业出版社,2004. 6. 程家胜.植物组织培养与工厂化育苗技术.北京:金盾出版社,2003. 7. 王清连.植物组织培养.北京:中国农业出版社,2003. 8. 王蒂.植物组织培养.北京:中国农业出版社,2004. 9. 王振龙.植物组织培养.北京:中国农业大学出版社,2007. 10. 沈海龙.植物组织培养.北京:中国林业出版社,2010. 11. 彭星元.植物组织培养技术.北京:高等教育出版社,2010. 12. 陈世昌.植物组织培养.重庆:重庆大学出版社,2010. 13. 王金刚.园林植物组织培养技术.北京:中国农业科学技术出版社,2010. 14. 吴殿星.植物组织培养.上海:上海交通大学出版社,2010. 15. 王水琦.植物组织培养.北京:中国轻工业出版社,2010. 16. 黄晓梅.植物组织培养.北京:化学工业出版社,2011. 17. 曹春英.植物组织培养.北京:中国农业出版社,2006. 18. 王玉英,高新一.植物组织培养技术手册.北京:金盾出版社,2011. 19. http://www.7576.cn 20. http://blog.sina.com.cn/s/blog_505c5b570100c9ep.html.
对学生的 要求	1. 理解工厂化育苗的含义。 2. 掌握植物组织培养的各个环节。 3. 必须熟悉实验室常见的仪器设备的使用及维护。 4. 必须严格按照实验室的要求进行操作。 5. 严格按照安全操作规程进行操作。 6. 实验实习过程要爱护实验室的仪器设备。 7. 严格遵守纪律,不迟到,不早退,不旷课。 8. 本情境工作任务完成后,需要提交学习体会报告。

资　讯　单

学习领域	植物组织培养技术
学习情境 9	植物组培苗工厂化生产与经营
咨询方式	在图书馆、专业杂志、互联网及信息单上查询;咨询任课教师
咨询问题	1. 什么是工厂化育苗? 2. 工厂化生产组培苗的流程是什么? 3. 组培工厂有哪些部分组成?各有什么要求? 4. 工厂化生产组培苗要具备哪些基础知识? 5. 如何鉴定组培苗的质量? 6. 组培苗包装运输有什么要求? 7. 什么是生产计划? 8. 如何制订生产计划? 9. 怎样计算组培苗成本? 10. 如何提高生产效率? 11. 大规模生产过程中会出现哪些问题?有哪些应对措施? 12. 如何制定岗位职责?
资讯引导	1. 问题 1~5 可以在陈世昌的《植物组织培养》第 11 章中查询。 2. 问题 6~7 可以在黄晓梅的《植物组织培养》项目七中查询。 3. 问题 8~10 可以在陈世昌的《植物组织培养》第 12 章中查询。 4. 问题 11~12 可以在曹春英的《植物组织培养》第 8 章中查询。

信 息 单

学习领域	植物组织培养技术
学习情境 9	植物组培苗工厂化生产与经营

信 息 内 容

一、植物组培工厂的设计及设施、设备

(一)植物组培工厂的设计

进行组培快繁工厂化生产必须按照企业的管理运作,要事先做好计划。设计要进行多方面的考察,集多家的优点,克服地域的不足之处,充分利用有效空间,提高生产效率,创造良好的经济效益。

1. 厂址的选择

在进行植物组织培养大规模生产时,单靠小的组培室是远远不够的,需要建立组培苗生产工厂。建厂时要考虑周到,否则会对以后的生产和管理造成不良影响。一般选择安静、清洁、交通便利、常年主风向的上风方向、避开环境污染源的地方,同时保证有排水设施,电路畅通,确保工作的顺利进行。在北方建立工厂时,选择地势平坦的场所,厂房坐北朝南,后面种植高大的树木,秋冬季可挡风。在南方建设厂房,应选择地势平坦,前后没有高大建筑物的场所,有利于春、夏、秋季的通风。

2. 生产车间的设计

在建立植物组培工厂时,要根据预期的生产量和投资规模确定组培生产车间面积。按工作程序先后,安排成一条连续的生产线,避免环节错位,增加工作量。组织培养的生产环节和设施主要包括培养器皿清洗室;培养基的配制、分装、包扎和高压灭菌室;材料的表面灭菌和接种室;培养室;试管苗出瓶、移栽的温室等。各个生产车间的面积要合理,做到大小适中,工作方便,减少污染,节省能源,使用安全。图 9-1 为组培生产车间设计图。

无糖培养室	接种间	无糖培养室	常规培养室	接种室	称量及检测室	清洗室	办公室
走廊							门厅
无糖培养室	接种间	无糖培养室	常规培养室	灭菌室	培养基配制室		贮藏室

图 9-1 组培生产车间的设计图

为了扩大工厂生产的规模,减少投资,增加效益,合理配制资源,近年来出现合作经营、分段生产的经营模式,即拥有较强科技力量并建有完备的植物组织培养实验室的科研单位或高等院校与拥有一定生产能力的园林生产单位、苗圃或农场、林场,以及拥有各种销售渠道和网络的花木公司、种苗公司联合经营,充分利用各自的资源优势,避免重复投资建设、盲目生产造成的资金、人力、物力的浪费。

(二)组培工厂的配套设施、设备

1. 洗涤灭菌室

各种玻璃器皿、培养瓶和各种用具的洗涤、干燥,植物材料的洗涤和消毒等预处理,培养基的高压灭菌等工作均在洗涤灭菌车间进行。本车间需配有高压蒸汽灭菌锅、烘箱、蒸馏水发生器、洗瓶机、培养器皿等。图 9-2 所示为大型卧式高压锅、中型立式高压锅,图 9-3 所示为蒸馏水发生器。

A   B

图 9-2　各种类型的高压锅
A. 大型卧式高压锅　B. 中型立式高压锅

2. 药品称量室

药品称量室主要承担化学试剂的称量、溶解,培养基的配制、分装、包扎,培养物的观察分析等操作工作。该室需配有冰箱、药品柜、恒温箱、天平、酸度计、培养基分装机、计量器皿、盛装器皿、培养器皿、细菌过滤器械、医用小平车等。药品在放置时注意大包装和小包装分别放置,易燃易爆的药品与有毒的药品与普通的药品分别放置。不耐高温的药品要放到冰箱里面保存。图 9-4 所示为各种类型的天平、图 9-5 所示为酸度计。

图 9-3　蒸馏水发生器

3. 接种室

接种室也称为无菌操作室,通常由里外 2～3 间组成,外间可小些,做缓冲间,用于做准备工作,如洗手、更衣、换鞋等。里面 1～2 间为接种室,主要承担植物材料的接种、培养物的转移等工作,这些工作要求在无菌环境中进行。无菌条件的好坏、持续时间的长短对减少培养基的污染关系重大,是组培苗生产的关键所在。接种车间要求地面、墙壁及天花板光洁,易于清洗和消毒。本车间需配备超净工作台、无菌操作器具、培养瓶放置架、培养器皿等。图 9-6 所示为超净工作台,图 9-7 所示为接种器具杀菌器。

图 9-4 天平

图 9-5 酸度计

图 9-6 超净工作台

图 9-7 接种器具杀菌器

4. 培养室

培养室是对接种后材料培养的场所,使培养材料在人工控制温度、湿度和光照等条件下的培养和生长。培养室要有保温隔热性能,并尽量利用自然光照、最大限度增加采光面积,除必要的承重墙结构外,全部安装落地式双层保温大玻璃窗。房间要求干净、墙壁平整、地面平坦,地面最好是白色水磨石面、天花板宜白色,增强反光,提高室内亮度。本车间需配备培养架(图 9-8)、空调机、温湿度计、记录仪、振荡培养机等。

5. 移苗室

移苗室是组培苗从室内走向田间进行适应和栽培的场所,多由日光温室、智能温室和网室等组成。它的主要任务是进行组培苗清洗、整理、炼苗、移栽和培育,可结合常规无性繁殖方法对组织培养成苗进行常规繁殖,以便节省投资,降低生产成本。图 9-9 所示为组培移苗室。

6. 仓库

选择背阳的房间作仓库,把暂时不用的玻璃器皿、器械及备用的试剂、药品等存放在内,便于随时取用,要求通风条件好。

图 9-8　培养架

图 9-9　组培移苗室

7. 冷藏室

将一些组培苗放在冷藏室低温处理,可以控制其分化、生长速度,同时营养消耗很少,转接培养次数大大减少。另外,有些球根花卉如唐菖蒲的小球茎在冷藏室 3～5℃ 下冷藏 1 个月打破休眠。冷藏室对于组培工厂按计划生产和按时供应大量种苗,起着重要的调节及贮备作用。

总之,组培苗生产工厂的基础设施建设和主要设备可以根据具体的生产任务要求和投资规模以及当地条件加以必要的变动和选择。可以因地制宜、因陋就简,创造性地进行组培苗生产,而不必花太大的投资。但是,基础设施和设备过于简单,虽然投资小,却存在工作效率低、污染率高的问题,浪费时间,增加无效的劳动。

二、组培苗工厂化生产技术

(一)组培苗工厂化生产工艺流程

在进行每种植物的组织培养工厂化生产时,必须明确工厂化生产的工艺流程。图 9-10 为组培苗工厂化生产流程。

(二)组培苗工厂化生产技术

植物组培工厂化生产是以快繁为基础建立起来的,主要包括外植体的选择、离体快繁、驯化移栽和移栽后的管理等阶段。商品组培苗要经过质量鉴定、质量分级和包装运输等环节(图 9-10)。

1. 外植体的选择

外植体是指植物组培快繁生产中的各种接种材料。健康无病毒植株的任何器官、组织、细胞、原生质体都可以做外植体。种源是选择外植体时关键环节。选择的种源既要适应市场的需要,又要考虑当地的环境条件;既要简化生产条件,也要降低生产成本。种源的来源途径主要有两个:一是自己动手从外植体培养建立无菌培养体系,需要较长时间;二是从外地引进无菌原种苗。第二种方法方便、快捷、节省时间、繁殖速度快,如果市场需求量大,可以短时间内形成规模。

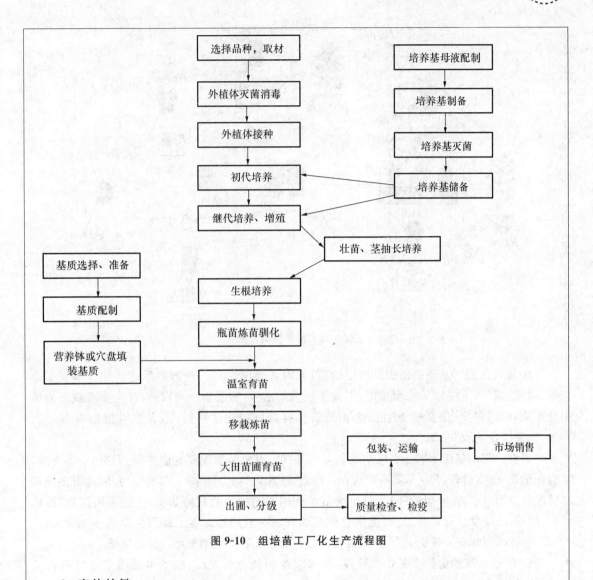

图 9-10　组培苗工厂化生产流程图

2. 离体快繁

组培苗快繁是工厂化生产的重要环节,包括无菌培养物的建立、继代增殖、壮苗生根等阶段。主要是在生产室和培养室完成,操作方法与实验室组培苗的生产流程基本相同,只是生产规模大一些。图 9-11 所示为组培快繁技术。

3. 组培苗的炼苗和移栽

当组培苗繁殖到一定数量后,需要将生根的组培苗移栽到温室内进行炼苗,让组培苗逐步适应外界的环境条件,再移栽到基质中,加强温度、湿度、光照管理,及时防治病虫害的发生,成活后就可以用于生产。

(1)准备工作

①选择育苗容器　栽培的容器可用软塑料营养钵,也可以用育苗盘或直接移栽在苗床上。其中营养钵占地大,耗用大量基质,但是幼苗不用再次移栽;育苗盘适合于工厂化生产使用,易于搬运,节省空间和时间。

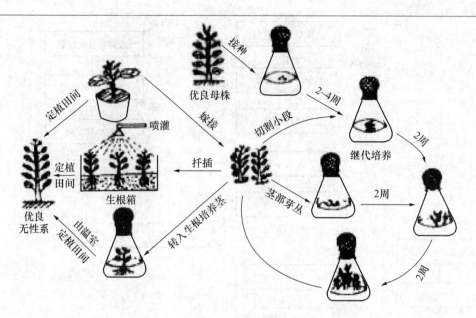

图 9-11　组培快繁技术

②基质选配　基质的作用是固定幼苗,吸附营养液、水分,改善根际透气性。基质要疏松、透水、通气,有一定的保水性能,不利于杂菌的滋生,容易进行消毒;对盐类要有良好的缓冲能力,维持稳定、适宜植物生长的 pH;需具有良好的化学特性,不含有对植物有害的成分;来源广泛,价格价廉。

根据选用的基质不同分有机基质和无机基质。有机基质主要有腐殖质、泥炭、干燥苔藓、炭化稻壳、锯木屑等;无机基质有炉渣、沙、蛭石、珍珠岩等。基质除了单独应用外,还可多种基质混合应用,以取长补短,不同植物组培苗应选用不同种类的栽培基质,一般采用泥炭、珍珠岩、蛭石、沙及少量有机质、复合肥混合调配为好。一般用珍珠岩:蛭石:草炭土为 1:1:0.5,也可以用蛭石:草炭土为 1:1 混合。以下介绍几种常见的组培苗移栽基质:

a. 河砂。河砂的特点是排水性强,但保水蓄肥能力较差,一般不单独用来直接栽种试管苗,常与草炭土等混合使用。河砂分为粗沙、细沙两种类型,粗沙即平常所说的河砂,其颗粒直径为 1~2 mm,细沙即通常所说的面沙,其颗粒直径为 0.1~0.2 mm。

b. 蛭石。蛭石是由黑云母和金云母风化而成的次生物,通过高温处理使其疏松多孔,质地很轻,能吸收大量的水,保水、持肥、吸热、保温的能力也较强,常与草炭土等混合使用。

c. 草炭土。草炭土是由沉积在沼泽中的植物残骸经过长时间的腐烂所形成,其保水性好,蓄肥能力强,呈中性或微酸性反应,但通常不能单独用来栽种试管苗,宜与河砂等种类相互混合配成盆土而加以使用。

d. 腐殖土。腐殖土是由植物落叶经腐烂所形成,一种是由自然形成,另一种是由人为造成。人工制造时可将秋季的落叶收集起来,然后埋入坑中,灌水压实令其腐烂,第二年春季再将其取出置于空气中,在经常喷水保湿的条件下使其风化,然后过筛即可获得。腐殖土含有大量的矿质营养及有机物质,通常不能单独使用,宜与河砂等基质相互混合使用。掺有腐殖土的栽培基质一般有助于植株发根。

e. 珍珠岩。珍珠岩由硅质火山岩在 1 200℃下燃烧膨胀而成的,白色、质轻,直径为 0.15~2.5 mm。易于排水和通气,保冷隔热性能好,pH 中性或微酸性,无缓冲能力,可以单独使用,但是因质轻污染较大,使用时应戴上口罩,先用水淋湿;浇水过多不利于固定根系。

③场地、工具及基质消毒 移栽场地及所有工具用 10%漂白粉溶液或 0.1%高锰酸钾液泡 10~15 min。基质均匀混合,用 1 000 倍百菌清喷雾、搅拌。基质内的土壤消毒要更严格,可应用下列消毒方法:

a. 65%的代森锌粉剂消毒。每立方米苗床土用药 60 g,药土混拌均匀后用塑料薄膜盖 2~3 d,然后撤掉塑料薄膜,待药味散后可以使用。

b. 甲醛消毒。甲醛杀菌效果好,杀虫效果一般。用 40%的原液稀释成 50 倍喷洒床上,混拌均匀,然后堆放并用塑料薄膜封闭 5~7 d,揭开塑料薄膜使药味彻底挥发后方可使用。基质在消毒时要求工作人员操作时戴上口罩,做好防护工作。

c. 蒸汽消毒。蒸汽消毒简便易行,安全彻底,需要专门的设备,成本高,操作不便。用蒸汽把基质温度提高到 90~100℃,含水量控制在 35%~40%,处理 30 min。蒸汽消毒的基质待温度降下去后就可使用。

④配制营养液 不同植物种类所需要的营养不同,同一植物不同生长发育时期所需要的营养成分也是有差异的。因此,我们可以根据不同的植物来选择不同的营养液配方(表9-1)。

表 9-1 营养液配方 mg/L

配方一		配方二		配方三		配方四	
药品名称	用量	药品名称	用量	药品名称	用量	药品名称	用量
尿素	450	硝酸钙	950	硫酸钾	200	硝酸钙	950
磷酸二氢钾	500	磷酸二氢铵	155	复合肥($N_{15}P_{15}K_{12}$)	1 000	磷酸二氢钾	360
硫酸钙	700	硫酸镁	500	硫酸镁	500	硫酸镁	500
硼酸	3	硝酸钾	810	过磷酸钙	800	硼酸	3
硫酸锰	2	硼酸	3	硼酸	3	硫酸锰	2
钼酸钠	3	硫酸锰	2	硫酸锰	2	钼酸钠	3
硫酸铜	0.05	钼酸钠	3	钼酸钠	3	硫酸铜	0.05
硫酸锌	0.22	硫酸铜	0.05	硫酸铜	0.05	硫酸锌	0.22
螯合铁	40	硫酸锌	0.22	硫酸锌	0.22	螯合铁	40
		螯合铁	40	螯合铁	40		

(2)组培苗的炼苗与移栽

①炼苗 组培苗在移栽前几天都要进行炼苗,让它有一个逐步适应外界环境的过渡阶段。由培养室转入温室,暴露于空气中,环境差异大。一般要求从培养室内将培养瓶拿到室温下先放置 3~7 d,再打开瓶盖。

②清洗 从培养瓶中取出试管苗,用自来水洗掉根部粘着的培养基,以防残留的培养基滋生杂菌。清洗时动作要轻,避免伤根,水温控制在 18~25℃。

③移栽 移栽前,先将基质浇透水,并用一个筷子粗的竹签在基质中开一穴,然后再将植株种植下去,最好让根舒展开,并防止弄伤幼苗。种植时幼苗深度应适中,不能过深或过浅,覆土后需把苗周围基质压实,也可只将容器摇几下待基质紧实即可,以防损伤试管苗的细弱根系和根毛。移栽时最好用镊子或细竹筷夹住苗后再种植在小盆内,移栽后需轻浇薄水,再将苗移入高湿的环境中,保证空间湿度达90%以上。图9-12所示为组培苗移栽。

图 9-12 组培苗移栽

(3)移栽后的管理 组培苗移栽后1~2周为关键管理阶段,主要是要控制好光照、湿度、水分、通风等条件。高温季节应注意遮阳、保温、保湿、通风透气,并经常进行人工喷雾。在移栽后5~7天内应给予较高的湿度,保持80%~90%的相对湿度;南方喜温的植物以25℃左右,喜冷凉的植物以18~25℃为宜;移栽后试管苗依靠自生的光合作用维持生存,需要一定的光照,但是光照不能太强,以太阳的漫射光为主,以后再逐步加强。为促进苗木生长,结合喷水喷施3~5倍MS大量元素液。1周后每隔3 d叶面喷施营养液1次。由于空气湿度高,气温低,幼苗易感病,要及时喷药防治病虫害。

温室组培苗移栽4~6周后,可逐渐移至遮阳大棚下栽植,此时,肥水管理非常重要。首先,要结合浇水浇灌营养液,一般每3~5天应供给营养液1次。前期秧苗较小,营养液的浓度应低一些,一般为0.15%~0.2%;随着秧苗长大,营养液浓度可逐渐加大到0.3%左右。使幼苗顺利实现从异养生长向自养生长的移栽。其次,要逐渐延长光照时间,增加光照强度。光照强度应由弱到强,循序渐进,否则会因光强增加过快而导致幼苗的灼伤。其三,由于苗木密集,空气湿度大,加上高温,病害易发生,每隔7~10天需交替喷1 000倍百菌清或灭枯净。

(4)成苗管理

①及时供水 成苗期苗木较大,需水量大。气温升高,通风多,失水快,要注意及时供水。特别是利用营养钵育苗或电热温床育苗,更应经常浇水,保持育苗基质湿润。

②苗床的温度 开始时苗床的温度可稍高些,以后逐渐降低温度,要根据不同植物进行温度控制。一般白天可控制在20~30℃,夜间10~20℃,以促进生根缓苗。这一时期的苗床温度主要是利用太阳能和保温、通风措施来调节。

③追肥　在育苗基质肥料充足的情况下,可不追肥,如有条件可每隔 3～5 天根外追施 0.2% 磷酸二氢钾液,也可随水追施复合肥,施用量为 10～20 g/m²。追肥后一定及时浇水,防止烧苗。此期间还应注意防治苗期病、虫害。

4. 组培苗的质量鉴定

苗木质量鉴定是保证苗木质量和保护种植者利益的重要环节,是确定苗木价格重要依据。随着组培技术的推广应用,越来越多的组培苗进入商业化生产和流通。

(1)组培苗质量鉴定项目

①商品性状　采用规格等级和形态等级相结合的分级方法。规格等级以所规定的苗高、叶片数、生根率、单株生根数等数量指标进行分级。形态等级根据组培苗的外观表象,如茎、叶生长状况,是否玻璃化,愈伤组织多少,污染情况等指标进行分级。

②健康状况　健康状况是指组培苗是否受到病虫害损伤,以及是否携带病原真菌、细菌、病毒等。在原种组培苗的生产过程中,其健康状况的检测步骤如下:

首先对需繁殖的外植体材料进行病毒和病原物检测,若为带毒植株,可通过茎尖培养、热处理等方法脱除病毒,并经鉴定脱毒后,再大量扩繁。

组培苗出瓶后需在防虫温室中繁殖,在此期间对多发性病原菌要进行两次或两次以上的检测,当检测出染有病原物的株系时,须连同其室内扩繁的无性系同时销毁,以保证原种组培苗处于安全的健康状况条件下。

③品种纯度　品种纯度是指品种典型一致的程度,包括是否具备品种的典型性状,是否整齐一致等,是原种苗非常重要的一个指标。可采取随机扩增多态性 DNA 技术(PAPD)或扩增片段长度多态性技术(HELP)等分子标记方法检测,整齐度也可通过目测法直接检测。

(2)组培瓶内生根苗质量标准　组培瓶苗的质量影响到组培苗的移栽成活率,甚至影响到出圃种苗的质量。对仅用于生产的组培瓶苗,主要依据根系状况、整体感、株高、叶片数四个方面进行判定。瓶内合格生根苗应具有根,并且长势好、色白健壮,苗茎健壮、充实,叶片大小协调,色泽正常,无污染。对于无根、长势不好、色黑的瓶苗,不必考虑其他几项指标,视为不合格苗。表 9-2 为几种植物组培苗的出瓶质量标准,表 9-3 为河北省主要花卉组培瓶内生根苗质量等级。

表 9-2　几种植物组培苗的出瓶质量标准

(引自熊丽,2003)

植物品种		根系状况	整体感	株高/cm	叶片数/片
非洲菊	1 级	有根	直立单生,叶色绿,有心	2～4	≥3
	2 级	有根	苗略小,部分叶形不周正	1～3	≥3
满天星	1 级	有根	苗粗壮硬直,叶色深绿	2～3	4～8
	2 级	根原基		1.5～3	4～8
菊花	1 级	有根	苗粗壮硬直,叶色灰绿	2～4	≥4
	2 级	有根		1～2	≥4
马蹄莲	1 级	有根	苗单生,叶色绿	3～5	≥3
	2 级	根少或无	苗单生,叶色稍浅	2～4	≥3

续表9-2

植物品种		根系状况	整体感	株高/cm	叶片数/片
勿忘我	1级	有根或无	苗单生,有心,叶色绿	2～3	≥3
	2级	有根		2～4	≥3
龙胆草	1级	有根	苗单生,叶色绿	3～4	≥6
	2级	有根		1.5～3	4～6
百合	亚洲	有根	叶色不定,基部有小球	不定	有叶或枯黄
	东方	有根	叶色正常,基部有小球	不定	2～5

表9-3 河北省主要花卉组培瓶内生根苗质量等级

等级	指标	月季	菊花	非洲菊	丽格海棠	蝴蝶兰
一级	苗高/cm	≥2.5	≥2.5	—	≥2.0	
	叶片/片	≥5	≥5	≥7	≥5	—
	生根率/%	≥95	≥95	≥95	≥95	100
	生根数/条	≥5	≥5	≥7	≥5	5月6日
	其他	无愈伤组织	无愈伤组织	无愈伤组织	无愈伤组织	叶片长≥5 cm,2叶1蕊
二级	苗高/cm	≥2.0	≥2.0		≥1.5	—
	叶片/片	≥4	≥4	≥5	≥4	
	生根率/%	≥90	≥95	≥95	≥90	≥90
	生根数/条	≥4	≥4	≥5	≥4	4月5日
	其他	无愈伤组织	无愈伤组织	无愈伤组织	无愈伤组织	叶片长4～5 cm,2叶1蕊
三级	苗高/cm	≥1.5	≥1.5		≥1.5	
	叶片/片	≥3	≥3	≥4	≥3	
	生根率/%	≥85	≥90	≥85	≥85	≥80
	生根数/条	≥4	≥4	≥4	≥4	3月4日
	其他	轻微愈伤组织	轻微愈伤组织	轻微愈伤组织	轻微愈伤组织	叶片长3～4 cm,2叶1蕊

5. 组培移栽苗质量标准

合格的组培移栽苗应具有完整而发达的根系,生长健壮、木质化或半木质化,叶片大小、色泽正常,无机械损伤,无病虫害。表9-4为主要花卉组培移栽苗质量等级。

6. 组培苗的包装与运输

异地培养的组培苗可发挥技术优势,在技术优势较强的地区培育优质、价廉的苗木,然后运输到生产区,有广阔的市场空间,也会有较大的经济效益和社会效益。异地培育的组培苗在运输上还应掌握以下几个环节:

表 9-4　主要花卉组培移栽苗质量等级

种名	一级				二级			
	苗高/cm	叶片/片	根系状况	其他	苗高/cm	叶片/片	根系状况	其他
月季	≥5	≥8	完整、发达、新鲜	无病虫害	≥4	≥6	完整、较发达、新鲜	无病虫害
菊花	≥5	≥8			≥4	≥6		
非洲菊	—	≥10			—	≥7		
丽格海棠	≥4	≥8			≥3			
蝴蝶兰		3叶1蕊	根长≥18 cm 根数≥10 条	叶片挺立,发育好,无病虫害		2叶1蕊	根长≥15 cm 根数≥6 条	叶片挺立,发育好,无病虫害

(1)育苗方法及苗龄　无土育苗一般水培和基质培都可以,但起苗后根系全部裸露,根系需采取保湿及保护措施。采用岩棉、草炭作为基质,重量轻,保湿有利于护根,效果好。穴盘育苗法基质使用量少,护根效果好,便于装箱运输,近些年应用广泛,适合苗木的运输。一般远距离运输应以小苗为主,尤其是带土的秧苗。

(2)组培苗的包装　运输前要密切注意天气预报,做好运前的防护准备,特别在冬春季,应做好组培苗防寒防冻。起苗前几天应锻炼组培苗,逐渐降温,适当少浇或不浇营养液,以增强组培苗抗逆性。

组培瓶苗最好用泡沫箱或纸箱包装,包装时箱内各组培瓶苗之间要用泡沫挤紧,防止在运输途中因松动而损坏组培瓶苗。

运输组培移栽苗应注意保护根系,采用穴盘育的苗运输时带基质,应先振动秧苗,使穴内苗根系与穴盘分离,然后将苗取出,带基质摆放于箱内,以提高定植后的成活率及缓苗速度。水培苗或基质培苗,取苗后基本上不带基质,可由数十株至百株扎成一捆,根部蘸满泥浆,用草袋或塑料袋装好。挂上标签,注明品种、等级、规格、产地等。

(3)组培苗的运输　组培苗应在较短时间内运输到目的地,及时定植,运输时间不超过48 h。在同一城市或同一乡、区内,可用汽车运输;远距离可用调温、调湿装置的汽车,中间不宜停留过长时间。对于珍贵苗木或有紧急时间要求者也可采用空运。在运输过程中要调节运输车的温湿度,防止过高或过低对苗子造成伤害。一般植物苗木运输时要求 9～18℃低温条件,低于 4℃或高于 25℃均不适宜。但结球莴苣、甘蓝等耐寒叶菜秧苗为 5～6℃。

三、生产计划的制订与实施

组培苗的生产要以市场为导向,不能盲目地生产,否则不但会增加成本,造成经济浪费,还会耽误种苗种植时间,经济效益也无从谈起。良好的经济效益来源于适度的生产规模、合理的预算、良好的产品质量及科学的经营管理。

(一)生产计划的制订

1. 生产计划制订的依据

生产计划的制订是组培工厂化的关键和重要依据,计划制订不好,不能按时提供产品就会造成直接而又严重的经济损失。生产计划的制订是根据市场的需求,发展趋势和经营决策对未来一定时期的生产目标和生产活动的事先安排,是基于市场调研而做出的科学预测。生产计划应根据市场需求和种植时间及全年组织培养的全过程来制订。在制订过程中要经过综合考虑、周密计划、谨慎工作,正确分析生产过程中正常因素和非正常因素的关系,制订出切实可行的计划。生产计划制订的依据应根据市场需求的组培苗的数量、供货时间、苗子的质量、工厂的条件和规模而定。同时应该避免高温季节和寒冬季节大批量供货。

制订生产计划必须注意以下几点:

(1)各种植物的增殖应做出切合实际的估算。

(2)熟练掌握需培养植物的组织培养技术环节。

(3)掌握各种植物组培苗的定植时间。

(4)要掌握组培苗可能产生的后期效应。

2. 生产计划制订

(1)繁殖品种 根据当地市场的需求和环境条件,通过引种试种筛选出适宜本地发展的新品种;也可通过市场调查,确定将在市场上流行的当家品种,然后在主栽区进行跟踪性调查和比较筛选,选取最优良的芽进行培养,培育出具有自主产权的新品种。

(2)计划数量 具体到每个品种什么时候开始进行生产前的准备,需要多少外植体,须依据计划的生产数量来考虑。一般提前 6~8 个月开始准备。制订生产数量要正确估算组培苗增殖率。

试管苗的增殖率是指植物快速繁殖中间繁殖体的繁殖率,估算试管苗的繁殖量,一般以苗、芽或未生根的嫩茎为单位,圆球茎或胚状体难以统计,一般以瓶为单位。增殖率的计算有理论值和实际计算两种。

一年可繁殖的试管苗数量是:

$$Y = mX^n$$

式中:Y 为年繁殖数;m 为无菌母株苗数;X 为每个培养周期增殖倍数;n 为全年可增殖的周期数。

如果每年增殖 10 次,每次增殖 4 倍,每瓶 8 株苗,全年可繁殖的苗为:

$$Y = 8 \times 4^{10} = 839(万株)$$

以上计算的是理论值,但是在实际生产中还有其他的因素,如污染淘汰,培养容器设备等条件限制,出售、转让和试验所用,移栽死亡等造成的一些损失,实际生产的数量比估计的数据低。

(3)出苗时间 每一种植物都有固有的生理现象和最佳的生长季节,生产必须满足生理需求,过早定植或过晚定植或与季节不符,都会影响植物的生长发育和收获。一般情况下刚出瓶的组培苗不能成为商品苗出售,需进行室外炼苗,原则上组培苗的出瓶日期应根据生产品种的不同比销售日期提前 40~60 d。为了提高移栽的成活率,一般应在夏季和冬季进行。

3. 生产计划的实施

生产计划容易做,但是实施过程中一旦有疏忽,无论是技术上还是工作中出现的失误一方面会造成经济,另一方面还会使客户错过种植时间影响收益,对客户要进行经济赔偿,否则就失去了企业信誉。生产计划的实施,必须做好以下几个方面工作:

(1)存架增殖总瓶数(T)的控制 存架增殖总瓶数的控制是影响组培苗效益的关键因素。存架增殖瓶数不应过多或少,如盲目增殖,一段时间后就会因缺乏人力或设备,处理不了后续的工作,使增殖材料积压,一部分苗老化,超过最佳接转继代的时期,造成生根不良、生长势减弱、增殖倍率降低等不利后果;反之则造成母株不足,延误产苗时期,不能完成计划,造成经济损失。

$$存架增殖总瓶数(T)=月计划生产苗数/每个增殖瓶月可产苗数$$
$$月计划化生产苗数=每个操作人员每天可接苗数×月工作日×人员数$$

按公式计算的数字控制增殖总瓶数,可以使处于增殖阶段的苗子在一个周期内全部更新一次培养基,使苗子全部都处于不同生长阶段的最佳状态,提高苗子的质量。

(2)增殖与生根的比例 需按实际情况确定,增殖倍率高的,生根的比例大,每工作日需用的母株瓶数较少,产苗数(即生根的瓶数×每瓶植株数)较多,反之,增殖倍率低,因需要维持原增殖瓶数,就占用了较多的材料,用于生根的材料就少。生产上也可以通过改变培养基中植物生长调节剂的用量、糖浓度和培养条件等加以调整。

(3)全年实际生产量的估算

$$每个工人的全年实际工作量=\frac{全年总工作日}{} × \frac{平均每工作日出瓶苗数}{} ×(1-损耗率)×移栽成活率$$

如果某一种植物平均35天为1个增殖周期,每次增殖4倍,全年可繁殖10代。每名工人在1个增殖周期内有30个工作日,平均每天接种100瓶,每瓶10株,其中30瓶为增殖用,70瓶用于生根。假若组培苗损耗率为10%,移栽成活率为85%。

$$全年实际生产量=300(工作日)×700×(1-10\%)×85\%=160\ 650(株)$$

组培苗繁殖是一个不断运行、流动着的体系,同工业生产流水线一样,不允许任何环节的半成品堆积。最有效的管理,要求各环节都处于力所能及的条件下运转,首先注意出苗质量,出苗数,每天均衡出苗,按部就班,工作有节奏感,不紊乱,不积压。

四、组培苗成本核算与提高效益的措施

(一)成本核算

成本核算是制订产品价格的依据;是反映经营管理工作质量的一个综合性指标;是了解生产中各种消耗,改善工艺流程,改善薄弱环节的依据;是提高效益、节省投资的必要措施。

组培繁殖成本核算比较复杂,既有工业的特点,可周年都生产;又有农业生产的特点,要在温室或田间种植,受气候和季节的影响,需要较长时间的管理才能出圃成为商品。成本核算一般包括直接生产成本、固定资产折旧、市场营销和经营管理开支四方面。表9-5为组培苗生产经营的成本。

表 9-5　组培苗生产经营成本

项　　目	内　　容
直接生产成本	生产人工费：工人工资、劳动保险。 生产原料：化学试剂、有机成分、植物生长调节剂、蔗糖、琼脂、农药、化肥等。 其他：水电费、燃料费、种苗(引种)费等。
固定资产折旧	生产设备折旧、维修费，玻璃及其他器皿损耗等。
市场营销	销售人员工资、包装费、运费、保险费、广告费、展销费。
经营管理	管理人员工资、保险费、管理人员及技术人员培训费、办公费等。

组培苗生产成本国外高于国内，尤其是工资为甚，国外占总成本的 $62\%\sim69\%$；而国内劳动力相对便宜，占总成本的 $25\%\sim46\%$。水电费国内高于国外，国内水电费占总成本的 $15\%\sim30\%$，而国外仅占 $2\%\sim5\%$。生产原料成本较低，仅占总成本的 $3\%\sim15\%$，因此从生产原料角度降低成本潜力不大。不同植物或同种植物工艺过程、生产单位不同、成本也有差异。一般木本植物试管繁殖的成本高于草本的；生产周期长、工艺复杂的成本高于周期短和工艺过程简单的。表 9-6 为北京某公司年产 130 万安祖花商品苗的成本核算，表 9-7 为韩国商业性实验室年产 30 万株兰花苗的成本和利润。

表 9-6　年产 130 万安祖花商品苗成本核算　　　　　　　　　　　　　　元

培养月份	培养植株数	培养基费用	人工费	水电费取暖费	设备折旧	合计	单价
3	5	0.9	600	1 350	0	1 951	
4	20	0.9	600	600	0	1 201	
5	80	4	600	600	0	1 204	15.05
6	320	15	600	600	5	1 220	3.81
7	1 280	55	600	1 170	20	1 845	1.44
8	5 120	221	1 200	1 360	80	2 861	0.56
9	20 480	887	1 800	2 110	320	5 117	0.25
10	81 920	3 538	6 750	5 200	1 278	16 766	0.20
11	327 680	14 155	27 000	17 680	5 119	63 954	0.20
12	1 310 720	56 622	108 000	67 500	20 880	253 002	0.19

从表 9-6 中可以看出，年产 130 万株安祖花商品组培苗的生产成本中，培养基费用、生产人员工资、水电费和设备折旧费分别占生产成本的 22.38%、42.69% 和 26.68 和 8.25%，生产产量越高，单株成本越低。同时在进行工厂化生产选择植物品种时必须慎重，要选择有市场前景、售价高的品种进行规模化生产，否则可能造成亏损。

从表 9-7 中可以看出，韩国组培苗成本高，每株为 0.464 美元，但利润也高，每株赢利0.219 美元。

表 9-7　韩国商业性实验室年产 30 万株兰花苗的成本和利润

项　　目	费用/美元	相对百分数/%
人员工资		
主管 1 名	1 250×12 个月＝15 000	
技术人员 2 名	813×2×12 个月＝19 512	
临时工 4 名	313×4×4 个月＝5 008	
工作用餐	10 500	49.2
工资总数	50 020	
化学药品		
琼脂	80 kg　2 350	
胨	18 kg　2 025	
活性炭	5 kg　425	
乙醇	216 L　525	8.23
食糖	144 kg　120	
天然有机物	1 659	
其他	1 250	
合计	8 345	
仪器和房屋折旧(房屋折旧和维修费)	25 672	24.95
电费	3 570	3.68
办公费	2 952	2.89
广告费	3 000	2.95
其他	4 500	7.47
合计	101 671	100
总支出	139 171	
种苗费	37 500	
每株苗成本费	139 171×300 000＝0.463	
指甲兰	220 000×0.625＝137 500	
其他兰花	80 000×0.844＝67 500	
总销售收入	205 000	
利润＝总销售收入－30 万株的成本 　　＝20.50 万－13.92 万＝6.583 万		

(二)提高生产效益的措施

1. 掌握熟练的技术技能,制订有效的工艺流程,提高劳动效率

组培苗生产中的人工费用时一项很大的开支,如国外人工费用约占组培苗总成本的 62%～69%,国内占 25%～46%。在生产当中要培养一些熟练的技术工人,转接苗要熟练,每天转接苗 1 000～1 200 株,污染率不超过 1%;组织培养苗按周期生产;炼苗成活率达到 80% 以上,按照工艺流程操作,按计划生产,就能降低成本,提高生产率。

2. 减少设备投资,加强设备的维护,延长使用寿命

管苗生产需要一定的设备投资,少则数万元,多则数十万元。除了应购置一些基本设备外,可不购的就不购,能代用的就代用,如精密 pH 试纸代替昂贵的酸度计。一个年产木本植物 3 万～5 万株苗,草本植物 10 万～20 万株苗的试管苗工厂,一部超净台即可。经常对设备检修、保养,避免损坏,延长寿命,是降低成本提高经济效益的一个重要方面。

3. 降低器皿消耗,使用廉价的代用品

试管繁殖中使用大量培养器皿,少则数千,多则上万,投资大,加上这些器皿易损耗,费用较大。培养瓶除有一部分三角瓶做试验用之外,生产中的培养瓶可采用果酱瓶代用(图9-13)。组培药品中的蔗糖可用食用糖代替,生产的产品效果是相同的。

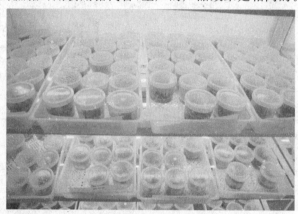

图 9-13　果酱瓶

4. 节约水电开支

水电费在试管苗总生产成本中占有较大比重,节约水电开支也是降低成本的一个主要措施。一般采用的方法有:

(1)利用当地的自然资源　试管苗增殖生长均需一定温度和一定光照,应尽量利用自然光照和自然温度。

(2)减少水的消耗　制备培养基要求无离子水,经一些单位试验证明,只要所用水含盐量不高,pH 能调至 5.8 左右,就可以用自来水、井水、泉水等代替无离子水或蒸馏水,以节省部分费用。

(3)充分利用培养室的空间　合理安排培养架和培养瓶,充分利用空间。

(4)节约电能　电费价格高的地区可改用锅炉蒸汽、煤炉、煤气炉或柴炉等进行高压蒸汽灭菌。

5. 降低污染率,提高成品率

污染不仅影响繁殖速度和时间,而且增加成本,一般进行生产时污染率都应控制在 5%以内。试管苗繁殖过程中,有几个环节容易引起污染。转接苗时注意技术操作规范,接种工具消毒彻底,提高转接苗的成功率。试管苗在培养过程中,培养环境要定期消毒,减少空间的含菌量。夏季温度高,培养室内要及时通风换气,减少螨虫携带真菌污染培养器皿,避免母瓶的污染。

6. 提高繁殖系数和移栽成活率

在保证原有良种特性的基础上,尽量提高繁殖系数,试管繁殖率越大,成本越低。在试管繁殖过程中,利用植物品种的特性,诱导最有效的中间繁殖体,如微型扦插、愈伤组织、胚状体等都能提高繁殖速度和增加繁殖数量。但需要注意中间繁殖体可能产生品种变异现象。提高生根率和炼苗成活率也是提高经济效益的重要因素。试管繁殖快,要达到生根率95%以上,炼苗成活率要达85%以上。在炼苗环节上可技术更新、简化手续、降低成本,提高成活率大有文章可做。

7. 发展多种经营,开展横向联合

结合当地的种植结构,安排好每种植物的定制茬口,发展多种植物试管繁殖。如发展花卉、果树、经济林木、药材等,将多种作物结合起来,以主代副,搞成一个总额灵活的试验苗工厂,也是降低成本提高经济效益的途径。

积极开展出口创汇,拓宽市场。将国内产品逐步进入国外市场。向日本市场出口"切花菊",向东欧市场出口"切花玫瑰",向东南亚出口"水仙球"等,都有较高的经济效益。

组织培养中有"快速繁殖"、"去病毒或病毒鉴定"、"有益突变体的选择"、"种质保存"等多项技术,要加强技术间的紧密合作,使之在多方面发挥效益。加强与科研单位、大专院校、生产单位的合作,采取分头生产和经营,互相配合,既可发挥优势,又可减少一些投资。

五、组培苗工厂化生产的管理与经营

组织培养工厂化生产所具有的技术性、农业性、工业性决定了其风险性。良好的经营管理是进行组织培养的工厂化生产的必要条件。对组培苗工厂经营管理要有经营思想和经营方针,并且结合市场需求和行情,实施营销策略和产品开发策略。

(一)组培苗工厂化生产管理

管理是指为了实现预定目标,对其经营活动中的劳动力和物资进行有计划、组织、协调、控制、监督的过程。没有管理就无法从事社会活动。

经济效益离不开科学的管理,只有在有计划、有组织、科学而有序的管理体制下才能不断提高效益。组培苗工厂化生产时可实现责任制管理,责任人要签订责任协议,对生产管理、技术负责,对生产人员有安全措施保障,避免出现任何问题。责任人要明确责任权限,将工作中的每一个环节分解到人,层层分解,层层落实,明确每个人的岗位职责和任务,使每人都有自己的生产目标。

1. 建立经济责任制应遵循的原则

(1)实行经济责任制。计划制订后确定管理人员、生产人员,实行责任到人,对责任人要签订责任协议,明确责任权限,落实到人,明确每个人的职责和任务。建立工作制度,明确奖罚制度,使每个工作人员感到责任重大,必须按时完成任务,同时要保证质量。

(2)经济责任制内容要有较强的可执行性。责任制每条内容都要可以衡量,可以量化,可操作性要强。

(3)经济责任制中规定的责、权、利要一致,即负相应责任、给予相应权利、获取相应报酬。

（4）考核手段要有效。实行经济责任制的关键是对每个人的工作进行考核，做好原始记录，以保证对每个生产者的劳动成果都能给予公正、合理、正确的评价，给予劳动者相应的报酬。

2. 岗位的划分及其职责

在种苗公司或组培苗工厂可以划分为领导部门岗位、职能部门岗位、基层生产岗位。

（1）领导干部的主要职责　领导干部一般分为三级，即单位领导、职能部门或车间领导、班组长。单位领导的主要职责是贯彻执行董事会或职工代表大会的各项决议，遵守党和国家的各项方针、政策、法律，进行生产经营决策，采取各种措施，充分调动广大职工的生产积极性，努力提高经营管理水平，履行经济合同，完成生产经营计划，完成经济发展目标等。中层领导的主要职责是执行单位领导下达的生产经营计划，并组织实施，同时建立植物组培苗生产质量保证体系，完成组培苗生产的数量和质量指标。班组长是生产一线的负责人，是基层生产人员经济责任制实施的主要组织者和考核者。班组长负责执行中层领导下达的作业计划，协调各生产岗位之间的生产活动，并认真做好原始记录和业务考核工作。

（2）职能部门（车间）的主要职责　按照公司或工厂总体经营目标的要求，承担分解下达的工作（生产）指标，负责检查、监督下级组织执行计划和指示的情况，并进行考核。

（3）生产部门的主要职责　完成中层领导下达的工作（生产）任务，遵守操作规程，遵守其他规章制度。

（二）组培苗工厂化生产经营

1. 经营思想

经营是指在一定的社会制度和环境条件下，将劳动资料和劳动对象结合起来，进行产品的生产、交换或提供劳务的动态活动。植物组织培养企业化经营管理的思想，是市场经营思想，即市场观念。

企业经营的目的是赢利，效益就是企业的生命。植物组织培养工厂化必须面向市场，以市场需求为导向。脱离市场需求和行情，盲目生产而造成损失和浪费，或科研技术薄弱形不成批量生产，都不能提高经济效益。提高企业生产经营的经济效益，要了解市场，贴近市场，满足用户需求，根据用户的需要安排生产；强化生产中经济核算，降低产品成本；加强技术创新，提高产品质量；并且在种苗售后做好服务工作，只有这样，才能长久地占领市场、巩固市场和开拓市场。

2. 市场营销

（1）经营方式　在我国，植物组培快繁产业的市场经营方式，根据不同地域产业需求、市场需求的形式不同，大致分为以下几种类型：

①订单型　根据专业化种植公司或农民种植的需求，预先签订种苗供应合同，明确种苗的品种、价位、供应时间、数量、质量等。组培种苗公司按订单要求专项生产。

②产品加工型　有的专业化栽培生产企业根据市场选用优良植物品种，由于优良植物品种数量少，不能满足生产的需求，在这种情况下，栽培生产企业或客户就可以与组培生产企业签订加工合同，以优良植物品种为母株，进行组培快繁生产，在一定时间内繁殖客户需求的数量，所繁殖的植物品种必须与母株植物性状相同，不能有变异现象。这种做法也叫来料加工。

③产品推广应用型　这种经营方式要与当地的基层县、乡镇政府加强联系,调查研究农村经济发展规划及当地种植产业,调查种植种类和种植面积。选用当地农村所熟悉的种植品种,按生产季节生产储备一定的种苗量,向客户介绍,推广应用。另外,组培公司每年可以选育一些新品种或引进新品种,通过引种试种,筛选出适宜当地发展的新品种,确定将在市场上流行的主打品种,然后在主栽区进行生产性跟踪调查,经过栽培试种,确定产量、质量以及上市的价位都高于往年的品种,可在种植前召开产品发布会,将试种的结果发布给客户,并在种植期间对产品给予技术指导,取得客户的信任,建立长久的供求关系。

(2)营销策略　营销策略是指植物组织培养生产企业在经营方针指导下,为实现企业的经营目标而采取的各种对策,如市场营销策略、产品开发策略等。而经营方针是企业经营思想与经营环境结合的产物,它确定企业一定时期的经营方向,是企业用于指导生产经营活动的指南针,也是解决各种经营管理问题的依据,如在市场竞争中提出以什么取胜,在生产结构中以什么为优等都属于经营方针的范畴。

经营方针是由经营计划来具体体现的。经营计划的制订,取决于具体的条件,如资金、技术、市场预测、植物组培种类与品种的选择等。此外,还要根据选择的植物组培种类与品种,确定种植地区,包括种植区的气候、土质、交通运输以及市场、设备物资的供应,劳动力的报酬等。

植物组织培养生产企业在经营方针下,最有效地利用企业经营计划所确定的地理条件、自然资源、植物种类生产要素,合理地组织生产。

(3)市场预测

①市场需求的预测　植物组织培养生产企业进行预测时,首先要做好区域种植结构、自然气候、种植的植物种类及市场发展趋势的预测。例如,花卉种苗在昆明、上海、山东等地鲜切花生产基地就有相当大的需求市场,而马铃薯在华北地区、东北地区、华东地区北部种植面积大,种苗市场需求量大。

②市场占有率的预测　市场占有率是指一家企业的某种产品的销售量或销售额与市场上同类产品的全部销售量或销售额之间的比率。影响市场占有率的因素主要有组培植物的品种、种苗质量、种苗价格、种苗的生产量、销售渠道、包装、保鲜程度、运输方式和广告宣传等。市场上同一种植物种苗往往有若干企业生产,用户可任意选择。这样,某个企业生产的种苗能否被用户接受,就取决于与其他企业生产的同类种苗相比,在质量、价格、供应时间、包装等方面处于什么地位,若处于优势,则销售量大,市场占有率高,反之就低。

(4)产品的营销　产品的营销,是指运用各种方式和方法,向消费者传递产品信息,激发购买欲望,促进其购买的活动过程。首先,要正确分析市场环境,确定适当的营销形式。种苗市场如果比较集中,应以人员推销为主,它既能发挥人员推销的作用,又能节省广告宣传费用。种苗市场如果比较分散,则宜用广告宣传,这样可以快速全方位地把信息传递给消费者。其次,应根据企业实力确定营销形式。企业规模小,产量少,资金不足,应以人员推销为主;反之,则以广告为主,人员推销为辅。第三,还应根据种苗产品的特性来确定。当地产品种苗供应集中,运输距离短,销售实效强,多选用人员推销的策略。要及时做好售后服务、栽培技术推广工作。对种苗用量少,稀有品种,则通过广告宣传媒体介绍,吸引客户。第四,根据产品的市场价值确定产品的营销形式。在试销期,商品刚上市,需要报道性的宣传,多用广告和营业推销;产品成长期,竞争激烈,多用公共关系手段,以突出产品和企业的特点;产品成熟期,质量、价格等趋于稳定,宣传重点应针对用户,保护和争取用户。此外,还可参加或举办各种展览会、栽培技术推广讲座和咨询活动,进行产品开发和产品营销。

(5)树立企业的形象　组培快繁种苗的生产经营对企业来说,是对技术的考验和锻炼。组培苗是一类特殊的鲜活产品,其有效商品价值期短暂,必须按客户要求的种植时间完成,生产技术上要把握好各个环节,一个环节把握不好,供苗时间、种苗质量就容易出问题,这也是组培生产的关键问题。所以,生产技术是企业"信誉"之一。解决生产品种与市场需求协调一致的问题,使产品数量与市场需求不脱节,销售旺季有苗可销,淡季无积压,降低成本,提高产品的有效销售率。组织生产到位,也是企业"信誉"。

总之,组培苗的生产经营,应坚持信誉第一、质量第一,对用户负责,对生产负责,强调生产中的经济核算,降低产品成本,加强技术创新,提高产品质量和经济效益。按国家颁布的组培苗的标准生产产品,提高移栽成活率,并且做好种苗售后服务工作,才能长久地占领市场,巩固市场和开拓市场,取得较高的企业信誉。

计 划 单

学习领域	植物组织培养技术	
学习情境9	植物组培苗工厂化生产与经营	
计划方式	小组讨论,小组成员之间团结合作,共同制订计划	
序号	实施步骤	使用资源
制订计划说明		

计划评价	班级		第 组	组长签字	
	教师签字			日期	
	评语:				

决 策 单

学习领域	植物组织培养技术
学习情境 9	植物组培苗工厂化生产与经营

方案讨论								
方案对比	组号	任务耗时	任务耗材	实现功能	实施难度	安全可靠性	环保性	综合评价
	1							
	2							
	3							
	4							
	5							
	6							

方案评价	评语:

班级		组长签字		教师签字		月 日

材料工具清单

学习领域		植物组织培养技术					
学习情境9		植物组培苗工厂化生产与经营					
项目	序号	名称	作用	数量	型号	使用前	使用后
所用仪器	1	高压灭菌锅	认知	5台			
	2	酸度计	认知	2台			
	3	电炉	认知	4个			
	4	不锈钢锅	认知	4个			
	5	蒸馏水器	认知	1台			
	6	超净工作台	认知	12台			
	7	臭氧发生器	认知	3台			
	8	加湿器	认知	2个			
	9	分析天平	认知	4个			
	10	托盘天平	认知	4架			
	11	手推车	认知	6辆			
所用材料	1	叶片初代培养组培苗	增殖	若干			
	2	芽初代培养组培苗	增殖	若干			
	3	花瓣初代培养组培苗	增殖	若干			
	4	香椿愈伤组培苗	增殖	若干			
	5	菊花组培苗	增殖	若干			
	6	污染组培苗	了解组培过程中存在问题	若干			
所用工具	1	解剖剪	认知	若干			
	2	枪型镊子	认知	若干			
	3	酒精灯	认知	24个			
	4	刻度吸管	认知	若干			
	5	不锈钢盘	认知	24个			
	6	分装器	认知	4个			
	7	工具支架	认知	24个			
班级		第　组	组长签字			教师签字	

实　施　单

学习领域	植物组织培养技术	
学习情境 9	植物组培苗工厂化生产与经营	
实施方式	小组合作;动手实践	
序号	实施步骤	使用资源

实施说明：

班级		第　组	组长签字	
教师签字			日期	

作 业 单

学习领域	植物组织培养技术
学习情境 9	植物组培苗工厂化生产与经营
作业方式	资料查询、现场操作
1	设计组培工厂并配套仪器设备。
作业解答:	
2	组培苗工厂化生产的工艺流程是什么？
作业解答:	
3	制订实施计划。
作业解答:	
4	核算成本。
作业解答:	
5	如何提高组培工厂的经济效益？
作业解答:	

作业评价	班级		第　　组		
	学号		姓名		
	教师签字		教师评分		日期	
	评语：				

检 查 单

学习领域	植物组织培养技术			
学习情境 9	植物组培苗工厂化生产与经营			
序号	检查项目	检查标准	学生自检	教师检查
1	咨询问题	回答认真准确		
2	工厂设计	选址合理、设计全面		
3	仪器设备	能够完成正常生产		
4	各种工具	全面		
5	实验室组成	各部分设计合理		
6	各实验室所用仪器设备	列出清单		
7	方案设计	可行		
8	成本核算	各个环节消耗成本了解清晰		
9	生产工艺流程	回答准确		

班级		第 组	组长签字	
教师签字			日期	

检查评价

评 价 单

学习领域		植物组织培养技术			
学习情境 9		植物组培苗工厂化生产与经营			
评价类别	项目	子项目	个人评价	组内互评	教师评价
专业能力 (60%)	资讯 (10%)	搜集信息(5%)			
		引导问题回答(5%)			
	计划 (10%)	计划可执行度(3%)			
		工厂设计(4%)			
		合理程度(3%)			
	实施 (20%)	选址合适(5%)			
		设计合理(12%)			
		所用时间(3%)			
	过程 (10%)	对存在的问题能顺利解决(10%)			
	结果 (10%)	能进行正常生产(10%)			
社会能力 (20%)	团结协作 (10%)	小组成员合作良好(5%)			
		对小组的贡献(5%)			
	敬业精神 (10%)	学习纪律性(5%)			
		爱岗敬业、吃苦耐劳精神(5%)			
方法能力 (20%)	计划能力 (10%)	考虑全面、细致有序(10%)			
	决策能力 (10%)	决策果断、选择合理(10%)			
	班级		姓名		学号		总评	
	教师签字		第 组	组长签字		日期	
评价评语	评语：				

273

教学反馈单

学习领域	植物组织培养技术				
学习情境 9	植物组培苗工厂化生产与经营				
序号	调查内容	是	否	理由陈述	
1	你是否明确本学习情境的目标？				
2	你是否完成了本学习情境的学习任务？				
3	你是否达到了本学习情境对学生的要求？				
4	需咨询的问题，你都能回答吗？				
5	你知道植物组织培养的作用吗？				
6	你是否能够设计小型工厂化生产的组织培养实验室？				
7	你是否喜欢这种上课方式？				
8	通过几天来的工作和学习，你对自己的表现是否满意？				
9	你对本小组成员之间的合作是否满意？				
10	你认为本学习情境对你将来的学习和工作有帮助吗？				
11	你认为本学习情境还应学习哪些方面的内容？（请在下面回答）				
12	本学习情境学习后，你还有哪些问题不明白？哪些问题需要解决？（请在下面回答）				

你的意见对改进教学非常重要，请写出你的建议和意见：

调查信息	被调查人签字		调查时间	

参考文献

[1] 曹孜义,刘国民.实用植物组织培养技术教程.兰州:甘肃科学技术出版社,2002.

[2] 陈世昌.植物组织培养.北京:高等教育出版社,2011.

[3] 顾卫兵,陈世昌.农业微生物.北京:中国农业出版社,2012.

[4] 曹春英.植物组织培养.北京:中国农业出版社,2007.

[5] 王清连.植物组织培养.北京:中国农业出版社,2003.

[6] 李永文,刘新波.植物组织培养技术.北京:北京大学出版社,2007.

[7] 王家福.花卉组织培养与快繁技术.北京:中国林业出版社,2006.

[8] 刘振祥,廖旭辉.植物组织培养技术.北京:化学工业出版社,2007.

[9] 刘庆昌,吴国良.植物细胞组织培养.北京:中国农业大学出版社,2003.

[10] 吴殿星.植物组织培养.上海:上海交通大学出版社,2010.

[11] 程家胜.植物组织培养与工厂化育苗技术.北京:金盾出版社,2003.

[12] 王蒂.植物组织培养.北京:中国农业出版社,2004.

[13] 王振龙.植物组织培养.北京:中国农业大学出版社,2007.

[14] 沈海龙.植物组织培养.北京:中国林业出版社,2010.

[15] 彭星元.植物组织培养技术.北京:高等教育出版社,2010.

[16] 王金刚.园林植物组织培养技术.北京:农业科学技术出版社,2010.

[17] 王水琦.植物组织培养.北京:中国轻工业出版社,2010.

[18] 卞勇,杜广平.植物与植物生理.北京:中国农业大学出版社,2011.

[19] 熊丽,吴丽芳.观赏花卉的组织培养与大规模生产.北京:化学工业出版社,2003.

[20] 沈建忠,范超峰.植物与植物生理.北京:中国农业大学出版社,2011.

[21] 陈世昌.植物组织培养.重庆:重庆大学出版社,2010.

[22] 吴殿星,胡繁荣.植物组织培养.上海:上海交通大学出版社,2004.

[23] 胡琳.植物脱毒技术.北京:中国农业大学出版社,2001.

[24] 陈菁英,蓝贺胜,陈雄鹰.兰花组织培养与快速繁殖技术.北京:中国农业出版社,2004.

[25] 巩振辉,申书兴.植物组织培养.北京:化学工业出版社,2007.

[26] 王玉英,高新一.植物组织培养技术手册.北京:金盾出版社,2006.

[27] 崔杏春.马铃薯良种繁育与高效栽培技术.北京:化学工业出版社,2010.

[28] 张炳炎.马铃薯病虫害及防治原色图册.北京:金盾出版社,2010.

[29] 陈锡文,侯振华.马铃薯栽培新技术.沈阳:沈阳出版社,2010.

[30] 左晓斌,邹积田.脱毒马铃薯良种繁育与栽培技术.北京:科学普及出版社,2012.

[31] 谢开云.马铃薯三代种薯体系与种薯质量控制.北京:金盾出版社,2011.

[32] 卢翠华,邸宏,张丽莉.马铃薯组织培养原理与技术.北京:中国农业科学技术出版社,2009.

[33] 吴兴泉.马铃薯病毒的检测与防治.郑州:郑州大学出版社,2009.

[34] 梅家训,丁习武.组培快繁技术及其应用.北京:中国农业出版社,2003.

[35] 王建华,张春庆.种子生产学.北京:高等教育出版社,2002.

[36] 伍成厚,卞阿娜,梁承邺,等.蝴蝶兰花梗培养的研究.漳州师范学院学报:自然科学版,
    2004,17(3).

[37] 林淦,刘法彬.蝴蝶兰叶片组织快速繁殖工艺和方法.化学与生物工程,2007,24(2).

[38] 王晓炜,米立刚,朱小虎.大花蕙兰组织培养与快繁技术.安徽农业科学,2007,35(33).

[39] 杨玉珍,孙天洲,孙廷,等.大花蕙兰组织培养和快速繁殖技术研究.北京林业大学学报,
    2002,24(2).

[40] 朱根发,蒋明殿.大花蕙兰的组织培养和快速繁殖技术.广东农业科学,2004,4.

[41] 常美花,王莉.大花蕙兰组织培养的研究进展及应用.北方园艺,2011(07).

[42] 印芳,葛红,彭克勤,等.酚类物质与蝴蝶兰褐变关系初探.园艺学报,2006,33(5).

[43] http://www.zupei.com/(组培网)

[44] http://www.7576.cn/content.asp? fl=3&id=164(植物组培网)

[45] http://www.xisen.com.cn/bowuguan/index.html(马铃薯博物馆)

[46] http://www.xisen.com.cn/gczx/(国家马铃薯工程技术研究中心)

[47] 盖均镒.试验统计方法.北京:中国农业出版社,2000.

[48] 黄晓梅.植物组织培养.北京:化学工业出版社,2011.

[49] 邱运亮,段鹏慧,赵华.植物组培快繁技术.北京:化学工业出版社,2010.

[50] 李胜,李唯.植物组织培养原理与技术.北京:化学工业出版社,2008.

[51] 林顺权.园艺植物生物技术.北京:高等教育出版社,2005.